城乡规划的社会网络分析方法及应用

黄 勇 著

中国建筑工业出版社

图书在版编目（CIP）数据

城乡规划的社会网络分析方法及应用/黄勇著.—北京：中国建筑工业出版社，2017.6
ISBN 978-7-112-20740-4

Ⅰ.①城…　Ⅱ.①黄…　Ⅲ.①城乡规划—社会网络—研究　Ⅳ.①TU984

中国版本图书馆CIP数据核字（2017）第099898号

责任编辑：李　东　陈海娇
版式设计：京点制版
责任校对：李欣慰　张　颖

城乡规划的社会网络分析方法及应用
黄　勇　著

*

中国建筑工业出版社出版、发行（北京海淀三里河路9号）
各地新华书店、建筑书店经销
北京京点图文设计有限公司制版
北京君升印刷有限公司印刷

*

开本：787×1092毫米　1/16　印张：22½　字数：461千字
2017年10月第一版　2017年10月第一次印刷
定价：**70.00**元
ISBN 978-7-112-20740-4
　　　　（30385）

本研究受如下国家及地方科研课题资助

国家自然科学基金青年基金：快速城镇化地区社会结构的灾变过程研究——以三峡库区为例，项目编号 51108478，2012-2014

国家科技部"十二五"支撑计划课题任务：西南山地农村住宅安全自适应建造设计技术与集成，项目编号 2013BAJ10B07-02，2013-2016

国家教育部博士点新教师基金项目：国家重大工程移民社区结构健康评估与规划响应技术研究——以三峡库区为例，项目编号 20110191120030，2012-2014

重庆市社会事业与民生保障科技创新专项：重庆山地城镇排涝网络规划关键技术及工程示范，项目编号 cstc2016shmszx0504，2016-2019

本书研究人员

黄　勇　　石亚灵　　崔　征　　肖　亮　　胡　羽

刘　杰　　刘蔚丹　　冯　洁　　王亚风　　张启瑞

郭凯睿　　万　丹　　邓良凯　　李　林　　张美乐

张四朋　　王雷雷　　赵笑阳　　张　缔

序

　　黄勇同志将近几年来的研究工作，整理形成《城乡规划的社会网络分析方法及应用》书著，嘱我为序。读完书稿，为青年学者在科研道路上的创造性思维和韧劲所鼓舞，结合自己在山地人居环境科学研究领域的理解和认识，谈点体会，以为鼓励。

　　回顾过去 40 年，国家的改革开放进程在城乡建设领域迸发出持久的生命力和创造性，城乡建设事业迎来大发展时期。城镇化成为国家社会经济持续发展的主要动力之一，老百姓的人居环境整体质量得到了很大改善。学科得以长足发展，城乡规划从一门专事城市建设和空间形态发展的工程型学科，逐步成长为多学科交融和支撑国家城乡建设发展的综合性学科，人才队伍得到充实和成长。这是顺应时代发展和国家建设形势的需要，也有赖于学界的理论创新和实践的不断探索，使学科不断内涵发展和外延拓展，形成科学气象。

　　在国际范围，科学思维的理论创新和技术突破日新月异，越来越与时代发展同呼吸、共命运，深刻影响和服务于社会发展的方方面面。总体而言，城乡规划学科的整体建设和推进，在服务国家城乡发展和人居环境建设实践中，显现出理论创新和技术突破的局限和诸多瓶颈问题。国家 2015 年召开的中央城市工作会议，所提出的城市工作指导思想和意见，既是对我们过去 40 年城乡建设经验和教训的总结，也是对未来城乡规划学科前瞻发展提出的时代命题。

　　黄勇同志 2004 年成为我的博士生，进入重庆大学"山地人居环境"学科团队进行学术研究工作。他的博士论文《三峡库区人居环境的社会学问题研究》，就曾经尝试用国内外较新的一些社会学理论认识和研究方法，来系统地分析和解释三峡库区以移民迁建为核心的特殊城镇化问题，以及库区新的人居环境建设的发展趋势，提出三峡库区特殊城镇化建设"时空结构化"的基本设想和理论命题，获得重庆市的优秀博士论文等系列成果。后留校任教，与学科团队一道，在国家自然科学基金重点项目、国家科技支撑计划等研究工作中做出重要的学术支持，并协助和参与导师的《山地人居环境七论》和《三峡库区人居环境的理论与实证》等重要学术成果的集成工作。

　　本书是黄勇同志在以往学术积累基础上的拓展和深化。尝试把复杂网络理论引入山地人居环境建设研究和城乡规划实践工作，建立城乡空间物质要素之间相互作用和关系的规律性问题探索，是对传统城市规划理论研究方法的拓展尝试。对西南山地人居环境中的一些典型复杂网络，如历史街区社会网络、城镇医疗协作网络、防灾避难服务网络等的空间构成特征，以及区域空间结构网络化发展等问题展开学科交叉研究，讨论城乡人居环境复杂系统建设的客观规律，探索建立信息时代城乡规划的复杂网络分析方法。这些工作当属研究方法的探索，虽未见成熟，但其创造性的思维和学科研究拓展的勇气，十分可喜。或可由此走出一些新的思想方法和技术途径，为城市规划理论方法研究添砖加瓦。期待再接再厉，在学术的道路上持续前进。

谨此为序。

2017 年 6 月 10 日，重庆

前　言

本书尝试把复杂网络理论引入城乡规划研究的交叉领域，借鉴社会网络分析（SNA，social network analysis）的理论体系和技术方法，从城乡社会活动出发，挖掘建立城乡空间物质要素之间的相互作用关系为基本科学问题，讨论城乡人居环境复杂系统建设的客观规律，探索建立城乡规划的复杂网络分析方法。

过去 40 年，我国城镇化发展和城乡建设事业取得了举世瞩目的成绩，促进了国家经济和社会的持续、稳定发展，创造出了更加舒适、健康的人居环境，进一步改善了老百姓的生活质量。由于一些认识理念和技术方法需要逐步到位，城乡建设也出现了一些阶段性或局部性的问题，诸如城镇规模的扩张过快、对生态环境的破坏行为、城乡环境质量的恶化趋势、地域文化的混淆错乱或传统城镇的"千城一面"现象，以及一些地区的社会矛盾集中凸显等。产生这些问题的原因是多方面的，而城镇化发展模式忽视了以"人"为核心，无疑是其中的关键因素之一。

以人为本的城镇化，不仅应该重视人作为物质形态在城乡建设中的目的和意义，也应关注人作为社会形态，在与建筑、场所或城镇的互动过程中形成的内在"关系"。众所周知，人之所以构成社会，是因为人们之间形成的各种社会关系，既包括人们由于自身特性而形成的血缘或职缘关系，也包括人们在空间上的不同位置而产生的地缘关系，以及在时间上的不同区间而产生的在场或缺席关系。这些各种各样的关系，就像一张张网络，一方面构建出家庭、社会阶层直至社会结构，支撑整个社会持续、稳定进步；另一方面，也会把人们日常工作和生活的建筑、场所或城镇等物质环境网罗其中，构建出这些物质要素的相互关系，推动城乡人居环境建设的有序发展。

正因如此，从传统的人类聚居到现代意义上的城乡建设，从来都被认为是一个复杂巨系统。近年来的研究表明，一个复杂系统可以抽象为一个以系统内部各因子为"节点"（Node）、因子间相互作用为"连接"（Link）而成的网络。因其在拓扑结构（Topology）等方面存在小世界性（Small-World）、无标度性（Scale-Free）等复杂性特征，故称复杂网络（Complex Network）。犹如一栋建筑需要自己的"结构"来支撑它的稳定和使用，复杂网络则被认为是支撑复杂系统有序发展和运行的基础"结构"。就此而言，研究城乡建设的复杂网络，也就成为了解和掌握城乡复杂系统的客观规律，以及发现和解决问题的有效途径之一。

城乡规划学科自古就有系统论视野，也不缺乏网络思维。从我国古代"家国同构"的营城思想与实践，到西方希波丹姆方格路网规划模式，从区域尺度的中心地理论到街区尺度的城市设计联系理论，从城镇体系的"点—轴"系统到生态格局的"斑—廊—基"构成，都在一定程度上体现出事物总是相互关联的理论视野和网络思维。在新的历史发展阶段，我国城乡建设的重点逐步从增量建设转变到存量优化，从侧重物质环境建设逐步调整到以人为本和生态文明建设。"把人类聚居当作一个整体，从人与环境之间相互关系的角度理解和探索城乡建设活动"❶，显得尤为重要。近些年的研究进展也表明，城乡规划的"关系"及网络研究探索，越发勃兴。大量真知灼见往往将中外理论熔于一炉，或与我国的城镇化发展实际相结合，持之有故，言之成理，让人启迪。

本书尤其受益于近年来国内外针对城乡交通、市政基础设施和区域空间结构等领域与复杂网络的交叉研究，尝试运用复杂网络理论中的社会网络分析原理和方法，对历史街区社会网络、城镇医疗网络和防灾避难网络，以及区域空间结构网络化发展等具体问题展开交叉研究。在社区空间尺度上，以重庆市的几个历史文化名镇为典型案例，聚焦历史地区社会网络的保护更新问题，从城乡建设规划的角度，提出地域历史文化遗产保护与利用建设的一些具体做法。在城镇空间尺度上做两方面工作：一是以重庆市渝中区、沙坪坝区和大渡口区等三个行政区为典型案例，分析城镇医疗协作网络的基本规律，探索城镇公共服务均等化的设施规划问题；二是以2013年经历过重大地震灾害的四川雅安芦山县城为例，研究城镇应急避难网络在灾前、灾中和灾后的客观规律性，以期对城镇安全建设有探索性的认识。在区域空间尺度上，以重庆都市区为典型案例，构建重庆都市区的企业网络和交通网络，对区域空间结构的网络化问题进行分析判断，以期在重庆市的区域统筹建设方面提出一些有针对性的规划建议。

研究靶区和关键问题的选择，主要源于研究人员自身长期生活、学习和工作在重庆、四川等西南地区，希望把城乡建设复杂网络研究方面的一些感性认知和实践探索总结出来，能够对解决地方城乡规划建设遇到的一些实际问题有所帮助。鉴于自身的认识水平和研究能力所限，这些工作当然还比较粗糙，希望面对当前我国城乡建设规划领域的深刻变革，或是一些力所能及的探索，用以促进和明晰我们自身的工作方向和目标，也响应国家"以人为本"新型城镇化发展的战略需求和科研任务。

当前，城乡规划学科的理论与实践研究在科学的道路上不断成长。我们也希望将自

---

❶ 人居环境科学是一门以人类聚居（包括乡村、集镇和城市）为研究对象，着重讨论人与环境之间相互关系的科学。它强调把人类聚居作为一个整体加以研究，其目的是了解、掌握人类聚居现象发生、发展的客观规律，以更好地建设符合人类理想的聚居环境。详：吴良镛. 人居环境科学导论 [M]. 北京：中国建筑工业出版社，2001.

己今后的工作进一步结合国家和地区发展需求，不断学习和积累，在城乡规划复杂网络分析方法与应用实践研究方向上有所创新和突破。

2016 年 3 月 26 日于重庆

目 录

第 1 章　城乡建设的网络化发展

近年来，随着技术的进步，世界越来越成为一个整体。事物的相互关联成为决定社会发展的关键因素，网络化生存成为每个人不得不面临和需要解决的现实问题。这也连带着把社会生活赖以存在和发展的建筑场所和城乡空间等物质环境和设施纳入其中。发现城乡复杂网络发展规律，已经成为摆在城乡规划学科面前的关键科学问题。

本章分析了城乡规划学科在系统论和网络化研究方面的发展历程，梳理了复杂网络理论的社会网络分析理论与方法，整理了社会复杂网络分析的指标体系；提出构建城乡规划学和社会复杂网络分析交叉研究的科学问题，建立本书的研究框架和技术路线，开展城乡规划复杂网络分析的新探索。

1.1　城乡发展的网络化趋势

过去 40 年的快速城镇化进程取得了举世瞩目的成就，也出现了一些制约我国社会经济发展的重大难题❶。针对这些矛盾和问题的求解，也推动了城乡规划学科不断和其他学科融贯交叉。尤其在城乡复杂巨系统的认识上从早期的"还原论"不断向"系统论"迈进，开展城乡规划学和复杂网络研究的理论与实践探索。

1.1.1　城乡网络化发展的客观需求

1. 国家城乡建设的问题认知

我国城镇化发展自 1978 年至 2014 年，城镇化率从 17.90% 升到 54.77%；城市数量由 193 座增至 658 座；建制镇数量由 2176 座增至 20401 座，城镇人口由 1.72 亿人增长至 7.49 亿人，年均增长 1602 万人，城市建成区面积由 1981 年的 0.74 万 km^2 扩展到 2014 年的 4.98 万 km^2。城市基础设施明显改善，教育、医疗、文化体育、社会保障等公共服务水平得到了明显提高，人均居住建筑与公园绿地面积也大幅增加（表 1-1）。

---

❶ 《国家新型城镇化规划（2014～2020 年）》指出，在我国城镇化快速发展过程中，也存在一些必须高度重视并着力解决的突出矛盾和问题，主要表现在以下几方面：大量农业转移人口难以融入城市社会，市民化进程滞后；"土地城镇化"快于人口城镇化，建设用地粗放低效；城镇空间分布和规模结构不合理，与资源环境承载能力不匹配；城市管理服务水平不高，"城市病"问题日益突出；自然历史文化遗产保护不力，城乡建设缺乏特色；体制机制不健全，阻碍了城镇化健康发展。

城市基础设施变化情况   表 1-1

时间 指标	2000 年	2014 年
用水普及率（%）	63.9	97.64
燃气普及率（%）	44.6	94.56
污水处理率（%）	34.3	90.18
人均道路面积（m²）	6.1	15.0
人均公园绿地面积（m²）	3.7	12.95
普通高中（所）	5760	6422
病床数（万张）	142.6	316.9

　　快速城镇化也激发了区域发展不平衡、城镇体系结构不合理、土地城镇化与人口城镇化不匹配、生态环境面临巨大压力、历史文化和地域文化流失等问题。首先表现在城镇化区域发展不平衡，呈现由东向西依次递减的特征。东部地区在京津冀、长三角、珠三角等城镇群带领下快速发展，相对而言，中西部地区城镇化发展缓慢（图 1-1）。在城镇体系结构上，东部和沿海地区较多地集中了特大城市和大中城市，中部地区比较均衡，西部地区小城市居多[1]。

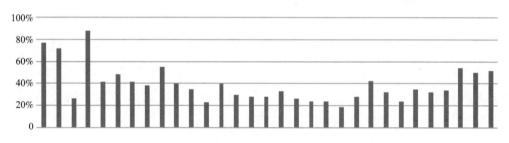

2000年全国各地区城镇化率

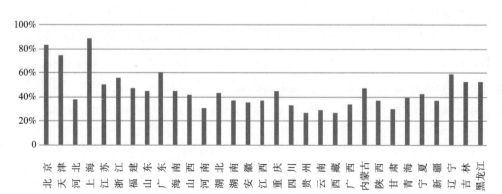

2005年全国各地区城镇化率

图1-1　2000～2014年我国各地区城镇化率（一）

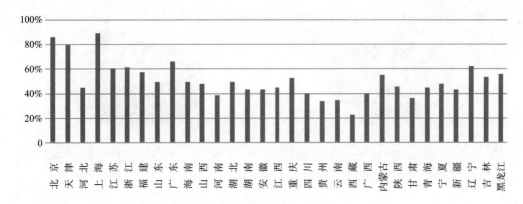

2010年全国各地区城镇化率

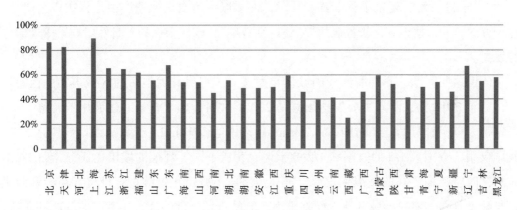

2014年全国各地区城镇化率

图1-1　2000～2014年我国各地区城镇化率（二）

其次，"土地城镇化"[2]快于"人口城镇化"[3]，城镇建设扩张不合理。1981～2014年，我国城市建成区面积扩大了572.9%，人口增长了272.6%，土地增长速率是人口的2.1倍，这也给生态环境带来巨大压力。2014年，地下水水质监测数据显示，全国202个地级市水质较差和极差的监测点占61.5%❶（图1-2）。空气质量监测则显示，161个地级及以上城市仅有16个城市空气质量年均值达标❷（图1-3）。

此外，城镇风貌趋同及地方文化流失问题也不容忽视。快速城镇化偏重增量建设，建设了一大批新城新区[4]。但对城镇地域特色和传统文化的思考相对比较粗糙，"千城

---

❶ 《2014中国国土资源公报》：2014年全国202个地级市开展了地下水水质监测工作，监测点总数为4896个，其中国家级监测点1000个。依据《地下水质量标准》GB/T 14848，综合评价结果为水质呈优良级的监测点529个，占监测点总数的10.8%；水质呈良好级的监测点1266个，占25.9%；水质呈较好级的监测点90个，占1.8%；水质呈较差级的监测点2221个，占45.4%；水质呈极差级的监测点790个，占16.1%。

❷ 环保部《2014中国环境状况公报》：2014年，开展空气质量新标准监测的地级及以上城市161个，其中74个为第一阶段实施城市，87个为第二阶段新增城市。监测结果显示，161个城市中，舟山、福州、深圳、珠海、惠州、海口、昆明、拉萨、泉州、湛江、汕尾、云浮、北海、三亚、曲靖和玉溪共16个城市空气质量达标（好于国家二级标准），占9.9%；145个城市空气质量超标，占90.1%。

图1-2　2014年全国地下水监测点水质状况
（资料来源：《2014中国国土资源公报》）

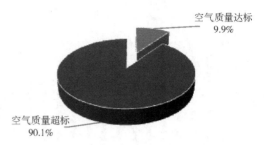

图1-3　2014年全国空气质量监测状况
（资料来源：《2014中国环境状况公报》）

一面""千村一面"现象屡见不鲜。同时，许多城乡历史文化遗产由于保护资金匮乏，保护方式单一，使得"保护性破坏""建设性破坏"、该保未保的"自然毁损"等现象时有发生。

认识这些问题，不能脱离我国城镇化发展异于世界其他地区的客观事实。粗略估计，截至 2014 年，西方主要发达国家用 200 年时间、10.5 万 km^2 建设用地转移了 4.6 亿城镇人口，我国用 40 年时间、2.8 万 km^2 建设用地转移了 2.5 亿城镇人口。换算下来，我国仅用西方国家 1/5 的时间和 1/2 的土地，完成了同等规模的城镇化任务（图 1-4）。这种"时空压缩"式的城镇化发展，进一步挤压了城镇化持续稳定推进必需的资源供给与配置条件，使我国城乡建设面临更为严酷的资源外部约束，出现一些问题和矛盾，在所难免。

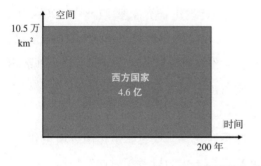

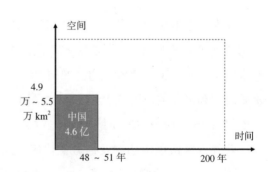

图1-4　国家城镇化进程的"时空压缩"现象

初略估计未来的城镇化进程，全国还将有 3.0 亿人从乡村进入城镇定居（图 1-5）。因此，解决好这些问题事关国家城镇化进程和人居环境内涵质量的整体提升，其科技价值和重大意义不言而喻。不仅如此，其中有些现象和问题，西方国家在城镇化进程中也未曾遇到过，在城乡规划理论与实践的历史和现实中也没有现成版本。只有根据客观事实，求解科学问题，创新适合国情的新型城镇化道路。

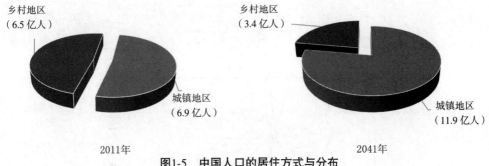

乡村地区
（6.5亿人）

城镇地区
（6.9亿人）

2011年

乡村地区
（3.4亿人）

城镇地区
（11.9亿人）

2041年

图1-5　中国人口的居住方式与分布

2. 城乡发展的复杂网络规律

城乡是一个典型的复杂巨系统[5]，好比一栋建筑有自身的结构体系予以支撑其稳固，一个复杂系统也有相应的"结构"支撑其发展壮大，那就是复杂网络。随着信息技术革命、全球化和经济组织变革的影响，城乡复杂巨系统中的复杂网络及其发展规律，不仅体现在社区、城镇或区域等不同空间尺度，更成为推动社区空间形态与社区治理、城镇空间形态和设施、区域空间结构等不同物质要素协调发展的基本规律。在社区空间尺度，社区作为人们日常工作、生活、休憩重要的物质环境，也是生成社会网络的重要载体，是居民社会网络的重要构成要素之一（图1-6）。在城镇空间尺度，地铁[6]、道路[7]、铁路[8]和航空[9]等城乡交通系统以及电力[10]、排水[11]等市政设施在物质形态上本身就是网络结构，而信息、物流[12]等越来越多的非物质要素也被揭示出具有复杂网络的结构特征（图1-7）。现代城乡区域空间结构呈现越来越明显的网络化、多中心结构特征[13]。欧洲兰斯塔德城镇群是其中的典型样本之一[14, 15]（图1-8）。

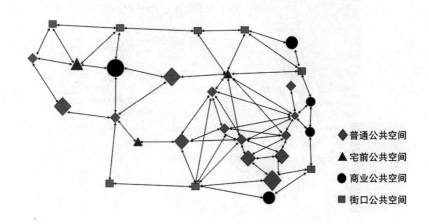

◆ 普通公共空间

▲ 宅前公共空间

● 商业公共空间

■ 街口公共空间

图1-6　社区公共空间网络

（资料来源：何正强，何镜堂，陈晓虹. 网络思维下的社区公共空间——广州市越秀区解放中路社区公共空间有效性分析[J]. 华中建筑，2014，4：102-106）

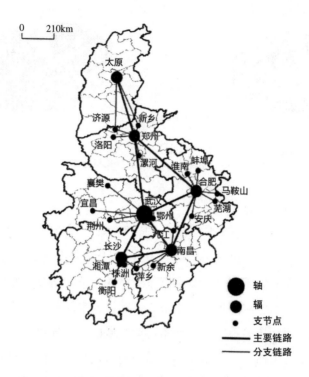

图1-7 中部地区"轴—辐"物流网络

（资料来源：王鑫磊，王圣云. 中部地区"轴—辐"物流网络构建——基于公路和铁路运输成本的分析视角[J].
地理科学进展，2012，31（12）：1583-1590）

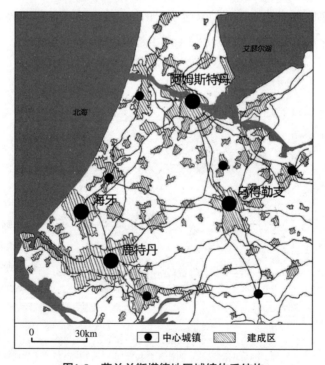

图1-8 荷兰兰斯塔德地区城镇体系结构

总之，城乡复杂巨系统的网络化发展已然是一种客观趋势[16]。复杂网络规律推动城乡系统的功能整合、空间协调和要素互动，一方面产生整体大于局部之和的整体性效应[17]，另一方面也呈现出降低自身发展的不确定性，提高抵御外部风险的能力[18]。开展城乡复杂巨系统及其复杂网络规律研究，是总结过去40年来快速城镇化经验和教训，分析当前城乡建设矛盾机理和问题成因的一条客观路径；也是尊重城乡发展规律、提升城乡规划科技水平的一种探索。

1.1.2　城乡规划的网络研究趋势

一直以来，城乡规划学不断吸收经济学、社会学、地理学和生态学等学科成果，逐步演变为以城乡空间形态科学为基础，兼具科学与人文、技术与艺术、理论与工程融贯综合的学科体系，逐渐构建起自身的系统观和网络思维。

1. 城乡规划学科早期的系统观

城乡规划自古就有从不同方面综合认识城乡建设发展的系统观。早在古罗马时期，维特鲁威（Vitruvius）的理想城市方案就把理想美和现实生活相结合，把以数的和谐为基础的理性主义同以人体美为依据的希腊人文主义统一起来，强调建筑物整体、局部以及各个局部与整体之间的比例关系，提出理想城市平面模型[19]（图1-9）。又如中国明清时期的北京城规划建设，一方面继承了古代"方九里，旁三门，国中九经九纬，经涂九轨"的传统礼制核心思想；另一方面又顺应地形、气候条件和居民生活需求，因地制宜构建"海子"水环境系统（图1-10）。这些实践都体现出城乡规划学科艺术与技术辩证统一，科学与人文相得益彰的系统论思想。

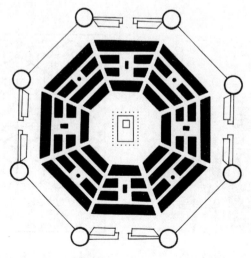

图1-9　维特鲁威"理想城市"总平面

（资料来源：张京祥.西方城市规划设计史纲[M].南京：东南大学出版社，2005）

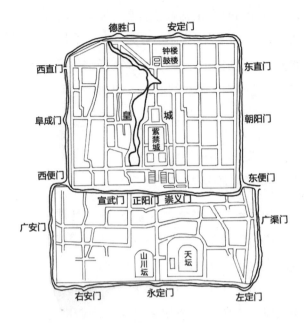

图1-10 明代北京城平面

(资料来源：董鉴泓. 中国城市建设史[M]. 北京：中国建筑工业出版社，2004)

近现代城乡规划进一步融贯交叉其他学科，努力从系统的角度理解和推进城乡建设活动。《雅典宪章》提出城市作为一个完整的系统，包含居住、工作、交通、游憩等四大功能。勒·柯布西耶（Le Corbusier）倡导"光明城"（Radidant City），并制定了昌迪加尔（Chandigarh）规划方案对此开展具体实践（图 1-11）。克里斯塔勒提出"中心地理论"，构建了中心地六边形状的城镇体系等级结构模型[20]（图 1-12），在聚落地理研究和零售业布局领域等实践中得到了广泛运用[21]。

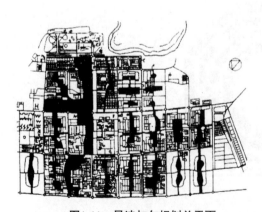

图1-11 昌迪加尔规划总平面

(资料来源：张京祥. 西方城市规划设计史纲[M].
南京：东南大学出版社，2005)

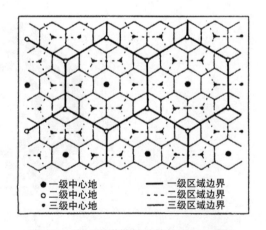

图1-12 克里斯塔勒的城镇体系组织结构

(资料来源：张京祥. 西方城市规划设计史纲[M].
南京：东南大学出版社，2005)

2. 学科系统观的早期局限与新趋势

城乡规划学科从复杂巨系统角度认识城乡建设发展的一些早期研究成果，大多偏重于系统内部各因子本身的属性研究，而缺少因子之间的相互作用和关系问题研究。正如《雅典宪章》的城市功能分区原则，忽视了城市系统中各个功能区之间的关联性，也没考虑作为城市主体的人的生活复杂性，而导致一系列新问题的产生。以至于《马丘比丘宪章》提出："这一错误的后果在许多新城市中都看到……在那些城市建筑物成了孤立的单元，否认了人类的活动和要求流动的、连续的空间这一事实"[22]。对中心地理论也有同样的反思，现实的城镇体系并不完全与理论上严密的等级结构吻合[23]。特别是随着信息化、全球化的进一步发展，城镇体系组织呈现多样化特征。"中心地理论"难以说明荷兰兰斯塔德地区[24]、日本关西地区[25]、意大利北部地区[26, 27]等大量多中心城市的发展事实，也无法解释西方国家1960年代以来兴起的边缘城市或城市郊区化等现象[28]。

究其原因，城乡规划早期的系统观，以"还原论"科学思维为主导，主要采用"分析"的方法来认识和理解城乡复杂系统。关注将其"分解并析出"不同的功能形式、物质空间、设施种类等，借此去了解这个城乡系统。然而，因为系统的局部之和并不会必然等于系统整体，这种思维模式通常忽视和破坏了个体的建筑群组和物质环境"如何组合"为城乡复杂系统本身的问题。随着当代科学研究逐步从"还原论"走向"系统论"，人们不仅持续关注系统"分析"为元素或部件，也开始关注不同元素或部件之间的相互作用和关系问题，以此了解这些元素和部件是如何构建为一个复杂系统的。正如人居环境科学提出，要"把人类聚居当作一个整体，从人与环境之间相互关系的角度理解和探索城乡建设活动[22]"。这恰是复杂网络研究的核心问题。

近年来，城乡规划学科也立足于城乡复杂巨系统，着力推进与社会网络、技术网络、信息网络和生物网络等不同类型复杂网络的交叉研究[16,29]。仅就技术复杂网络研究方面，对城乡交通系统[30]、市政基础设施[31]开展可靠性和脆弱性研究，取得大量让人耳目一新的认识和观点。相比而言，社会网络分析原理与方法主要是挖掘、描述和测量复杂系统中行动者之间稳定的关系模式[32]，以及资源、信息或情感等物质和非物质因素在此关系网络上的流动和变化规律[33]，与城乡规划学科的交叉融贯关系越来越紧密。

1.2 社会网络分析理论及方法

社会网络分析是复杂网络研究的典型代表之一。有关社会网络的分析思想最早可追溯到社会学家埃米尔·涂尔干（Emile Durkheim）和格雷尔格·齐美儿（Georg Simmel）等人的社会结构观点。20世纪30～60年代，"社会结构"的概念从社会计量学、数学、统计学或概率论等不同领域持续深化，逐步形成一套完整的理论方法和技术体系，成为一种重要的社会结构研究范式。

1.2.1 理论简介

1. 社会网络的基本概念

1）概念

社会网络，简单而言，是由作为节点的社会行动者及其相互作用和关系构成的集合。"一个社会网络是由一组或几组行动者及限定他们的关系所组成的[34]。"

社会网络最早是用来比喻社会关系或社会要素之间的网状结构，后来逐渐认识到，社会网络可以是一张"图"，包含一系列节点和把各个节点连接起来的连线，用来考察和刻画社会要素之间的相互作用和关系。至此，社会网络逐渐成为一个分析性的概念和专门考察社会关系或社会结构的方法[35]。

2）类型

一般而言，社会网络主要根据关系的属性或行动者集合的性质，来划分为不同的类型。随着研究的不断深入，还可以根据关系的方向性、关系的种类及网络的复杂程度等因素来进行划分，如社会交际网、社会支持网、讨论网、权力网等（表1-2）。

社会网络类型划分　　　　　　　　　　　　　表 1-2

划分标准	网络类型	基本内涵
关系的属性	个体网络（自我中心网络）	个体网络存在明显的以某一成员为核心的结构；整体网络侧重说明一个相对封闭的群体或组织的结构特征
	整体网络	
行动者集合的性质	1—模网络	由一类、两类或多类行动者构成
	2—模网络	
	3—模网络	
	……	
关系的方向性	无向网络	无向网络的行动者之间关系无方向；有向网络则具有定向关系
	有向网络	
关系的种类	一元网络	行动者之间存在一种或多种关系
	多元网络	
网络的复杂程度	简单网络	复杂网络比简单网络具有更复杂的特性，一般而言其结构更复杂，具有连接多样性、动力学复杂性等特征
	复杂网络	

从关系的属性来看，社会网络通常划分为个体网络和整体网络两大类。前者又称自我中心网络（Ego-centric Network），是指在网络中有一个核心的行动者，与其他行动者都有关联（图1-13），个体网络常见于"社会支持网"分析，表达个人所受到的物质和情感帮助等。与之相对的是整体网络，又称社会中心网络，即在网络中不存在以某一成

员为核心的结构，整体网络侧重说明的是一个相对封闭的群体或组织的结构特征。从分析技术角度讲，有关个体网络的概念、理论、命题和指标等研究都已经比较完备；相比之下，整体网络目前仍然是国内外社会网络研究的重点和前沿。

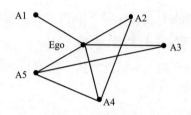

图1-13　自我中心网络

（资料来源：林聚任.社会网络分析：理论方法与应用[M].北京：北京师范大学出版社，2009）

从行动者集合的性质来看，社会网络可以分为 1—模网络、2—模网络、3—模网络……依此类推。"模"（Mode）是指行动者的集合，模数指行动者集合类型的多少。如果行动者集合仅有一种类型，研究的是这种类型内部各个行动者之间的关系，这种网络称 1—模网络。同理，2—模网络是研究两类行动者之间的关系，或一类行动者和一类事件之间的关系❶。

3）要素构成

通常，构成社会网络的主要要素包括行动者、关系、群体等（表 1-3）。

社会网络的主要要素及内容　　　　　　　　　　　　　　　　　表 1-3

主要要素	内涵	内容构成	定义及特征
行动者	社会网络中的一切个体、社会实体或事件都可以称为行动者	每个行动者在网络中的位置被称为"点"或"节点"	不仅指具体的个人，还可指一个群体、公司或其他集体性的社会单位
关系	指群体成员之间一切联系的总称	两方关系	由两个行动者所构成的关系，是社会网络的最简单或最基本的形式。它是我们分析各种关系纽带的基础
关系	指群体成员之间一切联系的总称	三方关系	由三个行动者所构成的关系。三方关系具有复杂社会关系的属性
群体	其关系得到测量的所有行动者的集合。群体有大小之分，其关系也有简单与复杂的区别	子群	指行动者之间的任何形式关系的子集。在复杂的网络关系中，常常可以区分出不同的子群

❶　有一类特殊的 2—模网络。如果一个模态（行动者集合）为"行动者"，另外一个模态为行动者所在的"部门"，那么就称这样的 2—模网络为"隶属网络"（Affiliation Network）。隶属网络仅有一个集合的行动者，另外一个集合为行动者所隶属的事件（如私人组织、社团等）。

2. 社会网络理论的缘起

社会网络理论与方法的出现和发展受三种因素的影响：一是图论在群体行动中的应用研究；二是社会群体的"派系"研究；三是从社会关系走向社会结构的突破。

1）图论在群体行动中的应用研究

社会网络分析的技术基础是社会计量学❶和图论。莫雷诺（Jacob Moreno）用"点"表示个体，"线"代表个体之间的社会关系，表明人际关系结构。由此，首先建立了以"社群图"（Sociogram）来表达社会构型的研究方式（图1-14）❷。

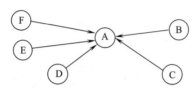

图1-14 一个社群图：明星图❸

20世纪中叶，心理学家卡特赖特（D. Cartwright）和数学家哈拉里（F. Harary）一起创立了社会群体行动的图论研究新方法。用一个社群图来表示有实际关系的群体，并采用凸轮等数学方法进行关系分析，把社会网络分析技术向前推进了一大步（图1-15）❹。

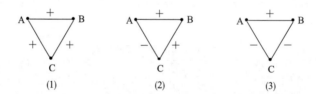

图1-15 简单三人社会关系的均衡结构和非均衡结构❺

（资料来源：刘军. 社会网络分析导论[M]. 北京：社会科学文献出版社，2004：50）

---

❶ 社会计量学的出现与受格式塔影响的社会心理学派密切相关，其中，库特·勒温（Kurt Lewin, 1890～1947年）、雅各布·莫雷诺（Jacob Moreno, 1889～1974年）、弗里茨·海德（Fritz Heider, 1896～1988年）等都是受格式塔影响的社会心理学的著名倡导者。他们在1930年代从纳粹德国移居美国后，发展了社会计量学这一方法。

❷ 莫雷诺1937年创立了"社会计量学"（Sociometry），将其定义为运用定量方法对群体的组织变化以及个体在群体中的位置进行研究的技术。在莫雷诺之前，人们已经谈到了关系"网""社会网络结构"等概念，有时甚至直接谈到关系的"网络"，但是没有人致力于把这些隐喻式观念系统化为分析的图示。

❸ 莫雷诺构建的一个典型社群图是社群"明星"图，用以表示那些在一个群体中，拥有极大声望和领导地位的人与其他人之间的社会关系。

❹ 卡特赖特和哈拉里发现，复杂的社会结构是由简单的社会结构所组成的，三人结构是社会结构的基础，社会关系所负载的网络结构可以从三人组中分析出来。因此，三人结构可以说是社会结构的"块"（blocks），从而开展复杂社会结构分析。通过分析进一步发现，任何平衡图，无论大小，都可以分为两个子图，每个子图内部的关系是积极的，而子图间的关系是消极的，存在着冲突和对抗。这一发现对于群体结构以及社会结构研究具有重要意义。1965年，他们共同出版了《结构模型：有向图论的导引》，标志社会网络分析图论法的成熟。

❺ 在这个简单的三人关系图中，图中代表社会关系的线可以被赋予一定的记号（"+"或"-"），用来表示个体间的关系是"积极的"还是"消极的"，也可用箭头表示关系的"方向"。

2）社会群体的"派系"研究

20 世纪二三十年代，哈佛大学的沃纳（W. Lloyd Warner）和梅奥（G. E. Mayo）进行"霍桑实验"（Hawthorne Experiment），具体运用了社群图来反映群体结构，表示群体中的非正式关系，说明非正式群体的作用（图 1-16）。1930 ~ 1935 年间，沃纳又进行了著名的"扬基城"（Yankee City）研究，使用了"位置分析"方法，提出社区是由各种子群体构成的，把其中的一类子群体称为"派系"（图 1-17）。

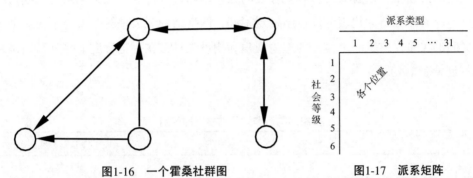

图1-16　一个霍桑社群图
（资料来源：林聚任.社会网络分析：理论方法与应用[M].北京：北京师范大学出版社，2009：8）

图1-17　派系矩阵
（资料来源：林聚任.社会网络分析：理论方法与应用[M].北京：北京师范大学出版社，2009：8）

3）从社会关系走向社会结构

1950 年代，英国的"曼彻斯特学派"[1] 对社会网络分析进行了大量的系统化总结，进一步明确了社会网络的主要概念、技术模式和分析方法等基本问题[2]。20 世纪 70 年代后，"新哈佛学派"特别是怀特（Harrison White）从数学角度开展大量社会结构"块模型"研究，旨在揭示整个网络中存在多少"块"或"子群"，揭开了社会网络整体性研究的序幕。20 世纪 70 年代，社会网络在方法论以及具体操作上接连出现重大突破，逐渐成熟，成为一个新的研究领域，进入快速发展时期。

[1] 曼彻斯特学派是曼彻斯特大学社会人类学系的一个研究小组，以约翰•巴恩斯（John Barnes）、克莱德•米歇尔（Clyde Mitchell）和伊丽莎白•伯特（Elizabeth Bott）等人为代表。

[2] 1954 年，巴恩斯用"网络"概念对挪威一个渔村中跨越亲属群体和社会阶级的联系作了分析，更精确地描述了这个渔村的社会结构。他特别关注亲属、朋友和邻里在社区整合中的作用，并在 1972 年发表"社会网络"一文，回顾了社会网络观点由隐喻到分析性工具的发展，区分了不同的网络分析类型及其应用，系统总结了社会网络的主要概念、分析技术、分析单位和资料的收集等基本问题。伊丽莎白•伯特是一位加拿大心理学家，曾师从芝加哥大学的劳埃德•沃纳。他在对英国家庭的田野研究中，为分析亲属关系形式明确使用了"网络"概念作为分析工具。为了定量地处理这些社会关系，伯特提出了网络结构的第一个尺度——结（knit），即密度来描述黏合度。其代表性著作《家庭与社会网络》（1957 年）被学术界视为英国社会网络研究的早期范例。米歇尔对早期社会网络分析的系统化起了关键作用，他区分了三种类型的关系秩序，用以说明社会网络：结构秩序、类群秩序和个人秩序。他指出，这不是三类不同的行为，而是对相同的实际行为的不同解释。米歇尔还具体论述了"整体网络"和"'自我中心'网络"的概念，说明了社会网络的特征，如网络的形态特征、互动特征，包括"密度""可达性""范围""互惠性""持久性""强度""频次"等。总的来说，曼彻斯特学派主要关心人际关系的个体中心网研究，主要分析个体与他人之间的直接和间接联系，没有考虑到更大的社会结构因素。所以，他们的研究也具有很大的局限性，没有把社会网络分析上升为一种明确的社会结构分析。

3. 社会网络的经典理论

社会网络在发展完善过程中，主要形成了网络结构观、弱关系、结构洞和社会资本等四大基本理论。

1）网络结构观理论

传统上，地位结构观在社会结构研究中占主导地位，随着社会网络理论和分析技术的日益成熟，出现了以研究"关系"为导向的网络结构观。网络结构观把人与人、组织与组织之间的纽带关系看成一种客观存在的社会结构，分析这些纽带关系对人或组织的影响。与以阶级分析为代表的地位结构观不同，网络结构观为理解个人与个人、个人与社会之间的关系提供了一个全新的理论视角和测量工具，在一定程度上弥补了地位结构观的不足（表1-4）。

网络结构观和地位结构观的区别

表 1-4

	网络结构观	地位结构观
出发点	关系特征	属性特征
侧重点	（1）社会关系、社会行为的"嵌入性"； （2）人们对社会资源的摄取能力	（1）人们的身份和归属感； （2）资源的占有和支配能力
视角	（1）指出了人们在其社会网络中是处于中心位置（或战略性的结构洞位置）还是边缘位置，以及其所拥有的网络资源多寡、优劣对网络成员的行动后果具有重要意义； （2）社会不平等是由人们在社会网络中的不同位置及其对社会资源的摄取能力决定的，后者取决于社会成员的社交能力和交往范围	（1）将一切都归结为人们的社会地位，如阶层地位、教育地位和职业地位等； （2）将社会不平等归因于人们先赋性和后天自致性地位属性的差异

2）弱关系理论

1973 年，美国新经济社会学家马克·格兰诺维特（Mark Granovetter）提出了著名的弱关系假设和"关系力量"的概念，认为根据"关系"在互动频率、感情力量、亲密程度以及互惠交换等四个维度上的强弱，可以被划分为"强关系"和"弱关系"。强关系主要维系着群体或组织内部的联系，而弱关系则使人们在群体和组织之间创造更多便捷的联系。如图 1-18 所示，A 和 B 之间是一种弱关系，但却是 A 所在群体到达 B 所在群体的最短路径。因此，A 和 B 的联系是一座信息桥，有至关重要的作用。在微观的社会个体流动角度，弱关系是一种重要资源；在宏观的社会结构角度，弱关系是影响社会凝聚力的关键因素。因此，社会网络分析也是连接微观与宏观社会学理论的工具，对于社会学理论发展具有核心意义[36]。

3）结构洞理论

1992 年，芝加哥大学教授罗纳德·伯特（Burt R.）在代表作《结构洞：竞争的社会结构》中首次提出结构洞理论，强调关系强弱与社会资本没有必然联系。社会网络无论是主体、

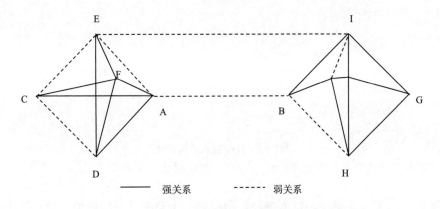

图1-18 局部关系图示

（资料来源：M. Granovetter. The Strength of Weak Ties [J]. America Journal of Sociology, 1973, 78 (6)：1377-1378）

个人还是组织，主要分为"无洞"的封闭式网络与"有洞"的开放式网络两大类型，前者即个体两两之间均存在连接关系，无任何关系间断现象；后者即某单一网络个体或某部分网络个体与其他网络个体无直接联系或完全无联系，好像网络结构中出现孔洞，即"结构洞"。如图 1-19 所示，在 A、B、C 组成的网络中，AB 相连，BC 相连，但 AC 不相连，则 AC 是一个结构洞。占有结构洞的成员，就有更大的机会获取"信息利益"和"控制利益"，也因此比网络中其他位置的成员具有更大的竞争优势。占有结构洞越多，关系优势越大，获得回报的概率越高。

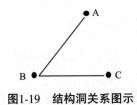

图1-19 结构洞关系图示

4）社会资本理论

美国华裔社会学家林南（Nan Lin）提出，社会个体除了采用直接占有，也可以通过网络关系而获得社会资源，由此在发展格兰诺维特"弱关系"理论的基础上，提出社会资本理论（图 1-20）。那些嵌入个人社会网络中的社会资源——权力、财富和声望，虽不为个人所直接占有，但通过直接或间接的社会关系也可以获取。并且，个体社会网络的异质性、网络成员的社会地位、个体与网络成员的关系力量决定着个体所拥有的社会资本数量和质量。当个体为此采取行动时，如果弱关系的对象处于比行动者更高的地位，那么弱关系带来的社会资源将比强关系带来的多。

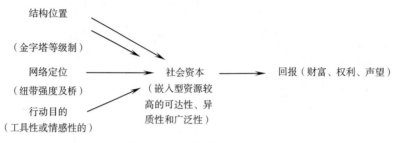

图1-20　社会资本理论模型

（资料来源：林聚任.社会网络分析：理论方法与应用[M].北京：北京师范大学出版社，2009：24）

近年来，许多学者在社会资本理论与经验研究上取得了丰硕成果，这些研究跨越多个领域，在理论观点与研究方法上也有所差别。社会网络分析跟社会资本研究的结合仅是其中的一个方面，二者具有密不可分的关系。

1.2.2　分析方法

社会网络分析方法是社会网络理论的核心，简单而言，就是对网络中行动者的相互作用和关系进行量化研究分析的一套方法体系。它不仅给出了一个结构性的研究视角，也发展出了一套用来描述网络结构特征的具体测量方法和指标，是一种不同于传统观点和研究方法的新范式。

1. 发展历程

社会网络分析可以分为概念及模型建构、实证应用等两部分，没有对网络概念及模型的研究，实证应用就不会有坚实基础。也可以说，社会网络模型的发展历程就是社会网络分析方法的发展历程，大致可以分为图论、统计概率论的 P^1 模型以及代数理论的 P^* 模型等三个阶段 [34]（图 1-21 ）。

1）图论阶段

莫雷诺发明"社群图"，建构了一种"通过测量群体中的个体之间相互接受和排斥程度来发现、描述、评价社会地位、结构，以及社会发展的方法" [34, 37, 38]。耐奈瓦萨（Jiri Nehnevajsa）优化了社群图研究的概率模型 ❶。卡特赖特和哈拉里等开创了群体行为的图论研究。派提森（Pattison P.E. ）发展了社会网络代数模型，将矩阵引入社会关系研究领域，利用代数运算考察各种关系网络 [39]。1950 ~ 1960 年代，"曼彻斯特学派"把社会网络分析的形式技巧与社会学概念结合起来 [40]。怀特等首次提出块模型分析 [41]，考察行动者的结构均衡性及分类。

---

❶ 该研究建立在"关系的随机性假设"基础之上，但是，在现实中这种假设往往不可行，尽管如此，该研究仍为日后 P* 模型的提出打下了基础。

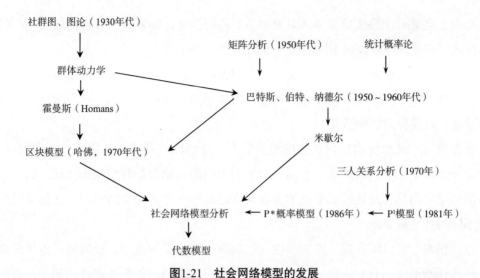

图1-21 社会网络模型的发展

（资料来源：刘军.社会网络分析导论[M].北京：社会科学文献出版社，2004：29）

2）P¹模型及推广

1980年代，霍兰和林哈特构建了社会网络分析的P^1模型，用于分析社会关系发生的概率与行动者的"发散性"和"聚敛性"之间的关系。P^1模型不包含行动者的性别、年龄等属性变量，因而计算结果的准确性较差。另外，P^1模型的建构基础是二人组独立性假设，譬如，"A和B的关系"与"B和C的关系"无关。但这种假设往往不现实。因此，更客观的P^*模型因势而生。

3）P*模型及推广

弗兰克和施特劳斯提出的马尔可夫随机图（Markov random graph）[42]，施特劳斯和伊可达[43]、瓦瑟曼和派提森[44]给出的模型估计策略，把社会网络分析带入新的历史时期。马尔可夫模型及其各种推广模型（即P*模型）不用假设二人组的相互独立性，从而可以利用逻辑斯蒂回归（Logistic Regression，LR）进行估计，这给研究者带来了极大的方便。瓦瑟曼等进一步推广了前人的研究，研究了多元关系网络[45]、多值关系网络[46]、隶属关系网络[47]、社会选择模型[48]、社会影响模型[49]。这些模型极大地推进了P^*模型研究，同时也优化了P^1模型。

2. 技术目标

1）主要任务

社会网络分析的任务可以划分为两大类，一类是从社会网络中发现社会的特性，另一类是利用已经建好的网络模型对某些情况进行预测。根据分析侧重点不同，社会网络分析任务可归纳为以下四种：

节点排序。是社会网络分析的核心任务之一。通过分析网络图中的链接结构，依据某种衡量节点重要性的度量标准来对图中节点进行排序，如发现最有价值的用户，将客户按照重要程度排序并提供不同的服务等。

节点分类。一般而言，节点类别是彼此相关的，但仍然需要将节点集合的成员赋予某一类标签[50]。如对网页、电子邮件等进行文本分类，可以帮助人们更有效地检索、查询或过滤，以获得需要的信息。

节点聚类。又称群体检测，是指根据节点本身的性质及其与其他节点之间的联系，将节点分为若干个不同的类别。在同一个类别当中的行动者具有相似的特征，而不同类别中的行动者则具有差异性。节点聚类在实际研究中有非常重要的作用，比如可以用来发现不同的社会阶层。

连接预测。指以所连接节点的属性和已观察到的连接为条件，预测某些连接是否存在。连接预测的应用非常广泛，如预测社会上人与人之间的关系，或者已知某一时间点的网络连接状态而预测另外一个时间点的连接状态。

2）基本特征

社会网络分析家巴里·韦尔曼（Barry Wellman）指出，社会网络分析探究深层结构，揭示隐藏在复杂社会系统中的网络模式，有五个范式特征 ❶[51]。彼得·马斯登（Peter Marsden）和林南认为网络分析为描述和研究社会结构以及处理综合层面的问题提供了新思路，在许多问题研究上都有非常优异的表现。比如，针对个体行动者形成社会结构方式，或社会结构一旦形成之后对个体和集体行动的制约方式，也包括行动者的态度与行为受当时当地社会背景影响的程度或方式等研究[52]。

综上，社会网络分析的特征可归纳为以下四点：第一，社会网络分析是一种新的研究范式，在研究对象、程序与原理上都跟其他的研究取向有所不同。第二，社会网络分析的对象是行动者之间的关系，而不是行动者的属性。第三，社会网络分析关注的不是单个行动者的特征，而是行动者之间的关系结构。第四，行动者之间相互联结形成的关系是社会网络分析的基础。

3. 技术路线

社会网络分析原理和方法源于社会学领域，有社会学定量研究的特性，但近年与其他学科交叉融贯，已经成长为自然、地理、人文等多学科都适用的科学方法。其中，核

---

❶ 五个范式特征：一是根据结构对行动的制约来解释人们的行为，而不是通过其内在因素（如"对规范的社会化"）进行解释，后者把行为看做是以自愿的、有时是目的论的形式去追求所期望的目标；二是分析者关注于对不同单位之间关系的分析，而不是根据这些单位的内在属性（或本质）对其进行归类；三是集中考虑的问题是由多维因素构成的关系形式如何共同影响网络成员的行为，并不假定网络成员间只有二维关系；四是把结构看做是网络的网络，此结构可以划分为具体的群体，也可不划分为具体群体，并不预先假定有严格界限的群体一定是形成结构的组块；五是社会网络分析方法直接涉及一定社会结构的关系性质，目的在于补充——有时甚至是取代——主流的统计方法，后一种方法要求的是孤立的分析单位。

心技术要点是两个，一是网络建模的基本原理，一是推导语义模型完成建模。

1）建模原理

社会网络由一个或多个行动者的有限集合和他们之间的一种或多种关系组成。社会网络模型可以看做是描述社会网络的一张图，由"点"和"线"组成（图1-22），其中，"点"是指现实社会中存在的行动实体，如个体的人、团体、企业或组织等，也可以是城市、街区或建筑等。"线"是指社会实体之间的相互关系或作用，通常是具有"内容、方向、强度"的关系联结，如人与人之间的血缘关系、城市与城市之间的交通联系等。

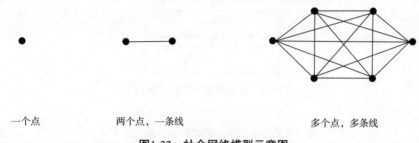

一个点　　　　　　　两个点，一条线　　　　　　　　多个点，多条线

图1-22　社会网络模型示意图

实际研究工作中，通常要明确研究对象的问题和矛盾，以此为导向，通过分析研究对象作为一个复杂系统，提炼出与问题和矛盾相关的相关行动实体，找准这些行动实体之间的相互关系和作用，从而提出网络模型构建的基本原理。

2）构建网络模型

构建社会网络模型总体上分为四步（图1-23）：第一步，研究载体的确定，即根据科学问题和研究主题选择具有代表性的研究载体；第二步，根据确定的研究载体和网络建模基本原理，分析载体的系统构成机理，确定社会网络模型构建中需要的"点"要素和"线"要素；第三步，根据确定的"点"和"线"，进行数据调研、收集和整理；最后，借助社会网络分析相关软件平台如Ucinet、Pajek等软件，将整理的数据输入软件平台，构建出社会网络模型。

3）选用工作平台

社会网络分析从操作性上而言具有多软件、可视化分析的便利。目前，不同领域的科研工作者采用的社会网络分析软件平台大致有23种，其中16种具有可视化功能，为不同学科的研究提供了基础与便利[53]。国内常见的社会网络分析软件大致有6种，它们在工作目标、数据类型、分析功能等方面各有优势，需要研究人员根据研究任务和实际需求来选用（表1-5）。

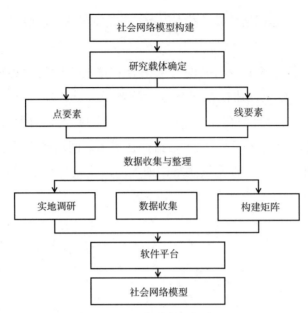

图1-23 社会网络模型构建思路

国内常见社会网络分析软件的性能对比表 表 1-5

程序		MultiNet	NetMiner	Pajek	StOCNET	Structure	Ucinet
版本		4.38	2.4.0	1.00	1.5	4.2e	6.55
目标		上下文分析	可视化分析	大数据可视化	统计分析	结构分析	综合
数据	类型 a	c, l	c, e, a	c	c, a	c, e, a	c, e, a
	输入 b	ln	m, ln	m	m	m, ln	m, ln
	缺失值	有	无	有	有 g	有	有
功能	可视化	有	有	无	无	有 h	有
	分析 c	d, rp, s	d, sl, rp, dt, s	d, dt, s	sl, rp	d, sl, rp, dt, s	d, sl, rp, dt, s
支持	可得性 d	免费	收费 i, j	免费	免费	免费	免费
	手册	无 k	有	无	有	有	有
	帮助	有	有	无	有	无	有

备注:c= 全局,e= 个人中心(表示类型 a 中的字母),a= 从属关系,l= 大型网络,m= 矩阵,ln= 连接 / 节点,d= 描述,sl= 结构和位置,rp= 角色和地位,dt= 二元和三元方法,s= 统计,e= 不再更新的 DOS 程序(表示版本 4.2e 中的字母),g= 只有对属性的缺失值编码,h = 没有作图程序,i = 能够从互联网上免费获取(有些功能有所减少),j= 可以获得评估 / 演示版本的程序,k= 可以获得某些模块的手册。

资料来源:王陆 . 典型的社会网络分析软件工具及分析方法 [J]. 中国电化教育,2009(4):95-100.

1.2.3 多学科应用

1978 年,社会网络分析研究的国际性组织(INSNA,International Network for Social Network Analysis)成立,标志着网络分析范式的正式诞生。社会网络的思想理论不断成

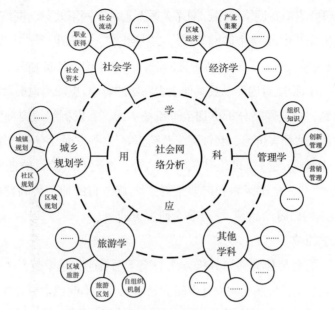

图1-24　社会网络分析的多学科应用

熟与壮大，各种网络分析工具应运而生，与社会学、经济学和城乡规划学等多学科的交叉应用也日渐广阔（图1-24）。

1. 社会学等领域

社会学领域关于社会网络的分析研究主要集中在职业获得、社会流动、社会阶层的社会资本与社会支持、社会问题等方面。相关研究指出不同职业类型形成不同信息网络效应与人情网络效应，影响社会流动[54]，转型期社会网络的关键作用是收集信息和获得职业机会[55]。在城市新移民社会流动领域，开展了农民工社会网络研究[56]，发现农民工社会网络关系稀疏、核心—边缘结构明显等特征[57]，农村流动人口的社会网络与城市明显不同，社会网络也会影响城市新移民的居住空间分异现象[58]。在阶层、社会资本与社会支持方面，有研究指出餐饮社会网络能促进消费分层，相关行业的实证研究也发现工友关系强度可以降低核心工人的不确定性[59]，居住位置[60]、族群背景[61, 62]、年龄[63]、职业身份[64]乃至传统习俗[65]等都是影响居民社会支持的关键因素。

2. 经济学等领域

在经济学领域，社会网络分析广泛运用于区域经济和产业集群发展研究，分析了企业集群创新网络的结构特征[66]并构建了区域并购复杂网络，讨论产业重组与转移规律[67]；还有研究探讨了网络位置、技术学习和集群企业创新绩效之间的关系[68]；也有对长三角城市群经济结构[69]，皖江城市带[70]、关中—天水经济区[71]以及中国—东盟自贸区[72]等不同空间尺度案例的实证分析和优化建议研究。

20世纪90年代，管理学成为社会网络分析应用研究的主战场之一[73]。针对组织知识管理问题,相关研究集中在网络成因、网络关系互动性、网络效益、网络结构优化和网络动态研究等五个方向 [74],围绕个体网 [75, 76]、二方组 [77]、三方组 [78]、小集团 [79, 80] 和整体网 [81, 82] 五种网络关系展开。针对创新管理问题,大多与传统计量经济学方法和案例研究相结合,分析网络结构特征对创新以及其他组织问题的影响,更深刻地揭示问题本质 [83~85]。针对营销管理问题,社会网络分析更加接近市场本质,在发掘组织内部营销机制 [86]、识别市场意见领袖并重估顾客价值、制订网络营销策略 [87] 等方面具有独特作用 [88]。

21 世纪初,社会网络分析理论和旅游学结合,主要有旅游目的地空间结构 [89~91]、区域旅游流结构 [92, 93]、旅游区划和产业集群 [94]、旅游目的地相关利益群体关系与自组织机制 [95]、可持续的旅游产品 [96, 97] 等多个研究方向。

3. 城乡规划学领域

近年来,城乡规划与社会网络分析方法的交叉融贯研究越来越深入。在社区空间尺度上,进行了改造型社区公共空间设计策略交叉研究 [98];不同城市更新模式的社会网络及保护机制 [99],以社会网络保护为导向的历史街区保护更新规划 [100],城市家族社会网络空间结构 [101],城市治理与公众参与 [102, 103],城市开放空间社会风险与安全 [104] 等相关研究,为区域和城市发展提供了新的科学依据。在城镇产业方面,针对产业关联网络的结构特征与效能 [105, 106],产业空间网络与价值分布诊断 [107];在城乡交通方面,针对公路和铁路网络结构特征 [108],区际交通空间组织趋势 [109],城市节点间社会联系密切度评价 [110],不同交通模式可达性的差异性及都市圈城市经济相互作用的外向和内向集中度 [111];在区域空间尺度上,相关学者针对区域城镇空间结构的基本形式、演变机制 [112~114]、城市群空间层级结构 [115, 116]、城市带经济联系和层级结构 [117, 118] 开展了大量研究;在城市管理方面,对转型期中国城市的规划管理问题、发展趋势和规划管理定位 [119],城乡结合部协同运行、基础设施建设和区域划分等 [120] 问题开展了大量研究。

1.3 社会网络分析的测度指标

社会网络分析大致从两个方向展开,即个体网络分析和整体网络分析。前者主要分析指标为网络位置和关系,如中心性、结构洞等;后者主要分析内容包括网络的密度、凝聚子群以及角色等。一般来讲,个体网络分析以分析社会个体的连接为主,整体网络分析侧重网络的整体结构特征。

1.3.1 规模、密度和距离

1. 网络规模与密度

网络规模是社会网络中包含的行动者数量。网络规模大意味着构成群体的成员数量

多，网络规模大小会影响到行动者之间的关系。如图 1-25 所示，该网络中包含 A ~ I 共
9 个行动者，即该网络的规模为 9。

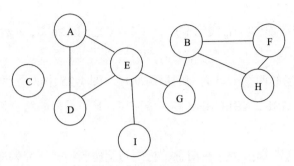

图1-25　社会网络范例

（资料来源：罗家德．社会网分析讲义[M]．第二版．北京：社会科学文献出版社，2010：156）

网络密度是团体研究中最常用到的概念，也是一项重要变量，因为一个团体可以有
紧密关系，也可以有疏离关系，紧密团体的社会行为不同于疏离团体。一般来说，关系
紧密的团体合作行为较多，信息流通较易，而关系十分疏远的团体则常有信息不通、情
感支持太少、工作满意程度较低等问题。整体网密度分无向网络和有向网络两种情况。
无向整体网密度可表示为：

$$P = L / [n(n-1)/2]$$

有向整体网密度可表示为：

$$P = L / n(n-1)$$

式中，P 为网络密度，L 为网络中实际存在的连接数，n 为网络中实际存在的节点数。

2. 网络距离

距离即两节点之间最短路径的长度。以图 1-25 为例，A 到 I 一共有两条路径，
A→E→I 以及 A→D→E→I，A→E→I 是最短的路径。距离的概念就是从 A 节点
走到 I 节点的路径中经过的最少线条的总数，如果在数值图形中，就是这些线上数值的
总和，那么，A 到 I 的距离是 2。

这里引申两个概念——自我中心距离和平均距离。自我中心距离即某一特定节点与
其他任何节点之间的最长距离。自我中心距离在一个相连图形中才可以计算。在图 1-25
中，C 不相连，所以无法计算，而只有其他 8 个行动者的子图形是一个相连图形，就可
以计算每个行动者的自我中心距离。比如，距离 E 最远的是 F，距离是 3，所以 E 通过
3 步就可以到达所有相连的行动者，那么 E 的自我中心距离就是 3。

平均距离为任意两个节点之间距离的平均值。平均距离也称特征路径长度

（Characteristic Path Length），其值越小，表示网络中任意节点之前的距离越小。

$$L = \frac{2}{n(n-1)} \sum_{i>j} l_{ij}$$

式中，L 表示平均距离，l_{ij} 表示节点 i 和节点 j 之间的距离，n 表示节点数目。

3. 直径

直径是相距最远的两个节点之间的最短路径。图 1-25 中的最远距离是节点 A 到 F，存在 AEGBF、ADEGBF、ADEGBHF 等三条路径，其中最短的路径是第一条，距离是 4，所以直径是 4。

直径与自我中心距离的概念在信息、物质乃至病菌传播研究领域有十分重要的学术价值。譬如大家都玩过的一个游戏，第一个人说一句话，然后传给第二个，第三个……传到最后。它可以衡量哪一个人在信息传递的哪个环节，是否能获得信息，多久才能获得信息；信息是否会失真，失真程度有多少，等等。

4. 聚集系数

在无向简单网络图中，设节点 i 的邻集为 k_i，则节点 i 的聚集系数定义为这 k_i 个节点之间存在边数 E_i 与总的可能边数 $k_i(k_i-1)/2$ 之比，反映节点 i 的邻点间关系的密切程度，即：

$$C_i = \frac{2E_i}{k_i(k_i-1)}$$

对于有向网络来说，这 k_i 个节点间可能存在的最大边数为 $k_i(k_i-1)$，则此节点 i 的聚集系数为：

$$C_i = \frac{E_i}{k_i(k_i-1)}$$

假设网络有 N 个节点，由节点的聚集系数定义网络的聚集系数为：

$$C = \frac{1}{N} \sum_i C_i$$

1.3.2　中心性

对个体节点和网络整体的重要性进行度量是社会网络分析的重点，在社会网络分析中被称之为中心性。节点中心度是分析社会网络的重要和常用概念工具之一，它是关于行动者在社会网络中的中心性位置的测量概念，反映的是行动者在社会网络结构中位置或优势的差异。网络中心势，又称整体图中心度，反映的是一个图在多大程度上表现出向某个点集中的趋势。一般来说，中心度用来描述图中任何一点在网络中占据的核心性，中心势用来刻画网络图的整体中心性。

1. 度数中心性

1）节点度数中心度

节点度数中心度可以分为绝对度数中心度和相对度数中心度两类。

在无向网络中，节点绝对度数中心度是指跟其直接相连的节点数目，节点数最大的行动者即为中心。节点相对度数中心度指某节点的节点数与连线总数之比，相对度数中心度被看做是一个更为标准化的测量，两者计算公式如下：

$$C_{\mathrm{D}}(n_i) = d(n_i)$$

$$C_{\mathrm{RD}}(n_i) = d(n_i) / (N-1)$$

式中，$C_{\mathrm{D}}(n_i)$ 为绝对度数中心度，$d(n_i)$ 为与某一节点直接相连的节点数。$C_{\mathrm{RD}}(n_i)$ 为相对度数中心度，$d(n_i)$ 为与某一节点直接相连的节点数，N 为网络规模。在有向网络中，每个点的绝对度数中心度可分为点入度（in-degree centrality）和点出度（out-degree centrality）❶。节点相对度数中心度需要同时计算某一节点的点入度和点出度，然后再与连线总数求比，其公式为：

$$C_{\mathrm{RD}}(n_i) = \frac{d_r(n_i) + d_c(n_i)}{2(N-1)}$$

式中，$C_{\mathrm{RD}}(n_i)$ 为相对度数中心度，$d_r(n_i)$ 为节点的点入度，$d_c(n_i)$ 为节点的点出度，N 为网络规模。

2）网络度数中心势

网络度数中心势刻画网络的整体中心性，计算公式如下：

$$C = \frac{\sum_{i=1}^{n}(C_{\max}-C_i)}{\max(\sum_{i=1}^{n}C_{\max}-C_i)}$$

式中，C 为网络度数中心势，$C_{\max}$ 为网络中各节点度数中心度的最大值，C_i 为节点 i 的中心度，n 为节点数。

2. 中间中心性

1）节点中间中心度

节点中间中心度测量的是行动者对资源控制的程度，如果一个点处于其他两点的最

---

❶　点入度是指关系进入到该点的其他点的个数，即该点直接得到的关系数。点出度是指该点直接发出的关系数。

短路径上，就说该点具有较高的中间中心度[121]。

假设点 j 和点 k 之间存在的最短路径条数用 g_{jk} 来表示。点 j 和点 k 之间存在的经过第三个点 i 的最短路径数目用 $g_{jk}(i)$ 来表示。第三个点 i 能够控制此两点交往的能力用 $b_{jk}(i)$ 表示，它等于 i 处于点 j 和点 k 之间最短路径上的概率，即 $b_{jk}(i)=g_{jk}(i)/g_{jk}$。由此，把点 i 相应于图中全部点对的中间度加在一起，就得到该点的绝对中间中心度，计算公式如下：

$$C_{\mathrm{AB}i}=\sum_{j}^{n}\sum_{k}^{n}b_{jk}(i)\ ,j\neq k\neq i,j<k$$

式中，$C_{\mathrm{AB}i}$ 为绝对中间中心度，$b_{jk}(i)$ 为节点 i 处于节点 j 和 k 之间的最短路径上的概率，n 为节点数。

点的相对中间中心度，即标准化的中间中心度，可用来比较不同网络图中点的中间中心度，计算公式如下：

$$C_{\mathrm{RB}i}=\frac{2C_{\mathrm{AB}i}}{n^{2}-3n+2}=\frac{2\sum_{j}^{n}\sum_{k}^{n}b_{jk}(i)}{n^{2}-3n+2}\ ,\ 0<C_{\mathrm{RB}i}<1$$

式中，$C_{\mathrm{RB}i}$ 为相对中间中心度，$C_{\mathrm{AB}i}$ 为绝对中间中心度，$b_{jk(i)}$ 为节点 i 处于节点 j 和 k 之间最短路径上的概率，n 为节点数。

中间中心度测量的是该点在多大程度上控制其他行动者之间的交往。如果一个点的中间中心度为 0，意味着该点不能控制任何行动者，处于网络的边缘；如果一个点的中间中心度为 1，意味着该点可以 100% 地控制其他行动者，它处于网络的核心，拥有很大的权力。

2）网络中间中心势

网络中间中心势的计算与度数中心势类似，计算公式可表示为：

$$C_{\mathrm{B}}=\frac{\sum_{i=1}^{n}(C_{\mathrm{RBmax}}-C_{\mathrm{RB}i})}{n-1}$$

式中，C_{B} 为网络中间中心势，$C_{\mathrm{RB}i}$ 为节点相对中间中心度，C_{RBmax} 为节点相对中间中心度最大值，n 为节点数。

3. 接近中心性

1）节点接近中心度

一个点的接近中心度是该点与图中所有其他点的最短路径距离之和。如果一个点与网络中所有其他点的"距离"都很短，则称该点具有较高的接近中心度。该指标与度数中心度紧密相关，即度数中心度高的点往往接近中心度也高，所以该指标通常很少用[122]。接近中心度也有绝对和相对之分，绝对接近中心度计算公式如下：

$$C_{\mathrm{AP}i}=\frac{1}{\sum_{j=1}^{n}d_{ij}}$$

式中，$C_{\mathrm{AP}i}$是绝对接近中心度，d_{ij}是点i和点j之间的最短路径距离，n为节点数。同理，要比较来自不同网络中点的接近中心度，需要计算相对接近中心度，计算公式为：

$$C_{\mathrm{RP}i}=\frac{n-1}{\sum_{j=1}^{n}d_{ij}}$$

式中，$C_{\mathrm{RP}i}$是相对接近中心度，d_{ij}是点i和点j之间的最短路径距离，n为节点数。

2）网络接近中心势

一个网络的接近中心势表达式为[121]：

$$C_{\mathrm{c}}=\frac{\sum_{i=1}^{n}(C'_{\mathrm{RCmax}}-C'_{\mathrm{RC}i})}{(n-2)(n-1)}(2n-3)$$

式中，C_{c}是网络接近中心势，$C_{\mathrm{RC}i}$为节点接近中心势，C_{RCmax}为节点接近中心势最大值，n为节点数。

4. 特征向量中心性

Bonacich[123]提出了特征向量中心性的概念。特征向量中心性是网络中一个节点重要性的度量，网络中每个节点都有一个相对指数值，这个值是基于高指数节点的连接对一个节点的贡献度比低指数节点的贡献度高这一原则确定的。

可使用邻接矩阵来寻找特征向量中心性。令x_i为第i个节点的特征向量中心指数值（即特征向量中心度），$A_{i,j}$为网络的邻接矩阵。当第i个节点是第j个节点的邻接点时，$A_{i,j}=1$，相反，则$A_{i,j}=0$。对于第i个节点，中心性指数与所有连接它的节点的指数和成比例，即：

$$x_i=\frac{1}{\lambda}\sum_{j\in M(i)}x_j=\frac{1}{\lambda}\sum_{j=1}^{n}A_{i,j}x_j$$

式中，$M_{(i)}$是连接到i节点的节点集合，N是节点总数，λ是常数。矩阵形式表示为$X=AX/\lambda$，或者特征向量的定义方程$AX=\lambda X$。

特征向量中心性的定义表明：节点是否为中心节点，依赖于其所关联的其他节点为中心节点的程度。

1.3.3 凝聚子群

在社会网络研究中，没有比较明确的"凝聚子群"的定义。大体上说，"凝聚子群是满足如下条件的一个行动者子集合，即在此集合中的行动者之间具有相对较强的、直接的、紧密的、经常的或者积极的关系"[34]。

对凝聚子群进行概念化处理有四个角度：①关系的互惠性；②子群成员之间的接近性或者可达性；③子群内部成员之间关系的频次（点的度数）；④子群内部成员之间的关系相对于内、外部成员之间的关系的密度。

1. 基于互惠性的凝聚子群——派系

派系的定义

对于不同性质的网络来说，派系的定义也不同，多值网络中派系的定义较复杂，为简单起见，主要针对二值网络进行探讨（表1-6）。

网络类型及派系定义

表 1-6

网络类型	派系定义	派系的性质
无向网络	至少包含三个点的最大完备子图	①派系的密度为1； ②一个包含 n 点的派系中任何一个成员都与其他 n-1 个成员相连； ③派系中任何两点之间的距离都是1； ④派系内关系到派系外关系的比例达到最大； ⑤派系中的所有三方组都是传递性三方组
有向网络	点之间存在互惠关系，至少包含三个点的最大完备子图	

"派系"是"最大完备子图"，即在该点集合中，任何一对点之间都存在一条直接相连的线，并且该派系不能被任何其他派系所包含。如图1-26所示，一个包含 4 个成员的派系有 6 条线，一个包含 5 个成员的派系有 10 条线，9 个成员的派系有 36 条线，可以看出，一个派系中的任何两个成员之间都存在关系。

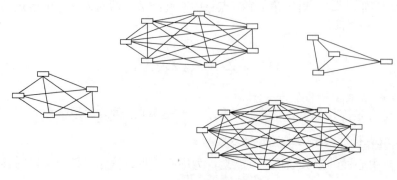

图1-26 不同规模的派系

（资料来源：刘军.整体网分析——Ucinet软件使用指南 [M].第二版.上海：上海人民出版社，2014）

2.基于可达性和直径的凝聚子群——n-派系、n-宗派

n-派系考虑的是点和点之间的距离。在一个子图中，任何两点在网络中的距离（即最短路径长度）最大不超过n，则该子图可称为n-派系。一个1-派系就是其中所有点都直接相连，距离都是1；一个2-派系是指其成员或者直接相连（距离为1），或者通过一个共同邻居间接相连（距离为2）。故n越大，派系成员之间的联系距离越大，越松散。在实际的社会网络分析中，研究者通常根据自己的分析需求来决定所使用的n的大小。

n-派系在应用方面有局限性。第一，当n大于2时，很难对它作社会学解释。第二，作为一个子图，n-派系的直径可能大于n。再次，一个n-派系可能是一个不关联图[124]。针对这种情况，相关学者对n-派系概念进行推广，提出了n-宗派的概念。n-宗派是一种n-派系，其子图直径不大于n。如图1-27所示，n=2时，2-派系有两个：{ABCDE}、{BCDEF}；2-宗派有一个：{ BCDEF }。

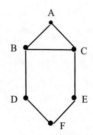

图1-27 以距离计算的凝聚子群

（资料来源：罗家德.社会网分析讲义 [M]. 第二版.北京：社会科学文献出版社，2010：233）

3.基于度数的凝聚子群

1）k-丛

一个k-丛就是满足下列条件的一个凝聚子群，即在这样的一个子群中，每个点都至少与除了k个点之外的其他点直接相连。也就是说，如果一个凝聚子群的规模为n，那么只有当该子群中的任何点的度数都不小于n-k这个值的时候，才可称之为k-丛。k-丛的概念比n-派系更能体现凝聚力思想，当n的取值大于2的时候更是如此。

2）k-核

如果一个子图中的全部点都至少与该子图中的其他k个点相邻，则称这样的子图为k-核。k-核与k-丛不同，后者要求各个点都至少与除了k个点之外的其他点相连，而前者要求任何点至少与k个点相连。k值越高、k-核占比越高，则该网络的局部稳定成分越多，网络整体也就越稳定，反之越脆弱。k值不同，得到的k-核也不同。研究者根据自己的数据和研究目的可以自行决定k值的大小，从中发现一些有意义的凝聚子群，这是研究k-核的一个好处。k-核不一定是具有高度凝聚力的子群，但它们能够表现出与派系类似的

性质。

4. 基于子群内外关系的凝聚子群

1）成分

如果一个图可以分为几个部分，每个部分内部成员之间存在关联，但是各个部分之间没有任何关联，这些部分称为成分（Component）。如果一个图包含几个孤立点，每个孤立点也可以看成是一个成分。

2）块和切点

在一个图中，如果拿走其中的某点，那么整个图的结构就分为两个不关联的子图（成分），则该点为切点（Cutpoint）。各个子图叫做"块"（Blocks），也是成分。这样的点在网络图中占据重要的位置，对于其他点来说也具有重要意义。该点所代表的行动者也一定是非常重要的行动者，它扮演"掮客"的角色，起到"中介"的作用。如图 1-28 所示，包含四个切点，即 P1、P2、P3 和 P7，去掉四点中的任何一点，整个网络都将分为两个"块"。

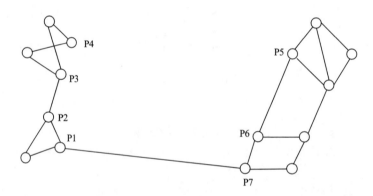

图1-28　关系网络中的"切点"

（资料来源：刘军.社会网络分析导论[M].北京：社会科学文献出版社，2004）

3）Lambda 集合

"Lambda 集合"指标可用来表征网络的稳定程度。从关联性来看，若一个凝聚子群是相对稳健的，就不会因为从中拿掉几条线就变成不关联图。在此基础上，薄加提（Borgatti）等学者[125]提出了"Lambda 集合"的概念，它是基于"边关联度"（Line Connectivity）指数而提出的。一对点 i 和 j 的"边关联度"指数标记为 $\lambda(i, j)$，它等于为了使这两个点之间不存在任何路径，必须从图中去掉的连线的最小数目。$\lambda(i, j)$ 的值越小，i、j 间的关联性就对去掉图中连线越敏感，即越趋向于分隔开来。反之，$\lambda(i, j)$ 的值越大，i、j 间的关联性就对去掉图中连线越不敏感，二者之间的关系越稳健。

Lambda 集合的构成条件为：集合内部任意一对点的边关联度比集合内部任意一点与集合外部任意一点构成的所有点对边关联度都大。即是说，对于点集 $N_S \subseteq N$，如果所有

的 i、j、$k \in N_s$，$l \in N$-N_s，都满足 $\lambda (i, j) > \lambda (k, l)$，则点集 N_s 构成一个 Lambda 集合。

4）E-I 指数

基于密度的概念，研究者提出了 E-I 指数这一指标[126]，它衡量的主要是一个大的网络中小团体现象是否严重，其定义为：小团体密度 / 大团体密度。在实际应用过程中，E-I指数通常被企业管理者作为一项重要的危机指标，当它太高时，就表示企业中的小团体有可能结合紧密而更关注小团体[127]。

1.3.4　位置和角色

从分析技术上来说，位置和角色分析是目前社会网络分析中量化程度最高的领域。尤其是在位置分析方面，已应用和发展出了许多不同的数学分析方法，主要有结构对等性、自同构对等性和规则对等性分析等。对等性是指行动者具有相同的位置，或有等价关系，那些具有相似关系模式的行动者在关系上是对等的，它们构成了一个对等的阶级，在网络中占有等价的位置。

1. 结构对等性

结构对等性就是指网络中，当两个行动者与其他的行动者具有同等的关系时，它们就是对等的。或者说，如果两个行动者跟其他行动者具有相同的关系形式，那这两个行动者在结构上就是对等的。结构上对等的行动者具有相同的结构属性，因而可以相互替换，例如两位父亲跟其子女之间具有相同的关系形式，因此这两位父亲在结构上就是对等的。

结构对等性的测量主要是确定行动者之间的相似性，因相似性反映了行动者之间的同等性程度。测量相似性的方法主要有距离法、相关法和关联法。其中又以欧式距离法为主要测量方法。

欧式距离法，即两观察单位间的距离为其值差的平方和的平方根，测量公式为：

$$d_{ij} = \sqrt{\sum_{k=1}^{n} [(x_{ik} - x_{jk})^2 + (x_{ki} - x_{kj})^2]} \quad (i \neq k, \ j \neq k)$$

其中，d_{ij} 表示 i 和 j 两节点之间的距离，x_{ik} 表示的是从行动者 i 到行动者 k 单一关系的值。欧氏距离具有对称性，即 $d_{ij} = d_{ji}$，且 $d_{ij} \geqslant 0$。若 $d_{ij} \neq 0$，则 $i \neq j$，行动者之间不对等。其数值越小，表示行动者之间越相似，结构上越对等；反之，数值越大，行动者之间越不相似。

若行动者之间存在多元关系，用 x_{ikr} 表示的是从行动者 i 到行动者 k 多元关系的值。那么欧式距离公式为：

$$d_{ij} = \sqrt{\sum_{r=1}^{R} \sum_{k=1}^{n} [\ (x_{ikr} - x_{jkr})^2 + (x_{kir} - x_{kjr})^2]} \quad (i \neq k,\ j \neq k)$$

在社会网络分析中，我们可以根据"结构对等性"对行动者进行分类，表达分类后行动者子集的位置及其关系就要用到块模型分析方法。块模型分析是一种研究网络位置模型的方法，是对社会角色的描述型代数分析。简单地说，块模型法就是把结构上相互等价的行动者聚类为一个个子集，通过子集之间的相互关系分析，可以更加明显地表现出网络的总体结构（图1-29）。块模型法为凝练行动者类群提供了方法和依据，行动者类群内部及类群之间具有相似的连接关系模式。

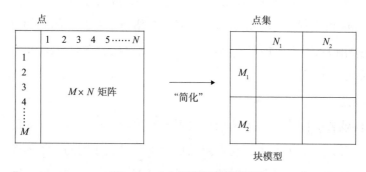

图1-29 一个网络及其块模型

（资料来源：林聚任.社会网络分析：理论、方法与应用[M].北京：北京师范大学出版社，2009）

2. 自同构对等性

自同构对等性又称同构对等性，基本含义是对等的行动者在网络中占有难以区分的结构位置。从直观意义上说，是指它们可以互换而不影响整个图的结构，它们之间具有相同的关系类型和数量，或者具有相同（内外）的节点度，而且这两个行动者互换后，其他行动者也有变动而不改变整个图的结构。如图1-30所示，"5"、"6"、"8"、"9"四

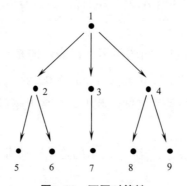

图1-30 不同对等性

（资料来源：林聚任.社会网络分析：理论、方法与应用[M].北京：北京师范大学出版社，2009：8）

个点尽管其标签不同，但它们可以互换，而且去掉标签后它们难以作出区分，因此它们是自同构对等的，属于相同的阶级或场域。

3. 规则对等性

规则对等性的限定比结构对等性、自同构对等性的限定要弱，既不像结构对等性那样要求行动者跟其他行动者具有相同的纽带关系，也不像自同构对等性那样要求行动者在结构上难以区分，它只要求一类行动者与另一类行动者之间具有相似的关系。或者说，那些属于规则对等性的行动者跟其他可能不同的行动者具有相同的纽带关系。"若两个行动者跟其他对等者都同样相关，那么他们就是规则对等的。"这是一种广义的对等性[34]。

1.3.5　结构洞与边缘分析

1. 结构洞

结构洞的测量大致包括四个指标：效能大小（effective size）、效率值（efficiency）、限制度（constraint）、等级度（hierarchy），其中限制度最为重要。

（1）效能大小表示"点"要素的有效连接节点数，即该行动者的个体网规模减去网络的冗余度，行动者 i 的效能大小用公式表示为：

$$N_i = C_i - \frac{\sum_{n=1}^{C_i} C_n}{C_i}$$

式中，N_i 为节点 i 的效能大小，C_i 为节点 i 的个体网规模（其值等于节点 i 的绝对度数中心度），C_n 为与节点 i 相连的第 n 个节点的绝对度数中心度。

（2）效率值表示有效连接节点数与占实际节点总数的比值。行动者 i 的效率值用公式表示为：

$$E_i = N_i / C_i$$

式中，E_i 为节点 i 的效率值，N_i 为节点 i 的效能大小，C_i 为节点 i 的个体网规模。

（3）限制度则反映"点"要素在网络中运用结构洞的能力，限制度越小，占据优势越明显。行动者 i 的限制度用公式表示为：

$$Q_{ij} = \left(\frac{1}{C_i}\right)^2 \left(1 + \sum_q \frac{1}{C_q}\right)^2 (q \neq i,\ j;\ i \neq j)$$

式中，Q_{ij} 为节点 i 受到节点 j 的限制度，C_i 为节点 i 的个体网规模，C_q 为节点 q 的个体网规模，q 为节点 i 和节点 j 之间的"中间人"（与 i 和 j 同时存在连接关系）。

（4）等级度指的是限制性在多大程度上集中在一个行动者身上。其计算公式为：

$$H = \frac{\sum_j (\frac{C_{ij}}{C/N}) \ln(\frac{C_{ij}}{C/N})}{N \ln(N)}$$

式中，N 是点 i 的个体网规模。C/N 是各个点的限制度均值，公式的分母代表最大可能的总和值。一个点的等级度越大，说明该点越受到限制，反之亦然。

2. 核心—边缘结构分析

核心—边缘（Core-Periphery）结构是研究社会网络中哪些节点处于核心地位，哪些节点处于边缘地位。核心—边缘结构分析具有较广的应用性，可用于分析精英网络、科学引文关系网络以及组织关系网络等多种社会现象中的核心—边缘结构。核心—边缘结构分析能区分出密度较高的一系列行动者（核心），还要区分出密度较低的一系列行动者（边缘）。

1.4 学科交叉的研究探索

国家城乡建设进入新的历史发展时期，城乡规划学从物质环境规划走向整体的人居环境建设。科学思维逐步从传统的还原论向系统论方向发展，包括社会网络研究在内的复杂网络理论方兴未艾。本书尝试在城乡规划学和复杂网络研究的交叉领域，提炼关键科学问题，搭建研究逻辑框架，提出主要研究内容，开展相关探索。

1.4.1 基本框架构建

1. 理论交叉

1）从还原论走向系统论的复杂网络理论

20 世纪以来，科学研究主要采用"分析"的方法将客观世界"分解"为不同的元素或部件，以此了解客观世界。物理学的牛顿力学、化学的量子分子论、生物学的双螺旋结构以及城乡建设的功能分区和建筑工程的应力应变分析等，大体如此。社会发展的事实逐步表明，以还原论为主导的"分析"方法通常忽视和破坏了元素"如何组合"为客观世界的问题。

因此，兼顾还原论和系统论的复杂性科学研究逐步成为科学研究的新趋势。"系统"❶成为人们认识和理解世界的主要角度和科学研究的主要对象。将元素"整合"为系统，也随之而成为主要的研究方法。从普列高津的耗散结构理论，到哈肯（Haken Hermann）

---

❶ 系统可以理解为集合（具体元素）+ 结构 + 功能。系统的结构，简单而言，就是网络，一切系统的核心结构都是逻辑网络，复杂系统的结构就是复杂网络。

的协同学，从混沌和复杂系统理论到系统生物学等均是如此。这一转向也导致复杂系统和复杂网络研究的不断勃兴❶。

复杂系统的特性主要表现为开放性，涌现性，演化性（不可逆性）和结构、行为及功能的多维复杂性等四个方面（表1-7）。而根本原因还在于系统内部元素及其相互作用的复杂性。

复杂系统的基本特性　　　　表 1-7

名称	开放性	涌现性	演化性	复杂性
内容	①与环境和其他系统进行物质、能量、信息交换等相互作用，保持和发展系统内部的有序性与结构稳定性。②开放的度量、性质、强度对复杂系统的生态、演化具有决定性的意义	内部元素通过非线性相互作用，产生出的元素不具有新的整体属性，表现为整体斑图、模式等"整体大于部分之和"	不可逆性，即通过内部自组织相互作用，系统在发展中表现出与所在环境其他系统的阶段性、临界性，构建系统演化的生命周期	①系统的结构、行为或功能等多方面同时具有复杂性；②结构方面表现为多元性、非对称性、非均匀性、非线性，如分岔、混沌、分形等；③行为方面表现为学习、自适应性、混沌同步、混沌边沿或随机性等；④认识方面表现为不确定性、描述复杂性与计算复杂性等

一般认为，一个复杂系统可以抽象为一个以系统各因子为"节点"（Node）、因子间相互作用为"连接"（Edge）而成的网络。该网络被认为是复杂系统的基础结构，因其在拓扑结构（topology）等方面存在小世界性[128]、无标度性[129]等复杂性特征，加之其本身也存在四个方面的复杂特性，故称复杂网络（Complex Network）（表1-8）。这张网络被理解为复杂系统的基本结构，通过它，能够挖掘复杂系统各因子的相互作用或关系，刻画复杂系统的总体性质、因子在系统中的功能以及"整合"为系统的基本原理。因而复杂网络分析逐渐成为研究复杂系统的一种基本研究方法，理解与认知客观世界的一种基本方式。

复杂网络的基本特性　　　　表 1-8

名称	结构复杂性	节点复杂性	复杂网络之间的关联性	网络分层结构
内容	网络静态结构的错综复杂，以及随时间变化而表现出动态演化的复杂性	网络中相对独立的节点所具有的分岔或混沌等复杂非线性行为等固有特性；也包括节点之间的关联而引发的节点特性	一个复杂网络的变化会影响周边或者相关的其他复杂网络	多数网络都有分层结构，这本身就是造成复杂性的一种重要结构

❶ 复杂网络研究缘起于1736年瑞士数学家欧拉（Euler）提出的"哥尼斯堡七桥"问题，1950年，两位匈牙利数学家 Erdős 和 Rényi 建立的随机图理论（random graph theory）被公认是在数学上开创了复杂网络理论的系统性研究。1998年，美国康奈尔（Cornell）大学博士生 Watts 及其导师、非线性动力学专家 Strogatz 教授在 *Nature* 杂志上发表题为《"小世界"网络的集体动力学》（Collective Dynamics of "Small-World" Networks）的文章；1999年，美国 Notre Dame 大学的 Barabási 教授及其博士生 Albert 在 *Science* 杂志上发表题为《随机网络中标度的涌现》（Emergence of Scaling in Random Networks）的文章，分别揭示了复杂网络的小世界特征和无标度性质，并建立了相应的模型以阐述这些特性的产生机理。被认为是复杂网络研究新纪元开始的标志。

2）从物质环境转向人居环境的城乡规划学

传统的城乡规划在历史发展中形成了相对稳定的研究范畴，建立了以城乡物质规划回应地域社会矛盾这样一个完整的学科逻辑。不管是面对人类城市化初期因无视城市发展规律而产生的"公害"，还是解决两次世界大战造成的"房荒"，以及探索资本主义黄金时期结束后工业化大生产造成的"千城一面"现象，城乡规划自始至终都是人们调整城乡物质环境，创造美好生活的重要工具（表 1-9）。

从物质环境规划走向人居环境建设的城乡规划学 表 1-9

阶段	主要特征	典型代表
1860 ~ 1910 年	调整式规划，防御危险、应急干预、管理自由发展，无预测	1853 年，奥斯曼，巴黎美化运动 1898 年，霍华德，《田园城市》
1910 ~ 1960 年	适应式规划，满足生活要求，效益式管理，预测，或者称被动式规划	1930 年，现代建筑运动 1942 年，沙里宁，《城市：它的发展、衰败与未来》 1945 年，中国上海三次都市计划
1960 ~ 2000 年	发展式规划，有规划的管理，预测发展、影响，做出预案	1972 年，斯德哥尔摩，《人类环境宣言》 1992 年，里约热内卢，《21 世纪议程》 2000 年，柏林 "21 世纪城市未来国际研讨会"
2000 年以后	开放式规划，针对不同时空对象、不同学科、不同方法等开放	2001 年，"伊斯坦布尔 +5" 特别联大 2001 年，吴良镛，《人居环境科学导论》 2005 年，中国北京城市总体规划

过去 40 年国家城镇化的事实证明，人口从农村向城市流动的过程不是简单的一个移民迁徙、定居或住房重建问题，还包含经济重建、社会重构与文化延续等工作，是一项"社会工程和文化工程"[130]。沿袭城乡规划传统的物质思维逻辑和方法，已经不足以从整体和全局的角度去把握这一过程。理论研究和实践也会因为缺少科学性和客观性而难于解决实际问题，甚至还会引发"建设性破坏"或新的社会矛盾。回到城镇化发展的基本事实，统筹研究国家城乡建设的整个时空过程，从产业调整、地域环境、生态保护、安全防治、文化延续、制度建设以及技术发展等诸多方面，揭示城乡复杂系统的内在规律、运行机制与处置对策，越发显得必要。

吴良镛教授根据中国城镇发展实践和聚居规律，逐步凝练和总结形成"人居环境"思想。这是一门以人类聚居（包括乡村、集镇和城市）为研究对象，着重讨论人与环境之间相互关系的科学。强调把人类聚居作为一个整体加以研究，目的是了解、掌握人类聚居现象发生、发展的客观规律，以更好地建设符合人类理想的聚居环境。城乡规划学、建筑学和风景园林学等学科的本质是建筑与环境的有机构成关系，是人类聚居的整体环境，而不是狭义的城镇或建筑个体。人、建筑和环境的有机构成与和谐共生是人类所有建设活动的目的。城乡规划学、建筑学和风景园林学是结合"理论与实践"、"科学思维与技术方法"为一体的复杂性综合学科[22]。

2. 科学问题

从还原论走向系统论的复杂网络理论和从物质环境转向人居环境的城乡规划学奠定了交叉研究的理论基础，关键科学问题的落脚点锁定在"复杂系统内部元素之间的相互作用"这个理论交叉点上（图1-31）。一方面，这是复杂系统的客观规律，是复杂网络模型得以构建的根本依据，为城乡规划理论研究和实践推进复杂网络分析，提高解决城乡建设复杂问题的能力提供了科学平台。另一方面，城乡建设是一个不以人的意志为转移的复杂巨系统，有自身的构成部件，也有部件之间的相互作用和联系，这是复杂网络应用研究的理想载体，为复杂网络理论突破自身局限，提高应用能力和解决实际问题的能力，提供了物质基础。

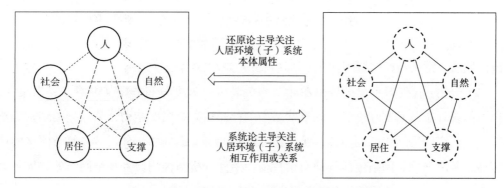

图1-31　城乡规划学和复杂网络分析的理论交叉基础

城乡规划学传统上属于工学学科，长于工程科学问题的发现和解决。面对城乡发展的复杂性问题，有必要提出自己的科学问题。人们也逐渐认识到，在科学问题最为集中的自然科学研究领域之外，有一些复杂的巨型系统，比如重大工程设施、国民经济体系或地域社会系统等，当其达到一定的规模、尺度或复杂程度时，会出现类似于自然界的事物所具有的，不为人的意志为转移的社会、经济与文化现象、规律或特性，具有原始性、普遍（适）性和不可化约性。尽管这类规律和特征不属于自然客观现象，但也可以被认为是相关研究领域的科学问题。

基于上述理解，尝试提出"城乡复杂系统的复杂网络模型"的基本科学问题，从四个方面引领本书在城乡规划与复杂网络理论的交叉研究（图1-32）。

（1）发现：揭示刻画城乡复杂网络结构的统计性质，以及度量这些性质的合适方法，探索发现城乡复杂系统的基本规律和构成原理。

（2）建模：采用机理建模、数据建模和实际城乡建设系统的复杂网络正向与逆向建模等多种方式，建立具有工程价值和实用意义的城乡复杂网络模型，理解城乡复杂网络

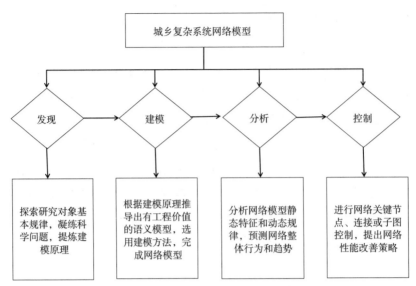

图1-32　复杂网络分析方法的科学问题

的统计性质、意义与产生机理。

（3）分析：找到城乡复杂网络单个节点的特性，如度分布的定义和意义，聚集性、连通性的统计量及其实际意义。探索网络中的社团结构、层次结构、节点分类结构等整体特征，研究网络结构的同步性、鲁棒性和稳定性等动态规律，分析城乡复杂网络的信息传播、网络演化、网络混沌等动力学特征。由此分析与预测城乡复杂网络的整体行为和趋势。

（4）控制：从关键节点、关键连接或关键子图等不同的角度，提出改善城乡复杂系统已有网络的性能，探索设计新网络的有效方法。

3. 逻辑框架

在基本科学问题引领下，构建复杂网络理论和城乡规划学的交叉领域，采用社会网络分析原理与方法，综合考虑城乡建设规划"前—中—后"全过程，以及区域、城镇和社区等"宏—中—微"典型空间尺度，构建交叉研究的逻辑框架（图1-33）。

1）城乡规划全过程

城乡规划是一个完整的工作过程。前期主要是进行城乡建设趋势判断。运用社会网络分析方法对城乡复杂系统的诸多元素，如自然环境、社会状况、文化背景、经济水平以及生态条件等，进行相互作用和联系的可视化和定量化分析，有利于提高发现城乡建设内在矛盾和整体趋势的能力。中期是规划方案编制和表达。这是城乡规划的核心问题和传统领域。社会网络分析的介入有助于为规划编制提出新的科学依据，减少规划方案编制中的经验误判、主观臆断等问题。后期以规划实施评估和反馈为主。社会网络分析长于数据量化分析和结论可视化表达，能帮助传统以指标体系为核心的规划实施评估方

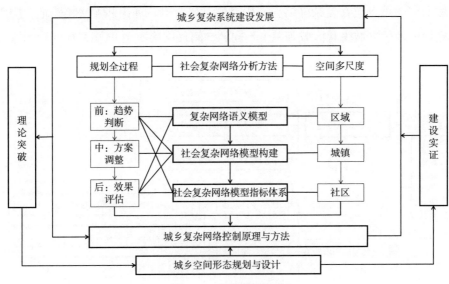

图1-33　研究逻辑构成

式提高自身的科学性和客观性。

2）城乡空间多尺度

城乡规划也是一门新兴的多尺度学科。不同空间尺度面临的问题和矛盾不同，社会网络分析方法的切入点和目标也有所区别。一般而言，社区空间尺度小，有相对独立和稳定的社会关系，物质建设和空间规划的问题和矛盾相对单一。社会网络分析方法的重点放在人与生活场所的互动关系问题上，并以此提出生活场所的优化依据。城镇空间尺度，是资源、资金和技术等各种生产生活要素集约配置和高效利用的主战场，提高城乡公共服务和公共产品的基本保障功能、社会公平程度以及灾害抵御能力，是社会网络分析的重点内容。进一步优化公共服务设施（Public Services Facility）❶规划建设，对调节城乡差距、地域差别和阶层差异等城镇建设的宏观结构矛盾，缓解看病难、居住安全保障不高等困扰老百姓日常生活的现实问题，具有十分重要和紧迫的意义。区域空间尺度，城乡建设面对的核心问题是经济全球化时代背景下信息、人口、货物等城镇化要素在一定程度上摆脱地理空间的限制而流动的秩序问题。采用社会网络分析方法研究城际联系，优化区域空间格局，是目前城乡空间形态规划与社会网络科学分析交叉结合的最好尺度。

1.4.2　主要研究内容

主要研究内容可以概括为城乡规划的社会网络分析方法理论研究与应用实践两个部

---

❶　公共服务设施，简单而言，是指文化、教育、医疗、卫生、体育、宗教或社会福利等服务于居民公共生活和社会整体发展的基础设施，与给水排水、电力、燃气等市政基础设施共同构成了国家规定的两类城市基础设施，参见《城市规划基本术语标准》GB/T 50280。

分。方法研究的重点放在复杂网络交叉研究的时代背景、理论和方法构建上。应用实践从城乡建设的社区、城镇和区域等三个不同的空间尺度第次展开（图1-34）。

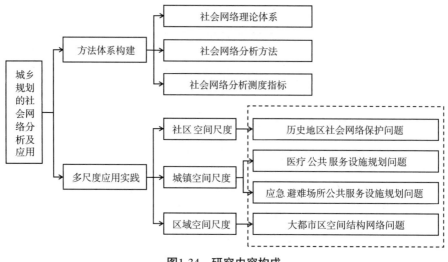

图1-34 研究内容构成

1. 方法体系构建

从城乡发展的网络化趋势、社会网络分析理论及方法、城乡规划的网络化探索等角度，探讨城乡网络化发展趋势的时代背景、必要性和重要意义。仔细分析了社会网络理论体系、分析方法、测度指标与多学科应用等四个问题。其中，社会网络理论体系主要是对社会网络基本概念、理论缘起和经典理论的介绍；社会网络分析方法主要是对网络分析方法的发展历程、技术目标和技术路线的介绍，在多学科应用方面主要从社会学、经济学、城乡规划学等领域进行介绍；社会网络测度指标体系主要是对网络规模、网络密度、距离、直径、聚类系数等基础性测度指标，以及中心性、凝聚子群、位置和角色、结构洞与边缘分析等测度指标进行介绍。

2. 多尺度应用实践

在社区空间尺度上选择历史地区开展交叉研究。在重庆市近百个历史文化街区、名镇或村落中选择了8个历史文化名镇作为研究样本，构建了5.2万个数据量的历史地区社会网络模型。尝试为历史地区社会关系的保护建设提出一条新的思路和方法，促进构建对历史地区物质形态与社会关系予以共同保护和建设的工作框架。在城镇尺度，选择医疗服务设施和应急避难场所两种具有代表性的公共服务设施。把公共服务体系中不同行为主体的相互作用和关系作为研究对象，分析公共服务设施作为一个复杂系统的总体行为、共享开放与协同建设发展规律，探索建立与之相匹配的公共服务设施建设规划基本原理和技术方法。并分别在重庆市的三个主要城区和四川芦山县城进行实证研究。在区域尺度，以重庆都市区为典型样本，确定重庆百强企业网络及交通网络作为区域空间结构的研究对象。构建和分析重庆都市区空间结构的网络模型，总结重庆都市区空间结构的网络发展特征与问题，并提出未来发展趋势的判断。

1.4.3　研究目的、意义

本书从复杂系统的角度，采用社会网络分析原理和方法审视城市的发展，从社区、城镇和区域等三个不同的空间尺度，通过对重庆市历史地区、重庆市医疗卫生设施、四川省芦山县城防灾避难设施和重庆大都市区的实证研究，验证城乡发展的网络化趋势和结构特征，为推动城乡规划的网络化发展提供有益的借鉴。

1.问题导向，提出地域城乡规划建设矛盾的解决策略

近40年来国家城镇化的发展取得了瞩目的成就，也付出了巨大的代价，带来了一系列负面影响。尤其，西南地区山地复杂地形和自然生态环境敏感、人地矛盾突出、自然灾害频仍、城镇形态变化多样、城市建设技术难度大。相比东南沿海和平原地区，经济社会发展水平相对落后，城镇化起步晚、水平低，原有社会发展方式和文化形态受城镇化和全球化冲击更为强烈。集中了生态环境保护、工程技术创新、社会群体利益协调以及传统历史文化传承等诸多现实问题，是我国城乡建设工作阶段性和特殊性矛盾集中突显的典型地区。面对这些问题，本研究尝试从复杂系统的角度理解城乡建设行为，在城乡规划学和复杂系统理论的交叉领域，建立"城乡复杂系统的复杂网络模型"的关键科学问题。采用社会网络分析原理和方法，以城乡建设不同要素内部的相互作用和关系为研究对象，构建了复杂网络模型。开展定量化和可视化分析研究并提出了规划策略。这些工作尝试从理论层面研究城乡复杂系统的基本规律，在技术层面推进城乡复杂网络模型与分析技术，为城乡建设规划工作提供新的科学依据和工作平台。

2.学科交叉，探索城乡规划的社会网络分析方法

传统上，城乡规划学科偏重应用，长于具体工程问题的分析和解决，多依靠"工程实践"推动理论创新和技术进步，可操作性强，但疏于客观规律的揭示和把握，科学性和客观性偏低。在研究方法上，经验外推和个案体验居多，而客观性、共性化和普遍性技术方法和平台偏少。随着对城乡建设发展规律的认识不断深入，加之信息化、大数据等科学技术的兴起，城乡规划在技术方法上也逐步向科学化推进。

在当今科学发展不断走向整体论的大背景下，从城乡复杂系统内部元素相互作用和关系的角度，建立城乡规划复杂网络分析方法和技术平台，开展城乡规划领域的关系和结构研究，推动城乡规划理论和技术方法的创新探索从"工程实践"驱动，转向"复杂网络理论"与"规划工程实践"联合驱动，对进一步发现城乡复杂系统的发展规律，丰富城乡规划理论体系，具有重要的作用。对提高城乡规划的量化分析能力，进一步提高

规划技术方法体系的科学性，是十分有益的探索。

3. 以人为本，推进城乡建设复杂系统的理论探索

在新的历史阶段，城乡建设重点从增量发展转向存量优化，从物质环境建设逐步调整为以人为本和生态文明建设。城乡规划的学科发展和新的学术生长点建设问题是不得不面临和急需解决的问题。放眼世界科技发展的潮流，关注人与自然，与外部环境的和谐共存和相得益彰是总体的趋势，城乡建设工作也概莫能外。站在复杂系统的角度，进一步挖掘城乡建设与其他系统的基本规律，是发现关联性问题的关键途径；探究城乡建设复杂巨系统的客观规律，是提升城乡规划科技水平的有效探索，是城乡规划学的重大科技任务，也是新型城镇化"以人为本"发展战略的具体落实。

第2章　社区尺度：重庆历史地区社会网络保护及更新研究 ❶

历史地区在城镇化进程中取得了一定的建设成就，但各地也普遍出现历史文化面貌不断消失、历史文化空间趋同建设等问题。城镇历史文化保护的矛盾在城镇化进程快速推进的背景下越发尖锐。未来二三十年是中国城镇化发展的关键阶段，也有可能成为各种历史文化保护与更新问题集中爆发的时期。

城镇历史文化保护的相关研究在更新理论、风貌整治、设施更新、活力复兴等问题方面取得了很好的进展。随着物质更新的不断推进，我国历史地区的保护规划与建设应该更加重视如何保护人、保护社会网络、减少社会问题。本章试图从历史地区显性的物质空间形态与隐性的社会网络共同保护出发，利用城乡规划学的物质空间形态思维与社会网络分析方法与原理，通过历史地区社会网络模型的构建与结构分析，探讨与解决历史地区物质空间形态与社会网络的保护问题。

2.1　历史地区保护现状与问题

2.1.1　国内外理论与实践进展

1. 理论研究：历史地区保护关注的核心理念

国内外历史地区保护更新关注的核心理念，主要从保护更新理论、风貌整治、活力复兴、社会问题、公众参与及旅游开发六个问题展开（图2-1）。

1）特定时期需要针对性的保护更新理论

历史地区保护更新理论大致经历了18世纪大规模改造、19世纪旧城衰败和更新方式调整、20世纪可持续发展思想下的渐进性更新、21世纪更新理论的多元化等四个由片面到全面、由静态到动态、由破坏性到可持续性逐步完善的阶段。18世纪的工业革命使得整个社会的制造生产发生了很大飞跃，对具有历史价值的街区和环境的保护非常淡漠，更无针对性的保护更新理念；19世纪后，面对工业革命遗留下来的衰败旧城及恶劣居住条件，人们开始大规模的"城市更新"，出现一系列复兴活动与更新方式的调整，保护更新理论蓄势待发；20世纪上半叶，有学者提出要保护具有历史价值的建筑和街区，

---

❶ 本章在石亚灵同志硕士论文研究基础上改写。

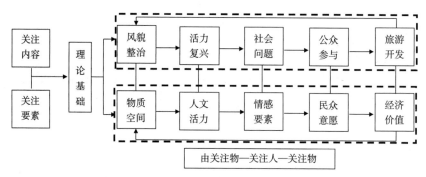

图2-1　历史地区保护更新研究内容关系梳理

"有机更新"、"整体性保护"、"持续整治"等各种保护更新理论也相约而至。有机更新理论主张按照街区内在的发展规律，顺应街区肌理[131] 整体性保护理念提倡保持历史地区发展的动态整体性；持续整治指以整治为保护方式，持续发展为指导思想，建立长久的保护观念及管理运行机制；21 世纪发展了"循序渐进"、"审慎更新"、"愈合理论"等一系列动态可持续性更新理论[132 ～ 135]。

2）基于"三层次"与"三体系"的物质式风貌整治

历史地区的风貌整治多从城市规划体系与物质层面展开。法国建立多层次的城市规划编制体系，一般将历史遗产和传统风貌保护作为基本出发点和主导价值取向，从宏观到中观再到微观层面逐步深化，为历史地区风貌整治提供可操作的规划依据[136]。美国城市历史地段的整治注重将其保护整治与市中心功能复苏的开发计划联系在一起，城市设计在保护整治过程中发挥了很大的作用[137, 138]。英国的保护整治计划一般采取"主题规划"和"行动地区计划"对街区建筑物、室内外环境、交通及景观进行可见的物质改善。我国主要以"三区"（核心保护区、建设控制区和环境协调区）划定对历史地区平面、立面的传统风貌进行肌理构成修复[139]，对历史地区的节点、轴线、区域及路网系统、基础设施进行风貌整治。

3）由"理论先导—住宅先导—工商先导—旅游先导"引发的活力复兴

早期的历史地区活力复兴多基于有机更新与可持续性保护理论。"有机更新"理论主张在可持续发展的基础上,探求街区的更新与发展,如哥本哈根的"手掌规划"❶（图 2-2、图 2-3）与我国北京的旧城整体保护[140, 141]；历史地区可持续发展理论的以人为本含义，投射到街区空间上表现为社会空间公平，居民生活质量提高，居民生活方式与街区活力

---

❶　哥本哈根"手掌规划"创造了与城市历史传统、自然地理格局相互协调的空间格局；手掌规划本身也成为有机疏散理论的典型形态和重要案例；哥本哈根渐进式、被誉为针灸型旧城改造模式的核心理念是通过对微观物质空间的更新与改良，在不动迁原住民、不改变街区社会结构的前提下，调整市民出行方式，增加和改善市民日常生活空间及品质，激发邻里交往，强化市民日常生活与城市物质空间的互动联系，重建社会公共生活。

的复兴。随后历史地区的复兴研究有住宅先导与工商业先导两种观点 ❶。而美国黑石谷地区的复兴案例证明发展现代旅游业可以带来历史地区的进一步复兴[142]。

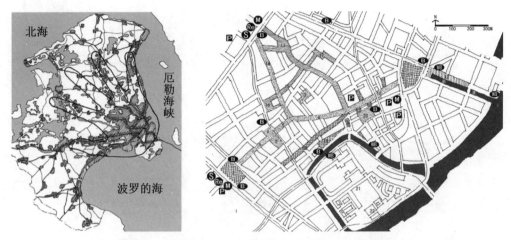

图2-2 哥本哈根"手掌规划"和哥本哈根旧城改造

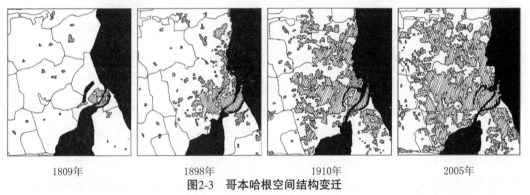

| 1809年 | 1898年 | 1910年 | 2005年 |

图2-3 哥本哈根空间结构变迁

（资料来源：黄勇，赵万民. 哥本哈根人居环境变迁研究[J]. 建筑科学与工程学报，2008，2：120-126）

4）对社会问题："不关注—关注片面—关注体系化"

1990年代后，城市社会问题日趋空间化，城市社会结构变化与城市空间结构特征之间的关系研究得到重视，解决社会问题的规划措施逐渐增多。如韩国北村、英国伯明翰布林德利地区（图2-4）、德国海克斯奇社区等都通过积极改善弱势群体居住状况解决社会问题。针对历史街区的社会研究集中在"城市社会背景"和"城市社会问题"，而"城市社会控制"的研究比较弱。随着对历史地区社会问题的关注热度升温，西方对于历史文化遗产保护中的社会问题研究有丰硕的成果，大致包括社会目标、社会平衡、社会整合、社会文化等六个层面[143，144]。

---

❶ 住宅先导指该区域在复兴时以居住功能为主、其他功能为辅实现历史地区的物质复兴；工商业先导指以工业或商业功能为主的物质复兴，通常采用拆除、整治和功能更新三种方法提高该区域建筑及用地的使用价值，实现街区的复兴。

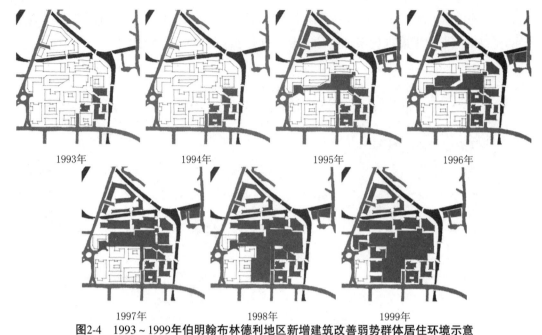

1993年　　　　1994年　　　　1995年　　　　1996年

1997年　　　　　1998年　　　　　1999年

图2-4　1993～1999年伯明翰布林德利地区新增建筑改善弱势群体居住环境示意

（资料来源：张险峰，张云峰. 英国伯明翰布林德利地区——城市更新的范例[J]. 国外城市规划，2003，3：55-62）

5）"公众参与"由偏理论研究转向理论结合实践

西方的公众参与理论相对成熟。20 世纪 60 年代初,美、法、德等国家的"城市更新计划"强调在城市街区改造中引入公众参与理论，为公众参与城市街区改造的实践奠定了理论基础[145]。1965 年，鲍尔·戴维多夫（Paul Davidoff）从社会政治学的角度提出了倡导性规划理论 ❶，认为规划者应吸取公众意见来解决在城市更新和改造中发生的问题[146]。1969 年，美国学者谢莉·安斯汀（Sherry Aronstein）提出"市民参与阶梯"理论 ❷，认为公众应积极参与到历史地区、旧建筑的改造活动中来。1998 年，因内斯（Innes）教授提出"联络性规划"理论 ❸，认为社会公众在城市街区改造中应发挥独到作用[147]。我国 20 世纪 90 年代初开始在城市更新改造中引入公众参与机制并产生了一系列的理论研究成果，如对

❶　倡导性规划（advocacy planning）理论认为在城市的更新和改造过程中，政府相关机构及专业人员应充分正视社会公众价值观的分歧，要有意识地接受并运用多种价值观来对城市的改造和更新活动进行价值判断，以此来保证社会公众的利益。

❷　1969 年，针对公众参与的混乱局面，谢莉·安斯汀（Sherry Arnstein）发表了《市民参与的阶梯》，对城市规划中公众参与的程度进行了研究,制定了依据规划中决策权力的大小来划定参与层次的"8 段梯子"理论，包括执行操作、教育后执行、提供信息、征询意见、政府退让、合作、权利代表和市民控制 8 个层次，明确提出公众参与应该是一个从低层次的所谓"非参与"及"象征性参与"走向高层次的"权利参与"的不断上升过程。

❸　"联络性规划"综合理论提出：①联络或沟通是规划工作的中心。②信息根植在各参与者的理解中。③ "规划是一个动态的过程"，要相应动态地调整规划；且参与决策的各方对城市问题的态度在不断变化。④真正对当权者的决策起作用的因素往往不是由规划师提供的报告或图纸，而是当权者自身的一些特点。⑤虽然正式的规划文件作用有限，但规划机构制订这些文件都是必要的。⑥专家在规划过程中的作用，不只是提交技术意见报告，而是直接参加各方面的讨论。⑦由于参与各方对信息形成解读的理解渐渐接近就逐步形成共识。⑧规划师从"向权力讲授真理"变成"参与决策权力"。

居民态度和公众参与方法的理论研究[148~150]，对欧美等国家先进的公众参与措施和政策的借鉴与思考[151]，以及一系列历史地区振兴案例分析[152]。

6）旅游开发模式需与保护协调发展

研究显示，依托历史地区的文化与遗产资源进行旅游开发是反映其文化内涵的有效途径[153]。Isabelle Frochot从服务质量管理角度建立了历史地区文化遗产旅游开发模型[154]。Mousumi Dutta等人从旅游经济学角度研究了发展中国家如何解决历史地区保护与旅游开发之间的矛盾[155]。避免历史地区由于旅游开发而出现街区功能单一及异化，形式上的复古与保守倾向，街区传统风貌失传等问题[156]。英国曼彻斯特卡斯菲尔德街区在协调城市发展和街区保护的关系方面值得借鉴：通过利用本地的特色建筑和工业景观发展文化和旅游产业，使旧的历史地区成为城市新的亮点，并以此为契机改善城市的基础服务设施和公共空间质量，最终提升曼彻斯特的整体城市形象。哥本哈根New Harbour地区通过功能置换，由传统的仓库变成住宅，却仍然维持着立面上的延续；哈修塔特在经历经济重构之后，从原来的煤矿工人小镇变成现在的世界文化遗产旅游度假区，与城市文脉融为一体；捷克的CK小镇也在保护更新中成为世界文化遗产和旅游胜地（图2-5）。

哥本哈根的New Harbour

哈修塔特小镇

捷克的CK小镇

图2-5 集旅游、居住、文化等功能为一体的小镇与街区

2. 实践研究：由静态—动态—动静并行的规划实践模式

我国当前历史地区主要为"博物馆式"静态保护和"调整式"动态保护两类[157]。阮仪三等将国内历史地区保护与更新实践模式总结为福州"三坊七巷"、苏州"桐芳巷"、桐乡"乌镇"、上海"新天地"和北京"南池子"模式[158]（表 2-1）。欧洲历史地区保护更新模式经历了由历史地区的立面化、适当再利用等静态保护模式向功能混合等动态保护模式转变的过程[159]（表 2-2）。

我国历史地区保护更新实践模式　　　　表 2-1

模式类型	福州"三坊七巷"模式	苏州"桐芳巷"模式	桐乡"乌镇"模式	上海"新天地"模式	北京"南池子"模式
公众参与程度	开发商与政府主导，居民配合	开发商与政府主导，居民配合	政府主导，社区组织；居民协商	开发商与政府主导，居民配合	政府主导，社区组织，居民协商
开发程度	强	强	弱	强	弱
保护更新方式	推倒重建	推倒重建	修旧如旧	存表去里	半修半拆
状态类别	动态模式	静态模式	静态模式	动态模式	静态模式
案例	福州三坊七巷地段	苏州桐芳巷地段	杭嘉湖平原上的江南小镇	上海卢湾区东北角的太平桥地段	北京南池子普渡寺地段
实景					

欧洲城市历史地区保护更新实践模式　　　　表 2-2

模式类型	立面化模式	适当再利用模式	功能混合模式
公众参与程度	开发商与保护者之间的权衡之计	开发商与保护者之间的权衡之计	开发商与政府主导，居民配合
开发程度	强	强	强
保护更新方式	存表去里	半修半拆	功能提升
状态类别	静态模式	静态模式	动态模式
案例	荷兰鹿特丹 Noordereiland 项目	伦敦现代 Tate 艺术馆	英国的 Bath 城
实景			

3. 方法研究：基于 GIS 与空间句法的保护更新规划技术模型

应用于历史地区保护更新规划的 GIS 技术、空间句法等分析方法主要是前期数据分析的工具，构建的保护评判模型与轴线模型分析法，是分析之后建立的某种关联性结果反映，两者都为历史地区保护更新规划提供直接、明晰的依据，使结果更具科学性。

1）基于 GIS 与空间句法的保护更新规划关键技术

近年主要采用 GIS 技术与空间句法进行历史地区保护更新前期的数据收集与空间分析工作。GIS 技术主要用于土地利用、道路街巷、管网管线、社会经济等资料的收集[160]。空间句法主要用于分析历史地区的空间形式与空间社会形式、形态结构的关系及合理性。也有人将 GIS 技术与空间句法结合起来分析历史地区街巷与用地布局的合理性，评价街区空间形态结构的合理性。

2）正在发展逐步多样化的保护更新理论模型构建

20 世纪 90 年代中后期至今，历史地区在研究方法上的一个重要突破就是多样化理论模型的构建，如历史地区服务质量评价模型、街区复兴最适应模型、测定年龄对街区价值影响的享乐主义模型、基于空间句法的"轴线模型"、基于模糊数学与 GIS 的"保护评判模型"等。其中，基于空间句法的轴线模型分析方法，主要借助 Axwoman4.0 软件和 SPSS 软件，从城市整体、历史地区内部及建筑院落三个空间尺度建立模型，研究历史地区的空间形态结构特征，为历史地区的保护更新提供参考[161]；模糊综合评判方法是一种运用模糊数学原理分析和评价具有模糊性事物的系统分析方法，是解决历史地区保护与开发问题的重要定量方法。应用基于模糊数学与 GIS 的历史地区保护评判模型，能解决定性和定量指标难统一的问题，对城市历史地区保护现状和影响进行评价，为城市历史文化遗产保护规划决策提供科学依据[162]。

4. 历史地区保护评述

上述研究表明我国历史地区保护更新研究正进入新的发展时期，概念研究明晰化，理论研究特色化，物质整治研究层次化，复兴研究理论化，旅游开发研究平衡化，实践研究动态化，方法研究定量化。现阶段我国历史地区的保护主要侧重在理论的引进与物质的更新建设，缺乏对"人"与"社会网络"的关注与保护。新型城镇化建设要求历史地区的研究更需强调以人为本的内涵式发展，需要拓展与社会学、地理信息等其他学科和共性技术的结合研究视野，与人类学、地理学、民俗学、社会学等学科的交叉研究仍需进一步探索。

（1）历史地区的保护需要重视"人"与"网络"。传统的历史地区保护方式重物轻人，我们需要挖掘历史地区的深层次保护问题，逐渐将人与社会网络重视起来，更多地关注人文、社会层面。

（2）需要拓展历史地区的保护技术与思路。现有的历史地区保护方法采用了一些新的技术方法，但工作重点和保护内容多集中在理论角度和物质空间层面。有必要探索新的技术模型，探索历史文化街区保护更新中新的思维模式。

（3）需要定量分析社会网络保护与物质更新的相关关系。传统的历史地区保护更多地定性分析与论证社会网络保护与物质更新的相关关系，随着学科的拓展，有必要提高定量研究水平，以便更科学、合理地指导历史地区的社会网络保护。

2.1.2 重庆历史地区保护现状与问题

1. 历史地区保护进程

重庆历史地区在保护制度确定、保护理论与保护实践等方面取得了一定的成就，并初步构建了以历史文化名镇、历史文化街区、历史文化风貌片区等历史地区为基础的多重保护体系[163]。

新中国成立后的 50 多年来，在政府的大力推动下，重庆历史建成环境在保护制度建设、保护实践等方面取得了重要成就，初步建立了较为完善的保护体系[164]，积极贯彻"保护为主、抢救第一、合理利用、加强管理"的方针，突出"巴渝文化"、"山水文化"，协调历史文化名城保护和城市建设的关系。从 1986 年重庆被国务院公布为第二批国家级历史文化名城至今，重庆市做了大量卓有成效的历史遗产保护工作，挽救了一大批历史文化名镇、历史文化街区、历史文化风貌区和传统风貌镇❶。

2. 重庆历史地区分布特征

1）历史地区的总体数量较多，但保存质量较差

目前为止，重庆市有 43 个历史文化名镇、1 个历史文化名村、63 个中国传统村落、5 个历史文化街区、20 片传统风貌区、36 个风景名胜区、2126 处文物保护单位、24427 处文物点、179 个优秀历史建筑、395 个抗战遗址、1 处国家级和 9 处市级大遗址、1015 处水下文化遗产、441 处革命遗址、29 处工业遗址、3 条文化线路、1 处世界文化遗产、2 处世界自然遗产。总体数量较多，但由于地理位置偏远或由于建筑年久失修及新建筑的不断侵入，大部分历史地区的保存质量不高（图 2-6、图 2-7）。

2）历史地区的分布不均衡

重庆历史文化名镇主要集聚在重庆"五大功能区"中的都市功能拓展区与城市发展新区，渝东北生态涵养发展区与渝东南生态保护区分布较少且不均衡，渝东南生态保护区仅酉阳县有 3 处历史文化名镇，秀山县、黔江区与石柱县各有 1 处历史文化名镇，其余区县如武隆区、彭水县则无，渝东北生态涵养发展区的梁平县、城口县、丰都县等区县均无历史文化名镇；而历史文化街区与历史文化传统风貌区则主要分布于重庆市都市功能核心区和拓展区。

---

❶ 1996 年重庆市城市总体规划将渝中区湖广会馆及东水门街区、沙坪坝磁器口街区列为历史传统街区。2000 年，重庆市"历史文化名城保护工作会议"提出了加强城市历史保护的要求。2002 年重庆市人民政府公布了第一批市级历史文化名镇 20 个、历史文化传统街区 2 个、三峡库区迁建保护的传统风貌镇 6 个、亟待抢救的传统风貌镇（街区）6 个，进一步增强了历史地区的保护力度。2012 年，重庆市政府公布第二批市级历史文化名镇（街区）名单。两批重庆市级历史文化名镇中有 18 个升级为国家级历史文化名镇。

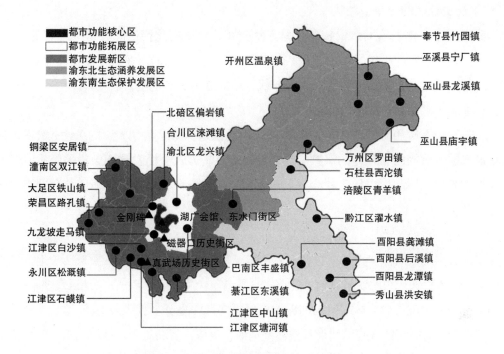

图2-6　重庆市五大功能区与历史地区的分布

（资料来源：据《重庆市历史文化名城保护规划》（渝府〔2015〕7号）相关图纸改绘）

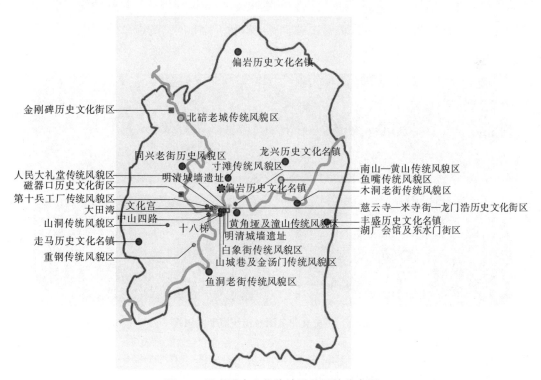

图2-7　重庆历史文化传统风貌区的分布图

3）历史地区的分布呈散状

重庆历史文化名镇虽数量较多但呈点状分布，历史文化街区除去市级公布的 5 处，其余多分布于偏僻的历史场镇中。大多街区仍延续着历史上的商业文化功能而保存下来，有些衰落成居住性街区而逐渐消失，点散状分布的趋势更加明显。

3. 重庆历史地区保护更新的主要问题

现阶段，重庆历史地区的保护更新重视物质规划，缺乏对"人"的关注；重视个体的建设，缺乏对网络和整体的保护。这样的保护更新方式会诱发重庆历史地区旅游开发与保护的矛盾，引起历史地区社会文化与人文环境的衰弱，导致历史地区社会网络被破坏等问题。

1）保护重物轻人

重庆历史地区的保护更新重物轻人主要体现在两个方面：一是忽视重庆历史地区的传统风貌。由于重庆历史地区具有的"经济水平不高"、"经济结构单一"、"地区发展不平衡"等基本特征，重庆历史地区现阶段的保护更新更多地注重资金投入与 GDP 增长、物质空间形态更新、基础交通设施的建设及整体环境的发展等，忽略历史地区原始居民的生活状态与原始情感的维系，历史地区在物质更新过程中逐渐产生原住民搬迁、人口老龄化严重等问题。二是基于重庆历史地区文化经济价值的盲目改造。重庆历史地区的大规模改造，导致传统风貌被破坏，新建筑与传统风貌发生冲突，"建设性破坏"初露端倪；居民在保护更新中处于被动地位，原住民的意愿被忽视，不利于社会网络的维系❶（图 2-8）。

图2-8　历史文化名镇对传统风貌的忽视

❶　具体而言，如重庆石柱县西沱镇的云梯街自山顶而下长江，形态生动，是西沱古镇的标志，为联系县城和周边乡镇，政府于 2001 年修建了衙门路和月台路两条横穿古镇的公路，造成了古镇街道的截断与山体形态的破坏。又如綦江区东溪河上的高速公路、永川区松溉镇的发电厂、龙潭古镇的水泥厂等，这些都损坏了传统历史地区的空间环境特色，影响了历史地区的环境景观价值，历史地区原有的元素与原始的社会网络可能被破坏。

2）保护重个体轻网络，重局部轻整体

重庆历史地区的保护更新重个体轻网络、重局部轻整体主要体现在以下两个方面：一是重视关键居民户节点保护，忽略对整体社会网络的保护。重庆历史地区的保护更新主要侧重经济、空间等物质形态。核心居民点也通常是从空间与物质层面出发进行的确定与保护，可尝试从保护街区社会网络的角度出发对整体街区进行保护。二是重视对重点建筑与局部街巷的保护与修复，忽略整体民居与风貌的保护与控制。传统历史文化名镇的保护更新，常依据保护规划确定的重点保护建筑及划定的核心保护区展开，这样的保护方式，虽能对历史地区的重点建筑与局部街巷进行一定的保护与修复，但忽略了整体民居与整体风貌的保护与控制，缺乏对历史地区的整体保护意识❶。

2.2　历史地区社会网络模型构建

2.2.1　整体思路

1. 社会网络保护问题分析

针对目前重庆历史地区保护更新存在的"缺乏社会网络保护理论"、"研究重物轻人，重空间轻网络"、"实践模式与技术应用研究缺乏新的模式与技术探索"等问题，要有针对性的保护更新理论，要关注历史地区人与人之间的情感和社会关系、保护原住民之间的原始社会网络。

国内外在历史地区的保护更新中，采用了 GIS 分析、空间句法等各种分析方法，这些方法能从不同角度挖掘历史地区的保护方法，但在历史地区隐性的社会关系保护等问题上，仍存在一定的局限性（表 2-3）。本章拟采用社会网络分析原理和方法，挖掘重庆历史地区的"节点"和"关系"，确定构建网络的"点"和"线"，从形式上构建历史地区社会网络。

历史地区社会关系网络构建相关方法一览表　　　　表 2-3

模型	优势	劣势
GIS 技术——"保护评判模型"	能解决定性和定量指标难统一的问题，还能融合空间数据的定位特点，对城市历史文化街区保护现状和影响进行评价，为城市历史文化遗产保护规划决策提供科学依据，评价结果可作为历史文化街区横向比较的依据	缺乏空间形态评价能力
空间句法——"轴线模型"	主要借助 Axwoman4.0 软件和 SPSS 软件，从城市整体、历史文化街区内部及建筑院落三个空间尺度建立模型研究历史文化街区的空间形态结构特征，为历史文化街区的保护更新提供参考	保护问题忽略了非物质空间

❶　以宁厂古镇为例，保护规划中确定了仙人洞、古码头、龙君庙等 18 处重点保护建筑，在规划实施过程中，宁厂镇重点保护修缮这 18 处建筑，而一般建筑及立面则未集中加固与整治修缮，导致这些房屋年久失修。宁厂镇街区危旧房屋增多，约占总数的 32%；街区倒塌和烧毁房屋增多，约占 18%；街区空置房及废弃坍塌房也增多，约占 52%，街区整体风貌遭到破坏。

续表

模型	优势	劣势
SNA——社会关系网络模型	基于收集到的历史文化街区中的社会关系数据，借助 Ucinet 软件平台，构建出社会关系网络模型，使历史文化街区存在的隐形社会关系可视化，能很好地表示网络拓扑结构	关系数据的收集存在难度

2. 整体思路与语义模型

重庆历史地区社会网络模型的构建分为四个步骤。第一步，选取研究样本；第二步，构建历史地区社会网络模型的核心是确定有效的点和线，明晰社会网络的语义模型，明晰点和线的含义，并选择有效的点和线；第三步，根据确定的点和线，进行数据的调研、收集和整理，并将研究样本的关系整理成一个二模数据的邻接方阵；第四步，构建网络，运用社会网络分析方法和原理，在 Ucinet 软件平台上，构建历史地区研究样本的社会网络模型。

1）样本选择

根据历史文化名镇保护情况、经济旅游收入、城镇化水平、拆建情况以及近三年的投资情况综合衡量各个镇的物质更新量，进而得出相应的物质更新水平，综合选择社会网络研究样本为重庆大足区铁山镇、江津区中山镇、开州区温泉镇、石柱县西沱镇、北碚区偏岩镇、涪陵区青羊镇、巫溪县宁厂镇、江津区白沙镇。

2）语义模型

重庆历史地区社会网络模型构建中的"点"确定为研究样本的居民"户"单元。一是因为历史地区的居民"户"具备社会网络"点"的属性❶。二是历史地区居民"户"之间社会关系确定且唯一❷。

重庆历史地区社会网络模型构建中的"线"确定为历史地区居民"户"单元之间的社会关系。社会关系通常包括血缘关系❸、地缘关系与职缘关系❹，本文选择地缘关系作为连接历史地区中"点"之间的关系，并确定"线"为在同一街区生活了 10 年以上的地

---

❶ 社会网络模型构建中的"点"需要携带地理位置信息，而历史地区中"各户居民"是指以"户"为界定的"节点"，携带着固定且唯一的地理位置信息，并且具有社会属性，能够作为"点"进行研究。

❷ 社会网络模型构建中的"点"之间的社会关系仅存在"1"和"0"两种可能。历史地区中以居民"户"为"节点"所形成的社会关系属性唯一，排除了"各户居民"内所包含的"个体居民"与其他"各户居民"之间社会关系的同属性。

❸ 血缘关系是社会关系的基础之一。血缘指由生育所发生的亲子关系。人类社会构成总是以血缘关系为基础的，尤其是在人类社会的早期，血缘关系起着组织社会的根本性作用。血缘关系是代际关系中最亲近且不会改变的一种亲属关系。血缘关系是基于血亲和姻亲而产生的关系，这种关系不同于一般的社会关系，具有长期性、稳定性。详：徐平. 乡土社会的血缘关系——以四川省羌村调查为例 [J]. 中国农业大学学报（社会科学版），2007，2：16-29.

❹ 职缘关系也是社会关系的一种，是以血缘关系与地缘关系为基础，随着商业的发展而形成的一种社会关系。职缘关系主要是指人与人之间形成的雇佣、职工关系。

缘关系。一是地缘关系是社会网络的基础之一 ❶；二是地缘关系是有地理位置关系和空间信息，也能反映出社会网络的稳定性 ❷。

2.2.2 模型构建

1. 社会关系数据表达

对各个历史地区的研究样本进行编号，界定居民"点"范围，根据居民"点"之间的十年同乡或邻里关系来确定是否存在社会"关系"，并将各居民户之间有无社会"关系"分别用"1"和"0"表示，再将其转换为二值数据，为构建网络提供数据基础。编号由偶数号与奇数号共同构成（图2-9），以北碚区偏岩镇为例，该镇79户居民户之间的社会关系见附录2-A。

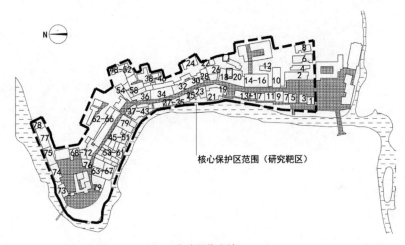

北碚区偏岩镇

图2-9 历史文化名镇总平面编号（一）

---

❶ 人类学的社会网络研究始于对亲属关系的研究。以血缘为基础形成的亲属关系是社会组织成员间最主要的社会联系。拉德克利夫－布朗认为所谓的亲属制度就是社会关系的网络，它是总的社会关系网络的一个组成部分，这种总的社会关系网络被称为社会结构。在中国传统农村社会中，社会结构是建构在血缘关系和地缘关系基础上的。前者是以家族为核心内容的亲属网络，后者则是以村庄为单位的社会共同体。地缘关系是继血缘关系之后的社会资本的另一种重要的表现形式。它是指以地理位置为联结纽带，由于在一定的地理范围内共同生活、活动而交往产生的人际关系，如同乡关系、邻里关系。地缘关系涉及的对象有一定的空间界限。在稳定的社会中，地缘是血缘的投影，不分离。本次研究对象为重庆历史地区中各户居民之间的社会关系。

❷ 本研究的意图是借助社会网络分析方法，构建历史文化名镇核心保护区中由"点"与"线"构成的社会网络模型，然后横向比较各个历史文化名镇核心保护区社会关系网络结构的稳定性情况。"血缘关系"虽然是社会关系中最稳定的一种关系，理论上最能反映社会关系结构的变迁情况，但置于社会网络分析方法中，"血缘关系"作为"线"构建出的社会网络呈分散的树状分布，不适用于分析整体社会网络结构，计算出的网络测度没有实际指导意义，不能横向对比分析各个街区中社会关系的稳定性情况；而"地缘关系"作为"线"构建出的社会网络则是集中式分布，可用于分析整体社会网络结构的属性，可对各个街区的稳定性进行横向比较；职缘关系则是近年来才逐渐形成的一种社会关系，不能用来衡量社会结构变迁的过程；其他街区中的帮工、债务等关系同样只是街区中现存关系网络构成的一种反映，并不能用于衡量社会结构变迁，计算出的网络密度等测度不能反映出社会网络结构的稳定性。因此，选择地缘关系作为社会关系网络结构最完整的关系反映。

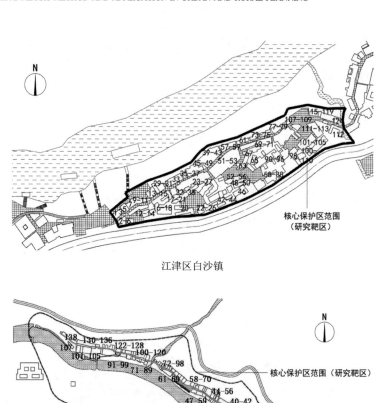

江津区白沙镇

江津区中山镇

涪陵区青羊镇

图2-9　历史文化名镇总平面编号（二）

大足区铁山镇

开州区温泉镇

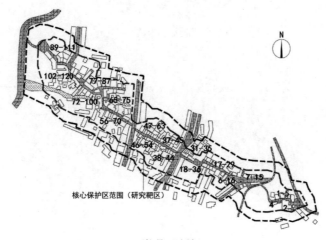

石柱县西沱镇

图2-9 历史文化名镇总平面编号（三）

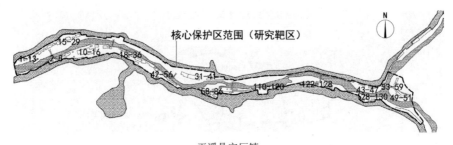

巫溪县宁厂镇

图2-9　历史文化名镇总平面编号（四）

2. 社会网络模型构建

通过 Ucinet 软件平台，将 8 个研究样本的社会关系邻接方阵数据转换成社会网络结构图，构建出社会网络模型（图 2-10）。

从网络模型可以看出，以北碚区偏岩镇为例，网络整体表现出以 53 号居民户为核心的环状树枝结构形态，大部分居民户与街区中其他邻近或者同乡居民户的关系较紧密，仅有 32、36、78 号等居民户由于空间地理位置稍远而与其他居民户的地缘关系偏弱，无孤立居民户，整体社会关系比较集中、紧凑。其他名镇的结构形态同理可得。

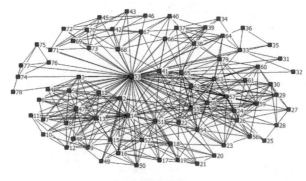

北碚区偏岩镇

江津区白沙镇

图2-10　社会网络模型及结构形态（一）

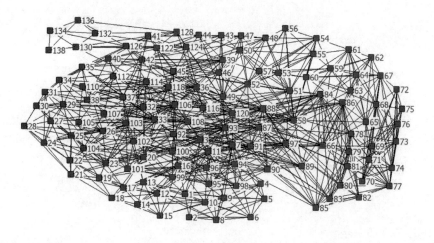

江津区中山镇

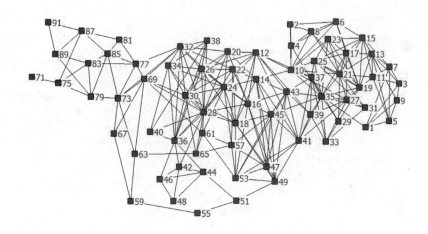

涪陵区青羊镇

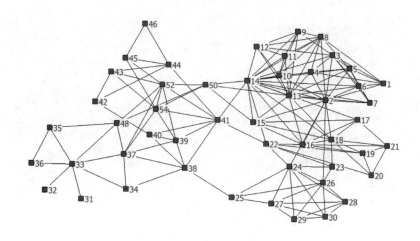

大足区铁山镇

图2-10 社会网络模型及结构形态（二）

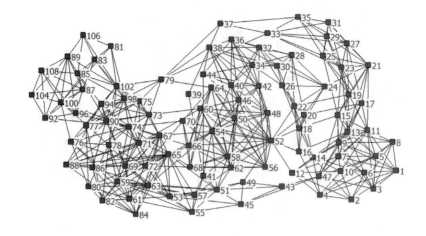

开州区温泉镇

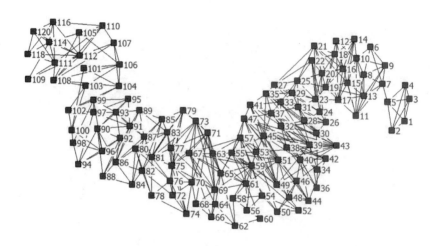

石柱县西沱镇

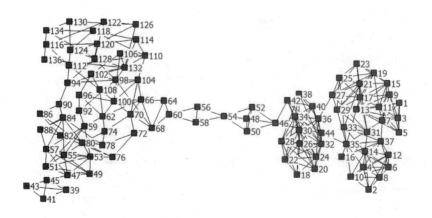

巫溪县宁厂镇

图2-10　社会网络模型及结构形态（三）

2.3　历史地区社会网络结构分析

根据构建的历史地区社会网络模型，对历史地区的社会网络结构进行分析，分为五个步骤（图2-11）。第一步，根据社会网络分析中的网络密度、K-核、Lambda集合计算等分析并对比历史地区网络结构的稳定性。第二步，根据SNA的切点计算分析历史地区网络结构的脆弱性。第三步，根据SNA的度数中心势和中间中心势计算分析历史地区网络结构的均衡性。第四步，基于计算出的网络总体稳定性指标以及物质更新总体情况，对历史地区社会网络与物质更新进行相关性分析。最后，基于计算出的历史地区各项社会网络属性指标，分析与总结社会网络总体结构与保护情况。

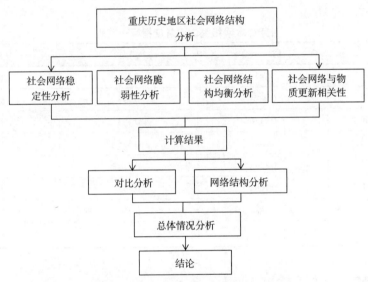

图2-11　历史地区社会网络结构分析框架

2.3.1　网络结构稳定性分析

网络结构的稳定性是衡量社会网络保护好坏及社会结构变迁程度的一项重要指标，社会网络保存的完好程度是社会结构是否稳定的直接反映。研究样本网络稳定性的第一步是计算稳定性指标，包括网络密度、聚集系数、K-核、Lambda集合等；第二步是对样本的各项指标进行对比分析，分析其网络整体完备度、层级边关联度、局部稳定度等；第三步是根据计算结果与结构分析，总结出网络结构的总体稳定性（图2-12）。

1. 网络整体完备度

通过计算可得出各个研究样本社会网络的网络密度、聚集系数（Clustering coefficient）及平均距离（Average distance）（表2-4）。

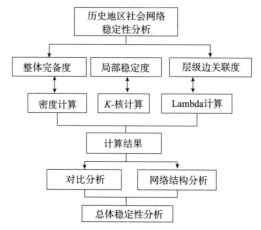

图2-12 历史地区社会网络稳定性分析

研究样本网络整体完备度指标一览表　　　　　　　　表 2-4

研究样本	网络密度	聚集系数	平均距离
北碚区偏岩镇	0.1438	0.572	1.856
江津区白沙镇	0.0824	0.293	5.665
江津区中山镇	0.1176	0.453	2.593
涪陵区青羊镇	0.106	0.375	3.674
大足区铁山镇	0.1298	0.428	2.942
开州区温泉镇	0.1002	0.393	3.184
石柱县西沱镇	0.064	0.256	6.502
巫溪县宁厂镇	0.0623	0.251	6.763

1）网络密度值曲线

北碚区偏岩镇的网络密度最高，巫溪县宁厂镇则最低，网络密度从高到低依次为北碚区偏岩镇、大足区铁山镇、江津区中山镇、涪陵区青羊镇、开州区温泉镇、江津区白沙镇、石柱县西沱镇、巫溪县宁厂镇。北碚区偏岩镇的网络结构最完备，巫溪县宁厂镇的网络结构完备程度最低（图 2-13）。

2）聚集系数曲线

可以看出，北碚区偏岩镇的聚集系数最高，巫溪县宁厂镇则最低，聚集系数从高到低依次为北碚区偏岩镇、江津区中山镇、大足区铁山镇、开州区温泉镇、涪陵区青羊镇、江津区白沙镇、石柱县西沱镇、巫溪县宁厂镇。北碚区偏岩镇的网络结构最紧凑，巫溪县宁厂镇的网络结构较松散（图 2-14）。

3）平均距离曲线

北碚区偏岩镇的平均距离最小，巫溪县宁厂镇则最大，平均距离从小到大依次为北

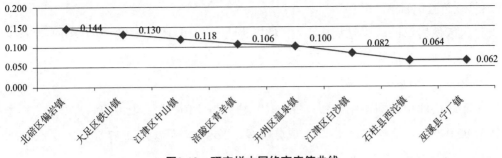

图2-13　研究样本网络密度值曲线

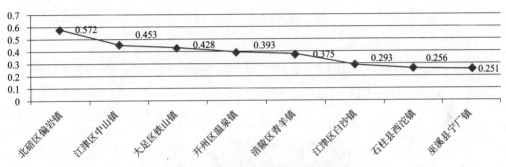

图2-14　研究样本网络聚集系数曲线

碚区偏岩镇、江津区中山镇、大足区铁山镇、开州区温泉镇、涪陵区青羊镇、江津区白沙镇、石柱县西沱镇、巫溪县宁厂镇。北碚区偏岩镇的网络结构最紧密，巫溪县宁厂镇的网络结构紧密程度最低（图2-15）。

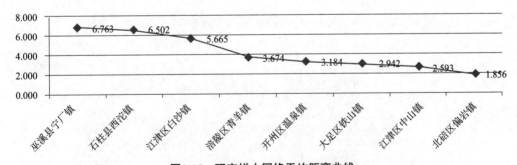

图2-15　研究样本网络平均距离曲线

2. 网络局部稳定度

"K-核"（K=1、2、3……）计算可以衡量网络的局部稳定程度，"K"值越高，"K-核"占比越大，具有稳定结构的局部网络成分就越多，网络也就越稳定。依据"K-核"计算样本的网络局部稳定度。

1）北碚区偏岩镇"6-核"

北碚区偏岩镇的网络结构中，"K-核"最大为"10-核"，比例为15.19%，"6-核"比例为78.48%，K值较大，"6-核"成分较多，稳定性较好（图2-16）。

2）江津区白沙镇"6-核"

江津区白沙镇的网络结构中，"K-核"最大为"10-核"，比例为11.30%，"6-核"比例为93.04%，K值较大，"6-核"成分较多，稳定性较好（图2-17）。

3）江津区中山镇"6-核"

江津区中山镇的网络结构中，"K-核"最大值为"10-核"，比例为67.48%，"6-核"比例为92.68%，K值较大，"6-核"成分较多，稳定性较好（图2-18）。

4）涪陵区青羊镇"6-核"

涪陵区青羊镇的网络结构中，"K-核"最大值为"6-核"，"6-核"比例为41.43%，K值不大，"6-核"成分不高，稳定性一般（图2-19）。

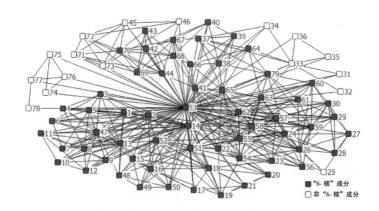

图2-16　偏岩镇"6-核"分布

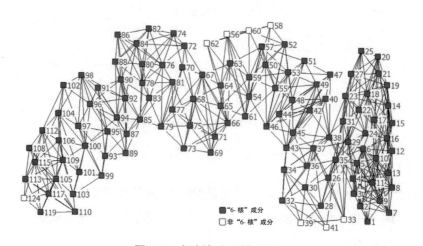

图2-17　白沙镇"6-核"分布

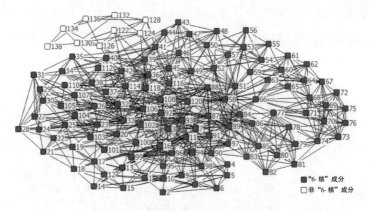

图2-18　中山镇"6-核"分布

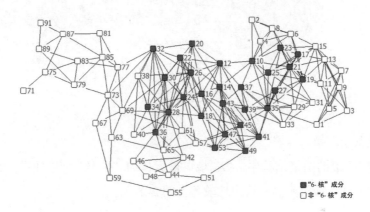

图2-19　青羊镇"6-核"分布

5）大足区铁山镇"6-核"

大足区铁山镇的网络结构中，"K-核"最大值为"6-核"，"6-核"比例为28%，K值不大，"6-核"成分不高，稳定性较差（图2-20）。

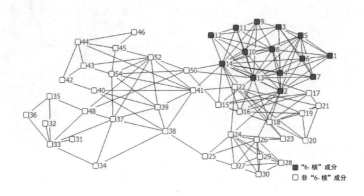

图2-20　铁山镇"6-核"分布

6）开州区温泉镇"6-核"

开州区温泉镇的网络结构中，"K-核"最大值为"6-核"，"6-核"比例为89.90%，K值不大，"6-核"成分较高，稳定性较好（图2-21）。

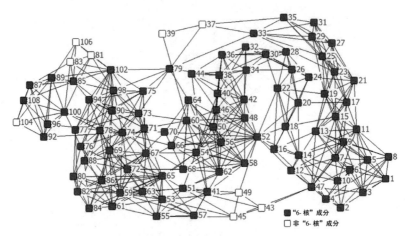

图2-21　温泉镇"6-核"分布

7）巫溪县宁厂镇"6-核"

巫溪县宁厂镇的网络结构中，"K-核"最大值为"6-核"，"6-核"比例为36.73%，K值不大，"6-核"成分不高，稳定性较差（图2-22）。

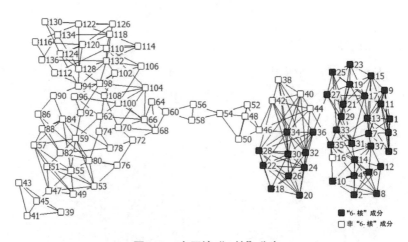

图2-22　宁厂镇"6-核"分布

8）网络局部稳定程度分析结论

由样本社会网络"6-核"比例曲线可知（图2-23），石柱县西沱镇无"6-核"成分，江津区白沙镇的比例最大，为93.04%，从大到小依次为江津区白沙镇、江津区中山镇、开州区温泉镇、北碚区偏岩镇、涪陵区青羊镇、巫溪县宁厂镇、大足区铁山镇、石柱县西沱镇。江津区白沙镇社会网络有稳定成分的比例最高，稳定性最好，石柱县西沱镇社会网络有稳定成分的比例最低，最不稳定。

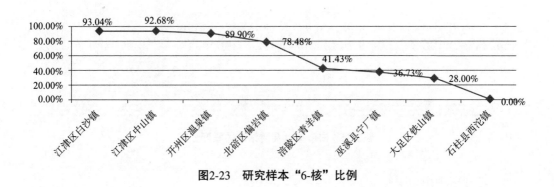

图2-23　研究样本"6-核"比例

3. 网络层级边关联度

"Lambda 集合"用于比较各个历史地区社会网络结构的整体稳定性。通过分析与计算，可以得知网络结构的边关联度分布与相应的比例。

1）北碚区偏岩镇

北碚区偏岩镇社会网络模型有 19 个级别的边关联度。其中，最小边关联度为 2，最大边关联度为 32。一级边关联度与最高级边关联度比例分别为 1.27% 与 15.19%，其差值为 13.92%。因最小边关联度比例较小，最高级与一级边关联度差值不大，网络层级稳定性较好（图 2-24）。

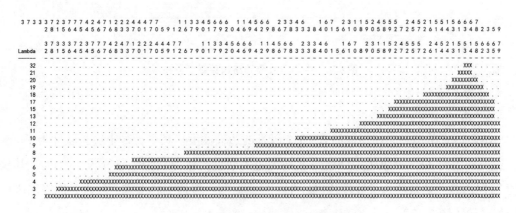

图2-24　偏岩镇社会网络边关联度分布

2）江津区白沙镇

江津区白沙镇社会网络模型有 13 个级别的边关联度。其中，最小边关联度为 4，最大边关联度为 36。一级边关联度与最高级边关联度比例分别为 0.86% 与 16.38%，其差值为 15.52%。因最小边关联度比例较小，最高级与一级边关联度差值较大，网络层级稳定性一般（图 2-25）。

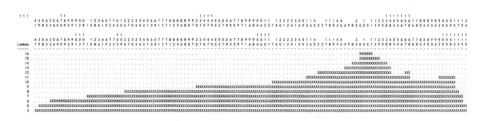

图2-25　白沙镇社会网络边关联度分布

3）江津区中山镇

江津区中山镇社会网络模型有 24 个级别的边关联度。其中，最小边关联度为 3，最大边关联度为 31。一级边关联度与最高级边关联度比例分别为 0.81% 与 12.2%，其差值为 11.39%。因最小边关联度比例较小，最高级与一级边关联度差值较小，网络层级稳定性较好（图 2-26）。

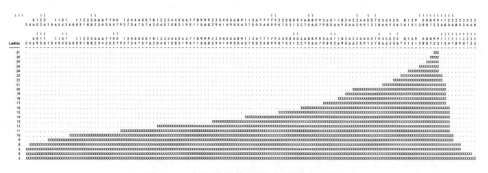

图2-26　中山镇社会网络边关联度分布

4）涪陵区青羊镇

涪陵区青羊镇社会网络模型有 13 个级别的边关联度。其中，最小边关联度为 1，最大边关联度为 13。一级边关联度与最高级边关联度比例分别为 1.43% 与 15.71%，其差值为 14.28%。因最小边关联度比例较小，最高级与一级边关联度差值较大，网络层级稳定性一般（图 2-27）。

5）大足区铁山镇

大足区铁山镇社会网络模型有 11 个级别的边关联度。其中，最小边关联度为 1，最大边关联度为 15。一级边关联度与最高级边关联度比例分别为 4% 与 20%，其差值为

16%。因最小边关联度比例较大，最高级与一级边关联度差值较大，网络层级稳定性一般（图2-28）。

6）开州区温泉镇

开州区温泉镇社会网络模型有 14 个级别的边关联度。其中，最小边关联度为 2，最大边关联度为 16。一级边关联度与最高级边关联度比例分别为 1.01% 与 13.13%，其差值为 12.12%。因最小边关联度比例较小，最高级与一级边关联度差值较小，网络层级稳定性较好（图2-29）。

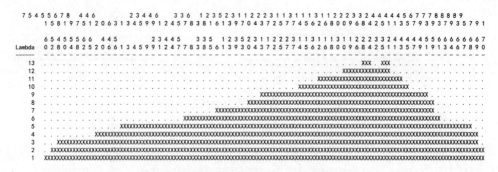

图2-27 青羊镇社会网络边关联度分布

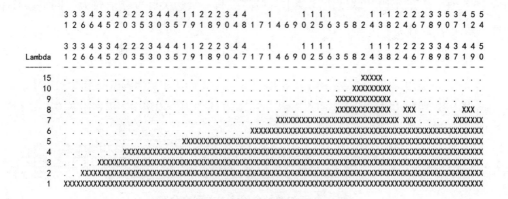

图2-28 铁山镇社会网络边关联度分布

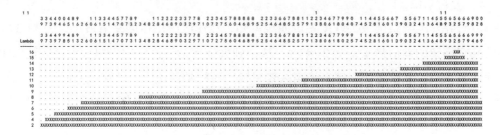

图2-29 温泉镇社会网络边关联度分布

7）巫溪县宁厂镇

巫溪县宁厂镇社会网络模型有 12 个级别的边关联度。其中，最小边关联度为 1，最大边关联度为 12。一级边关联度与最高级边关联度比例分别为 1.02% 与 22.45%，其差值为 21.43%。因最小边关联度比例较小，最高级与一级边关联度差值较大，网络层级稳定性较差（图 2-30）。

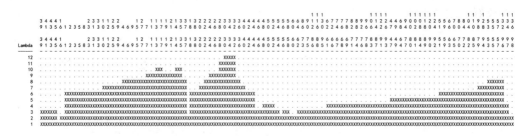

图2-30　宁厂镇社会网络边关联度分布

8）石柱县西沱镇

石柱县西沱镇社会网络模型有 12 个级别的边关联度。其中，最小边关联度为 1，最大边关联度为 13。一级边关联度与最高级边关联度比例分别为 1.72% 与 17.24%，其差值为 15.52%。因最小边关联度比例较小，最高级与一级边关联度差值较大，网络层级稳定性一般（图 2-31）。

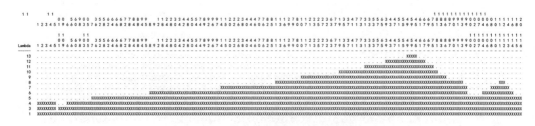

图2-31　西沱镇社会网络边关联度分布

9）分析结论

由研究样本网络层级关联度差值曲线可知，江津区中山镇的差值最小，为 11.39%，巫溪县宁厂镇的差值最大，为 21.43%，从小到大依次为江津区中山镇、大足区铁山镇、开州区温泉镇、北碚区偏岩镇、涪陵区青羊镇、石柱县西沱镇、江津区白沙镇、巫溪县宁厂镇。江津区中山镇的社会网络层级关联度最稳定，巫溪县宁厂镇的社会网络层级关联度最不稳定（图 2-32）。

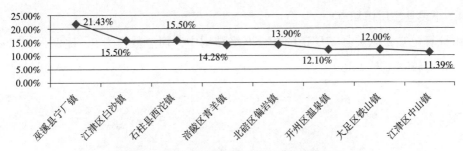

图2-32 研究样本网络层级关联度差值曲线

2.3.2 网络结构脆弱性分析

社会网络的破坏与脆弱性可采用切点数目与比例作为衡量指标。研究样本社会网络脆弱性的第一步是计算切点指标；第二步是对研究样本的切点数目与比例进行对比分析，分析其网络整体脆弱性。

1）北碚区偏岩镇切点

由计算可知，北碚区偏岩镇的社会网络结构中，切点数目为1，比例为1.27%，脆弱程度较低（图2-33）。

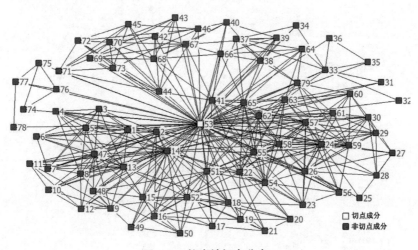

图2-33 偏岩镇切点分布

2）涪陵区青羊镇切点

由计算可知，涪陵区青羊镇的社会网络结构中，切点数目为1，比例为1.43%，脆弱程度较低（图2-34）。

3）大足区铁山镇切点

由计算可知，大足区铁山镇的社会网络结构中，切点数目为1，比例为2.00%，脆弱程度较低（图2-35）。

4）巫溪县宁厂镇切点

由计算可知，巫溪县宁厂镇的社会网络结构中，切点数目为5，比例为1.72%，脆弱程度相对较高（图2-36）。

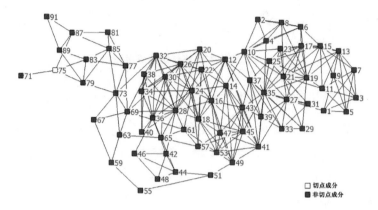

图2-34　青羊镇切点分布

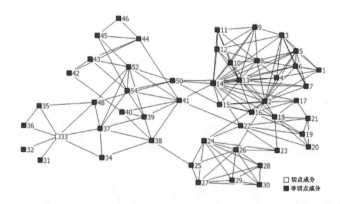

图2-35　铁山镇切点分布

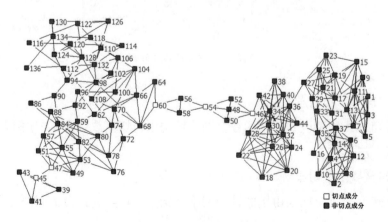

图2-36　宁厂镇切点分布

5）石柱县西沱镇切点

由计算可知，石柱县西沱镇的社会网络结构中，切点数目为2，比例为5.10%，脆弱程度较低（图2-37）。

6）社会网络节点脆弱性分析结论

由研究样本网络切点曲线可知，江津区白沙镇与中山镇、开县温泉镇的切点比例最小，均为0.00%，巫溪县宁厂镇的切点比例最大，为5.10%，从小到大依次为开州区温泉镇、江津区中山镇、江津区白沙镇、北碚区偏岩镇、涪陵区青羊镇、石柱县西沱镇、大足区铁山镇、巫溪县宁厂镇。江津区中山镇、白沙镇与开州区温泉镇的社会网络脆弱性最低，巫溪县宁厂镇的社会网络脆弱性最高（图2-38）。

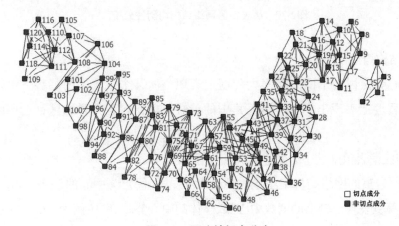

图2-37 西沱镇切点分布

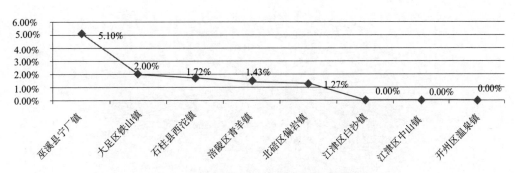

图2-38 研究样本社会网络切点比例曲线

2.3.3 网络结构均衡性分析

度数中心势与中间中心势可作为衡量社会网络均衡性的一项重要指标。研究样本网络均衡性的第一步是计算中心势指标；第二步是对研究样本的中心势进行对比分析，分析其网络整体均衡性（图2-39）。

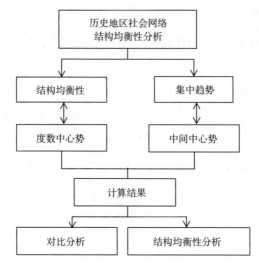

图2-39　历史地区网络结构均衡性分析

1. 网络结构均衡度

度数中心势探讨一个网络在多大程度上表现出向某个点集中的趋势，可探讨网络图中在多大程度上表现出向某户居民集中的趋势，可比较各个样本区社会网络的结构均衡度。

1）北碚区偏岩镇度数中心势

北碚区偏岩镇的网络结构集中地表现出以53号居民户为中心的趋势，14、51、62、63号居民户等也表现出较高的度数中心势，整体的中心势较高，比例为87.85%（图2-40）。

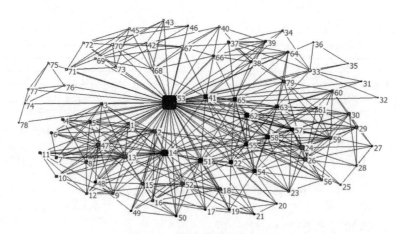

图2-40　偏岩镇度数中心势

2）江津区白沙镇度数中心势

江津区白沙镇的网络结构度数中心性表现不明显，表现出分段的中心性，比较平衡，整体的中心势较低，比例为 5.90%（图 2-41）。

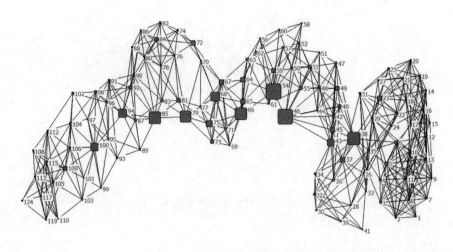

图2-41　白沙镇度数中心势

3）江津区中山镇度数中心势

江津区中山镇的网络结构中心性趋势比较集中，中心趋势渐变，以 93、87、92、88号居民户中心性为最高，其余居民户度数中心性依次降低，整体的中心势较均衡，比例为 14.71%（图 2-42）。

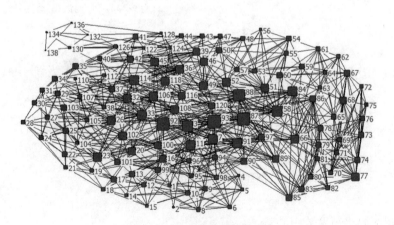

图2-42　中山镇度数中心势

4）涪陵区青羊镇度数中心势

涪陵区青羊镇的网络结构中心性趋势不太明显，中心趋势渐变，28、35、21 号居民户中心性最高，其余居民户度数中心性依次降低，整体的中心势较均衡，比例为 14.45%（图 2-43）。

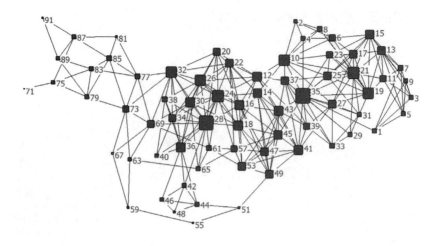

图2-43　青羊镇度数中心势

5）大足区铁山镇度数中心势

大足区铁山镇的网络结构表现出以 14 号居民户为中心的趋势，13、2 号居民户次之，其余居民户中心性依次减弱，整体的中心势比例为 26.87%（图 2-44）。

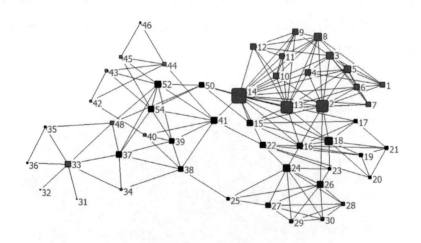

图2-44　铁山镇度数中心势

6）开州区温泉镇度数中心势

开州区温泉镇的网络结构中心性趋势比较集中，中心趋势渐变，以 52 号居民户中心性为最高，65、54、67、59 号居民户中心性较高，其余居民户较度数中心性依次降低，整体的中心势较均衡，比例为 11.65%（图 2-45）。

7）巫溪县宁厂镇度数中心势

巫溪县宁厂镇的网络结构中心性较高地集中在右侧，整体的中心势较低，比例为

6.27%（图 2-46）。

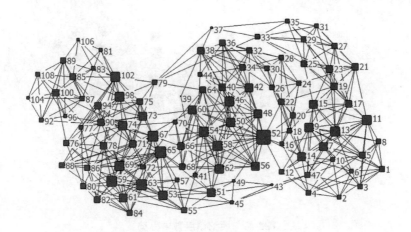

图2-45 温泉镇度数中心势

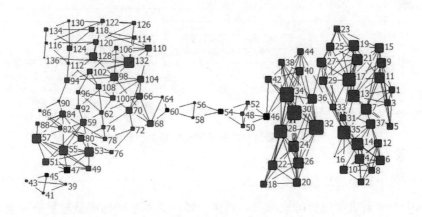

图2-46 宁厂镇度数中心势

8）石柱县西沱镇度数中心势

石柱县西沱镇的网络结构均没有较高的中心性，整体的中心势低，比例为 4.99%（图 2-47）。

9）社会关系度数中心势曲线表达

由各个历史文化名镇地缘关系网络度数中心势曲线可知（图 2-48），石柱县西沱镇的度数中心势最小，为 4.99%，北碚区偏岩镇的度数中心势最大，为 87.85%，从小到大依次为石柱县西沱镇、江津区白沙镇、巫溪县宁厂镇、开州区温泉镇、涪陵区青羊镇、江津区中山镇、大足区铁山镇、北碚区偏岩镇。北碚区偏岩镇的社会网络最均衡，居民之间集中度最高，石柱县西沱镇的社会网络最不均衡，居民户之间集中度最低。

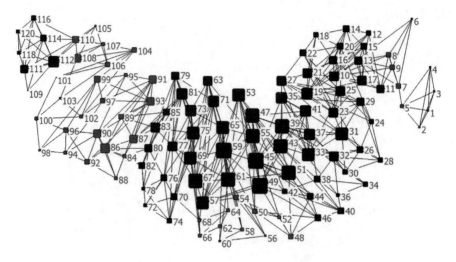

图2-47　西沱镇度数中心势

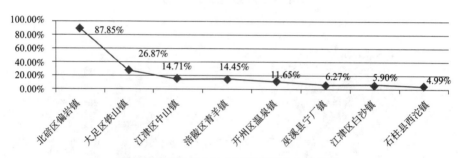

图2-48　研究样本社会网络度数中心势曲线

2. 网络集中趋势与复杂程度

中间中心势高表明包含的地缘关系越多，地缘关系结构构成就越复杂。通过计算研究样本社会网络中间中心度大小，判断与计算得出整体的中间中心势，比较各个街区的中间中心势，再对比分析各个街区的社会网络强弱。

1）北碚区偏岩镇中间中心势

北碚区偏岩镇的网络结构中间中心势表现出以 53 号居民户为最大值，其包含的社会关系最复杂，整体中间中心势为 69.96%，中间性趋势较高且单一（图 2-49）。

2）江津区白沙镇中间中心势

江津区白沙镇的网络结构中间中心势表现出以 46、54、66 号居民户为最大值，整体中间中心势为 31.96%，中间性趋势平衡（图 2-50）。

3）江津区中山镇中间中心势

江津区白沙镇的网络结构中间中心势表现出以 58、66 号居民户为最大值，整体中间中心势为 8.60%，中间性趋势较低（图 2-51）。

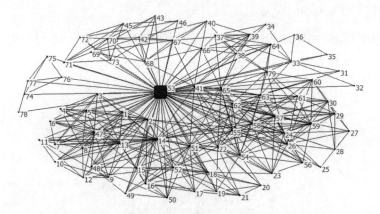

图2-49　偏岩镇中间中心势

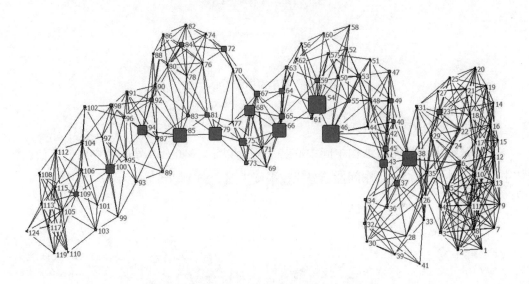

图2-50　白沙镇中间中心势

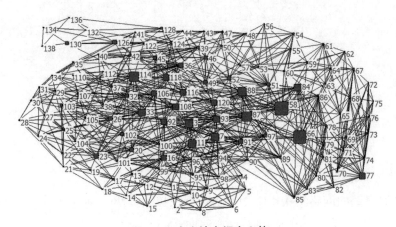

图2-51　中山镇中间中心势

4）涪陵区青羊镇中间中心势

涪陵区青羊镇的网络结构中间中心势表现出以 32、35、12、10 号居民户为最大值，整体中间中心势为 18.63%，中间性趋势较低（图 2-52）。

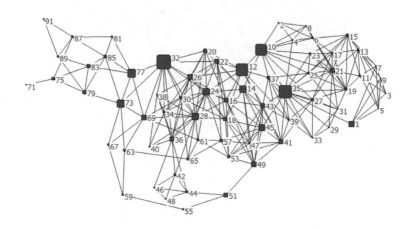

图2-52　青羊镇中间中心势

5）大足区铁山镇中间中心势

大足区铁山镇的网络结构中间中心势表现出以 14、41、50 号居民户为最大值，整体中间中心势为 24.18%，中间性趋势比较平衡（图 2-53）。

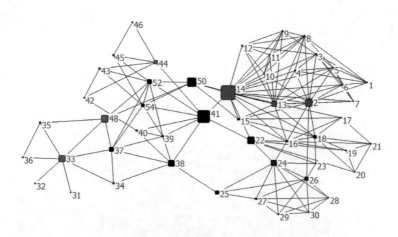

图2-53　铁山镇中间中心势

6）开州区温泉镇中间中心势

开州区温泉镇的网络结构中间中心势表现出以 52、79、50 号居民户为最大值，整体中间中心势为 22.59%，中间性趋势较弱（图 2-54）。

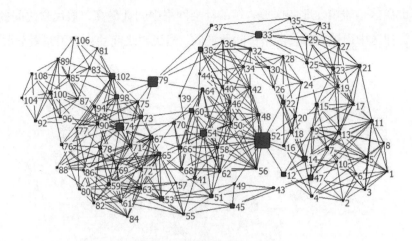

图2-54 温泉镇中间中心势

7）巫溪县宁厂镇中间中心势

巫溪县宁厂镇的网络结构中间中心势表现出以60、54、46、68号居民户为最大值，整体中间中心势为44.97%，中间性趋势比较强（图2-55）。

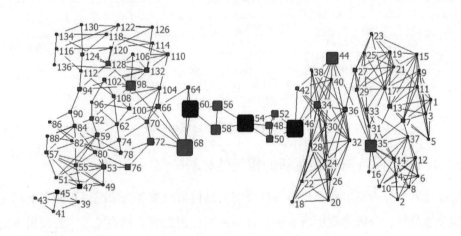

图2-55 宁厂镇中间中心势

8）石柱县西沱镇中间中心势

石柱县西沱镇的网络结构中间中心势比较平衡，整体中间中心势为23.64%（图2-56）。

9）社会关系中间中心势曲线表达

由研究样本网络中间中心势曲线可知（图2-57），江津区中山镇的中间中心势最小，为8.60%，北碚区偏岩镇的中间中心势最大，为69.96%，从小到大依次为江津区中山镇、涪陵区青羊镇、开州区温泉镇、石柱县西沱镇、大足区铁山镇、江津区白沙镇、巫溪县宁厂镇、北碚区偏岩镇。北碚区偏岩镇的社会网络中间性最高，居民户之间的社会关系最集中，江津区中山镇的社会网络中间性最低，居民户之间的社会关系最分散。

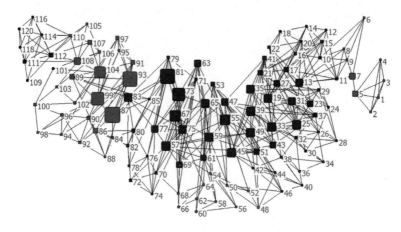

图2-56　西沱镇中间中心势

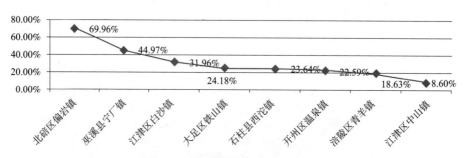

图2-57　研究样本网络中间中心势

2.3.4　社会网络与物质更新的相关性分析

通过计算与分析得出研究样本的社会网络结构与物质更新情况，对两者的相互关系进行相关性分析，分析物质更新水平与社会网络保护之间的相关关系，为提出历史地区的社会网络保护策略奠定基础。

1. 社会网络结构保护程度

根据研究样本区社会网络结构稳定性、脆弱性与均衡性等各项网络测量指标，综合得出研究样本的社会网络保护情况（表2-5）。

研究样本的社会网络保护程度　　　　　表2-5

研究样本	社会网络稳定性	社会网络脆弱性	社会网络结构均衡性	总体程度
北碚区偏岩镇	1.008	0.002	0.237	1.247
江津区白沙镇	0.452	0.000	0.076	0.528

续表

研究样本	社会网络稳定性	社会网络脆弱性	社会网络结构均衡性	总体程度
江津区中山镇	0.767	0.000	0.070	0.837
涪陵区青羊镇	0.615	0.002	0.058	0.675
大足区铁山镇	0.680	0.003	0.076	0.759
开州区温泉镇	0.662	0.000	0.051	0.713
巫溪县宁厂镇	0.339	0.008	0.037	0.384
石柱县西沱镇	0.377	0.003	0.035	0.415

由此可知（图2-58），北碚区偏岩镇的社会网络保护程度最高，为 1.247，巫溪县宁厂镇的社会网络保护程度最低，为 0.384。

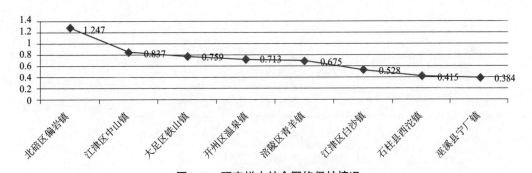

图2-58　研究样本社会网络保护情况

2. 物质更新水平情况

根据样本建设过程中的经济收入、人均收入、城镇化率、拆建比、投入资金等方面的实际情况，可综合判断样本的物质更新量（图2-59）。

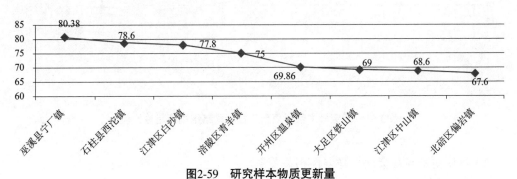

图2-59　研究样本物质更新量

3. 物质更新与社会网络保护关系分析

对样本的社会网络保护和物质更新水平进行对比分析，得到结果。

1）物质更新与社会网络保护程度关系

比较发现，研究样本的社会网络保护程度与物质更新呈负相关关系（图2-60）。随着物质更新水平的提高，社会网络的保护程度指标降低，随着物质更新水平的降低，社会网络的保护程度指标提高。具体而言，物质更新水平高的历史地区，社会网络保护程度较差，如巫溪县宁厂镇与石柱县西沱镇；反之，物质更新水平低的历史地区，社会网络保护程度较好，如北碚区偏岩镇与江津区中山镇（图2-61）。

研究样本中物质更新水平与社会网络保护程度在开州区温泉镇达到平衡，这意味着开州区温泉镇的物质更新水平与社会网络保护程度处在一个比较合理的状态；研究样本中物质更新与社会网络稳定性指标在大足区铁山镇达到平衡，意为大足区铁山镇的物质更新水平与社会网络稳定性处在一个比较合理的状态。

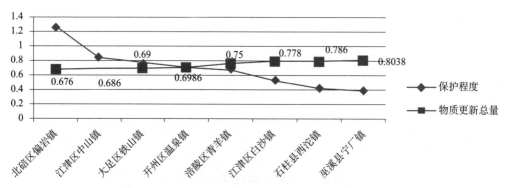

图2-60　研究样本物质更新与社会网络保护程度关系

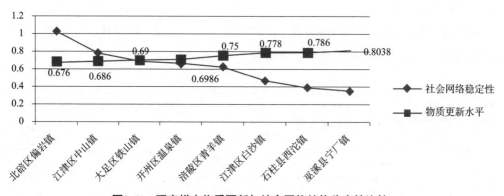

图2-61　研究样本物质更新与社会网络结构稳定性比较

2）物质更新与社会网络脆弱性相关关系

对物质更新与社会网络脆弱性指标进行相关性分析（图2-62）。可见，研究样本的物质更新与社会网络的脆弱程度之间并未表现出正负相关关系，巫溪县宁厂镇社会网络脆弱程度最高，江津区白沙镇、中山镇、开州区温泉镇的社会网络脆弱程度最低。

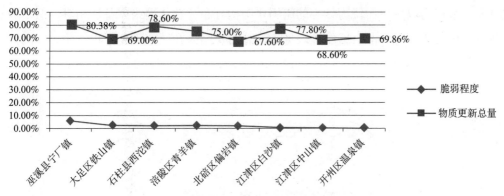

图2-62 研究样本物质更新与社会网络脆弱性比较

3）物质更新与社会网络结构均衡性

对物质更新与社会网络结构均衡性指标进行相关性分析（图2-63）。可见，研究样本的物质更新与社会网络的结构均衡性之间并未表现出正负相关关系，北碚区偏岩镇的社会网络结构均衡度最高，石柱县西沱镇的社会网络结构均衡度最低。

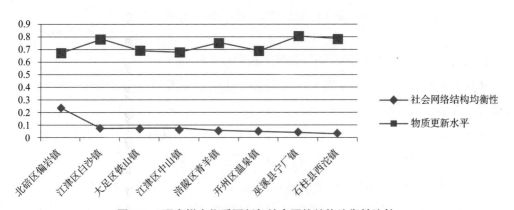

图2-63 研究样本物质更新与社会网络结构均衡性比较

2.3.5 计算结果

针对构建出的社会网络模型，基于计算出的网络密度、K-核、Lambda集合、切点等历史地区各项社会网络测量指标，总结社会网络结构与保护情况。

1. 社会网络结构呈向心性与发散性结构

历史地区社会关系构建出的社会网络模型主要表现为向心性（环状）与发散性（树枝状）两种结构（图2-64）。在社会关系保留较好且较集中的偏岩镇、中山镇、温泉镇等历史地区，社会网络结构呈现环状向心性趋势，表现为以某一户或几户居民为核心的网络结构，整体网络完备度更好，平衡度更高，中心势更高，但是脆弱性较大；而在社会关系较为分散的白沙镇、宁厂镇、西沱镇等历史地区，其社会网络结构呈分散的树枝状分布，表现为以多户居民为核心的组团式结构分布，整体网络完备度相对较低，平衡度较好，中心势表现分散，脆弱性较低。计算对比结果在一定程度上也反映出，两种网络结构相比，环状网络的结构稳定性和运行均衡性都相对更好。

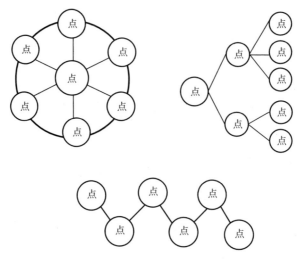

图2-64　社会网络环状与树枝状结构

2. 社会网络结构稳定性差，脆弱性低，结构均衡性弱

从计算指标可知，社会网络密度值均未超过 0.2，网络完备度偏低；一级的边关联度较多，差值较大，K- 核中"K"值与"K- 核"百分比均较小，局部稳定性较弱；切点数目较少，最多切点数目为 5，脆弱性较低，社会网络不易被破坏；中心性百分比均在30% 左右，网络整体集中趋势不太明显，均衡度较弱。

3. 物质更新与社会网络保护呈负相关

这说明在城镇化的推进下，重庆历史地区物质更新的投入虽越来越多，物质空间建设虽跟上了时代的步伐，但社会关系反而逐渐被疏离，社会网络及其稳定性逐渐被破坏。

4. 社会网络结构受历史地区聚落形态影响

将研究样本街区空间形态与对应社会网络结构对比分析可知，历史地区的形态与地形对社会关系的构建有着重要的影响，影响着社会网络的结构。具体而言，在街区空间形态是条状的历史地区，大多呈现带状或树枝状的社会网络结构，如江津区白沙镇、石柱县西沱镇等。在街区空间形态紧凑型的历史地区，最终呈现环状或组团状的集中式社会网络结构，如北碚区偏岩镇、江津区中山镇与开州区温泉镇。除此之外，还有街区由于现状条件如河流、地形等因素，其社会网络结构分散，如巫溪县宁厂镇由于河流的分割使其社会关系脆弱性增强，社会网络结构呈树枝状分布。

5.社会网络结构受历史地段空间功能的影响

将研究样本功能与对应社会网络结构对比分析可知，历史地区的功能定位在一定程度上影响着街区社会关系和社会网络结构。具体而言，八个研究样本功能定位各异，主要包括纯居住功能、"居住＋配套商业"、"居住＋旅游"、"居住＋商业＋旅游＋餐饮"等类型，其社会网络结构完备度、稳定性、均衡性各异。在以纯居住为主的街区，基本为原住民，街区的社会关系较原始，完备度较高，但街区缺少活力，如江津区白沙镇；在以"居住＋商业＋餐饮"为主的街区，也保留着大部分原住民，社会关系比较和谐，中心性高，街区较有活力，如北碚区偏岩镇；在以"居住＋旅游＋商业"为主的街区，大量原住民搬迁，社会关系需要重建，网络结构不太稳定，街区很有活力，如石柱县西沱镇、江津区中山镇。

2.4　社会网络保护策略

2.4.1　社会网络的结构保护更新

1.提高社会网络结构稳定性

1）加强局部社会关系，调整社会网络结构形态

根据社会网络模型及其计算可知，排序中对应的社会网络密度依次降低，社会网络结构由环状到分段式条状再到树枝状，由此可见，社会网络结构的完备度由高到低分别对应为环状、条状、树枝状。有必要通过改变历史地区的社会网络结构形态，提高网络密度值，提升网络完备度，增强社会网络的稳定性。具体有树枝状转换成条状社会网络结构形态、条状转换成环状社会网络结构形态、环状社会网络结构继续深化三种方法（图2-65）。

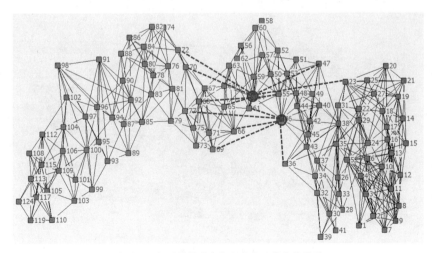

步骤一：加强其他节点与现有中心节点的联系

图2-65　社会网络结构深化方法（一）

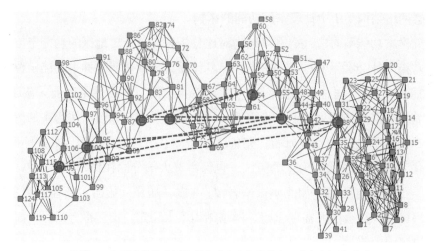

步骤二：加强条状社会网络结构形态中各段的中心节点之间的联系

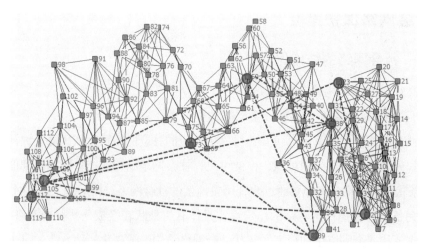

步骤三：加强条状社会网络结构中各段节点之间的相互联系

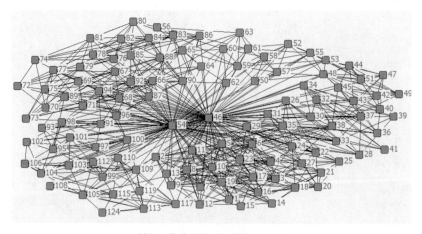

结果：优化后的网络结构形态图

图2-65 社会网络结构深化方法（二）

2）减少社会网络一级边关联度，缩小各级边关联度的差距

以石柱县西沱镇为例。石柱县西沱镇的一级边关联度为1，最大与最小边关联度差值为15.52%，可采取以下两点措施减小一级边关联度和各级边关联度差距。一是减少孤立居民点，改善最小边关联度节点与其他节点的联系，加强孤立居民户与其他居民户的联系，增强整个历史地区居民户之间的社会关系。如加强109、103、1、2、3、4号居民户与其他居民户之间的联系，增强社会网络结构稳定性。二是加强中间边关联度节点之间的相互联系，使网络层级中的低边关联度向高边关联度靠近，使整条街区居民户的社会关系层级接近，整体均衡性加强，使网络层级中的低边关联度向高边关联度靠近，使得整体的社会网络平衡。

2. 降低社会网络结构脆弱性

在历史地区社会网络结构中，可通过减少社会网络结构中的切点数目、降低社会网络结构中的切点比例、降低社会网络的脆弱性等，使整体网络更加稳定。以巫溪县宁厂镇为例。巫溪县宁厂镇的切点数目为5，切点比例为5.1%，较其他研究样本比例较高，脆弱性较高。可通过以下两点方法：

一是增强切点附近的非切点之间的关联性，分担切点成分的联系性，从而减少切点数目，降低整体网络的脆弱性。如可加强42号居民户与52、48、50号居民户的联系，加强56、58号居民户与64、68号居民户的联系。二是保护切点，降低社会网络局部解体的风险，从而增强稳固性。将54、60、45号等切点居民户加以强化与保护，加强切点与周围节点的联系，增强稳固性，最终达到降低社会网络结构脆弱性的目的（图2-66、图2-67）。

3. 提高社会网络结构均衡性

为增强历史地区社会网络结构的均衡性，可通过提高社会网络中各节点的中间中心势，增强整体的度数中心势等方式实现。以江津区中山镇为例。江津区中山镇的中间中心势为8.60%，较其他研究样本比例较低，社会网络结构表现出以58、66号居民户为核心的网络结构，结构均衡性较低。具体方法如下：一是保护中间中心势和度数中心势最

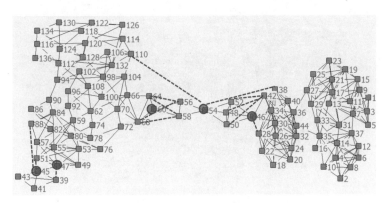

图2-66　巫溪县宁厂镇社会网络切点现状与调整

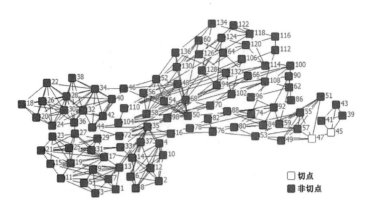

图2-67　巫溪县宁厂镇社会网络切点规划

高的节点，维持原有的社会网络均衡性。二是进一步加强中间中心势和度数中心势较高
的节点的中心势，或加强中间中心势和度数中心势较高的周围其他节点的中心势，突出
其中心性；增强均衡性。如可加强58、66号居民户节点周围的114、88、87、3、7号等
居民户节点的中间中心势，达到提高社会网络结构均衡性的目的（图2-68、图2-69）。

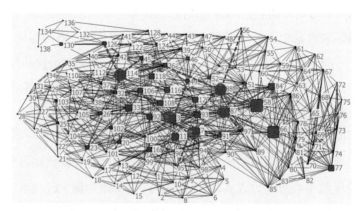

图2-68　江津区中山镇中间中心势现状与调整

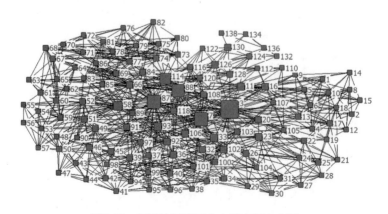

图2-69　规划的江津区中山镇中间中心势

2.4.2　基于社会网络保护的物质形态规划

通过构建历史地区社会网络模型，提升社会网络的稳定性、降低社会网络的脆弱性、提高社会网络的均衡性可进行社会网络结构的保护，从而指导历史地区的物质形态规划，保持社会网络与物质更新的平衡。是对传统规划模式的有效补充和深化，达到"物"与"人"同时保护的目的。具体包括指导核心保护范围与建设控制地带的划定、对空间结构进行保护与优化、指导建（构）筑物的分区分级保护、指导保护规划的分期实施等内容。

1. 历史地区的"三区"划定

历史地区核心保护范围与建设控制地带的划分，可依据社会网络结构的"K-核"成分计算与分析确定，可将"K-核"成分划定为历史地区的核心保护范围，将非K-核成分划定为历史地区的建设控制地带与环境协调区，进而指导历史地区的分区保护。

以北碚区偏岩镇为例。北碚区偏岩镇的"6-核"比例为78.48%。整体上表现出以53号居民户中间中心度为最大值的网络结构，在进行保护规划时，可确定53号居民户所在的区域范围为重点保护范围，并进一步将"6-核"成分的居民户所在的区域范围划进北碚区偏岩镇的核心保护区内（图2-70、图2-71）。

北碚区偏岩镇也可根据非"6-核"成分划定建设控制区与环境协调区。如建设控制区可确定为"4-核"居民所在区域范围；环境协调区可确定为规划范围内"2-核"居民所在区域范围（图2-72、图2-73）。

2. 历史地区的空间格局保护

历史地区的空间格局可依据社会网络的度数中心性等指标作为科学依据。具体而言，是指依据度数中心势与"K-核"成分确定历史地区的空间节点与保护片区，形成"点—轴线—片区"的空间保护模式，从而指导历史地区空间格局的保护。

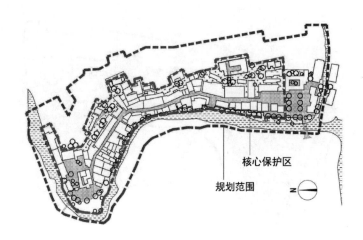

核心保护区

规划范围

图2-70　偏岩镇原规划核心保护区

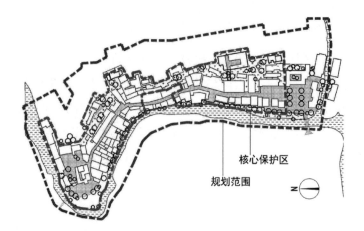

图2-71 根据社会网络"6-核"成分分析划定核心保护区

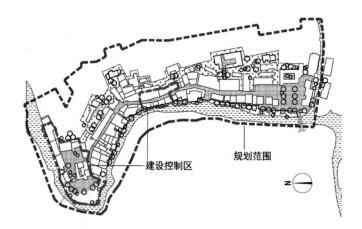

图2-72 根据社会网络"4-核"成分计算分析规划建设控制区

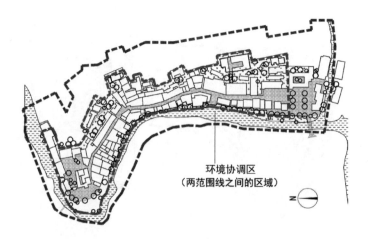

图2-73 根据社会网络"2-核"成分分析划定环境协调区

以基于度数中心势确定空间节点为例。将历史文化名镇中度数中心度最高的居民节点所在区域范围划定为主要空间节点，围绕该中心节点布置主要空间活动场所，放大中心节点对历史文化名镇社会网络建设的优势作用；其次，将度数中心度次高的居民户节点所在区域范围划定为次要空间节点，围绕这些次要空间节点布置次要空间活动场所。以此类推，依据各级度数中心度设置各级空间节点，围绕这些空间节点设置各级空间活动场所。发挥各级中心性作用，保护整体空间格局。

以江津区中山镇为例。江津区中山镇表现出以58、66号居民户为最高度数中心度的社会网络结构，是该镇社会关系维系的中心节点，在进行空间格局保护规划时，可确定58、66、114号居民户所在的区域范围为主要空间节点，围绕这些居民户布置一级空间活动场所；围绕33、11、3、87、88号等居民户所在的二级空间节点区域范围设置二级空间活动场所；围绕23、26、103号等居民户所在的三级空间节点区域范围设置三级空间活动场所（图2-74）。

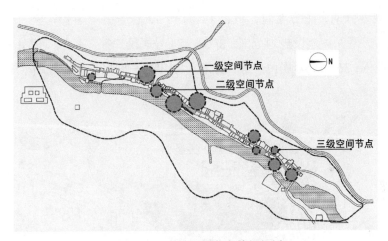

图2-74　中山镇空间节点等级规划

3. 历史地区建（构）筑物的分类保护更新

历史地区建（构）筑物的分类保护更新，可依据社会网络的切点成分指导重点建筑保护，依据社会网络的中间中心性、"K-核"成分与Lambda集合指导建筑保护更新，进而共同指导历史地区建（构）筑物的分类保护更新。

在建（构）筑物保护工作中，根据历史地区社会网络切点成分的计算与分析，可确定历史地区的重要节点与关键性人物，指导各级重点建筑的保护。以巫溪县宁厂镇为例。其社会网络结构中的切点数目为5，切点比例为1.72%，脆弱程度相对较高。巫溪县宁厂镇的切点居民户为54、60、45、46与47号。这些居民户是历史地区社会网络保护的关键节点，有必要将其所在的建筑作为重点保护建筑来考虑，并划定其所在区域范围为重点建筑保护区（图2-75），从而起到保护社会网络、"人""物"齐保的作用。

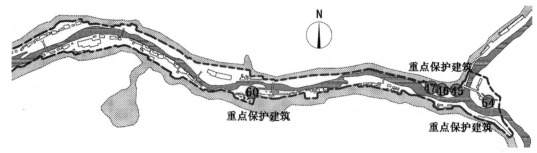

图2-75 宁厂镇重点建筑划定

4.历史地区保护规划分期实施方案

依据历史地区社会网络"K-核"成分的计算与分析,可指导历史地区保护规划的分期实施。具体而言,根据"K-核"成分的高低分别划定分期建设范围。

以大足区铁山镇为例。大足区铁山镇的"K-核"最大值为6,"6-核"比例为28%。在进行保护规划分期实施方案时,可将14、13、12号居民户等"6-核"成分所在的区域范围划定为一期保护建设规划范围;将33、24号居民户等"4-核"成分划定为二期保护建设规划范围;36、46号居民户等"2-核"划定为三期保护建设规划范围(图2-76)。

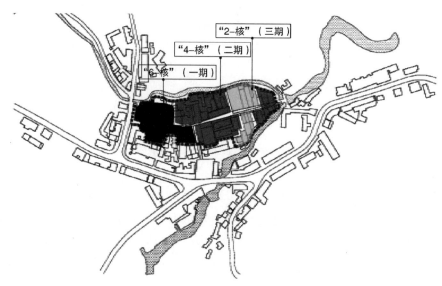

图2-76 铁山镇公共空间分期保护规划

2.5 本章小结

本章以保护历史地区为导向,通过构建历史地区的社会网络模型,在分析历史地区社会网络结构稳定性、脆弱性及物质更新与社会网络保护关联性的基础上,得出一些基本结论，并提出历史地区社会网络结构自身保护与强化，以及基于社会网络的物质形态规划策略。主要结论包括以下三个方面：一是采用社会网络分析方法构建重庆历史地区的社会网络模型。二是历史地区社会网络的稳定性、脆弱性、结构均衡性等结构分析以及物质更新与社会网络保护之间的相关性分析。三是提出对历史地区社会网络自身的保护以及基于社会网络保护的物质形态规划策略。

第3章 城镇尺度：重庆市主要城区医疗协作网络及设施规划 ❶

　　医疗卫生事业关系亿万人民的健康和幸福，是我国城乡社会发展的民生问题之一 ❷。但医疗资源总量不足、质量不高、结构与布局不合理、服务体系碎片化等问题依然突出 ❸，难以满足居民就医多元化和医疗服务连续性的需求 ❹[165～167]。国家持续开展医疗卫生体制改革，完善基本医疗卫生制度；新型城镇化发展战略进一步提出城乡医疗卫生设施均等化建设 ❺。推动公立医院等各级各类医疗卫生机构改革，构建体系完整、分工明确、功能互补与密切协作的医疗卫生服务体系，缓解资源总量不足和服务体系碎片化等问题，是医疗卫生事业的发展趋势。长期以来，医疗卫生设施规划采取"千人指标"定规模及"服务半径"定布局的技术模式。这种脱胎于计划经济体制的传统技术模式，立足于设施个体"服务半径"空间上的全覆盖，较少考虑医疗卫生服务体系中设施、机构、医生和病人等不同行为主体之间存在的医疗卫生服务和协作关系，与居民医疗服务需求及国家医疗改革趋势不相适应。为此，尝试在城乡规划学和复杂网络理论的交叉领域，借鉴社会网络分析的方法与原理，从居民就医行为和活动出发，把医疗卫生服务体系中不同行为主体的相互作用和关系作为研究对象，分析医疗卫生设施作为一个复杂系统的总体行为，研究这一复杂系统的共享开放与协同建设发展规律，探索建立与之相匹配的医疗卫生设施建设规划基本原理和技术方法。

3.1 医疗卫生设施建设情况与问题

3.1.1 国内外医疗卫生设施研究概述

1. 研究发展阶段

　　国外医疗卫生设施规划建设起步较早，理论发展大致分为研究缘起、设施均等化研

---

❶ 本章在胡羽同志硕士论文研究基础上改写。

❷ 详《中共中央国务院关于深化医药卫生体制改革的意见》（中发〔2009〕6号），2009年3月17日。

❸ 详《全国医疗卫生服务体系规划纲要（2015-2020年）》（国办发〔2015〕14号），2015年3月6日。

❹ 医疗服务的连续性是指病人获得不同组织提供的连续的、协调的、不间断的服务，通常包括多学科的连续性、人际关系的连续性和信息的连续性。

❺ 2005年，党的十六届五中全会首次提出"公共服务均等化"。2012年，国务院常务会议讨论通过了《国家基本公共服务体系"十二五"规划》，这是国家首次将基本公共服务体系的建设纳入国家级的专项规划中。2014年，《国家新型城镇化规划（2014—2020年）》提出了公共服务设施均等化布局要求。

究、服务均等化研究三个阶段（表3-1）。

国外医疗卫生设施的规划建设研究阶段与理论发展　　　　　　表 3-1

阶段	时间	理论或事件	研究内容	图示	影响
研究缘起	19世纪末~1930年代	田园城市理论	城市构建一系列的同心圆，保留永久性绿地以限制城市膨胀，医疗卫生设施与其他公共服务设施作为一个整体，一同布局在圆心附近	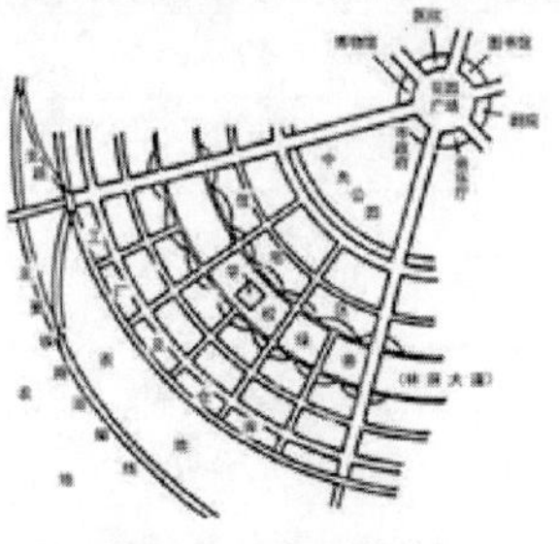 霍华德的"田园城市"[168]	医疗卫生设施主要是作为城市配套进行规划布局，未单独提出相关理论，但田园城市布局思想反映了医疗卫生设施的公益性、共享性等特点
设施均等化研究	1930~1990年代	邻里单位、扩大小区等	公共服务设施（包括医疗卫生设施）划分了区域—社区等级，医疗卫生设施进行分级配套、按照服务半径布置	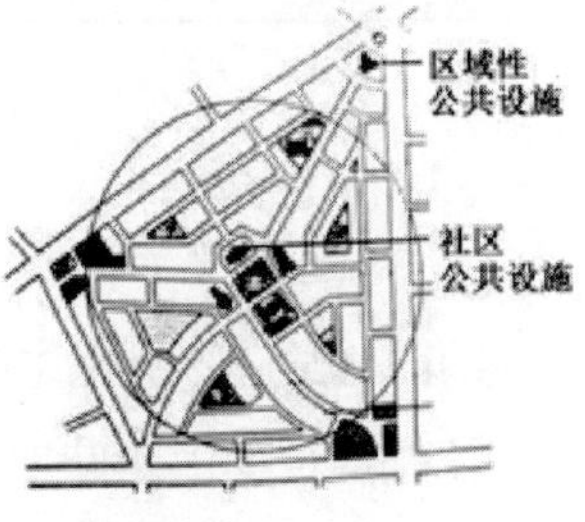 佩里的"邻里单位"[169]	医疗卫生设施被纳入到居住区配套设施规划中，逐渐形成了系统的、量化的和稳定的居住区配套模式
服务均等化研究	1990年代至今	医疗体制改革研究增多	公共服务设施（包括医疗卫生设施）与心理学、行为环境学、智能管理、大数据等多学科交叉研究	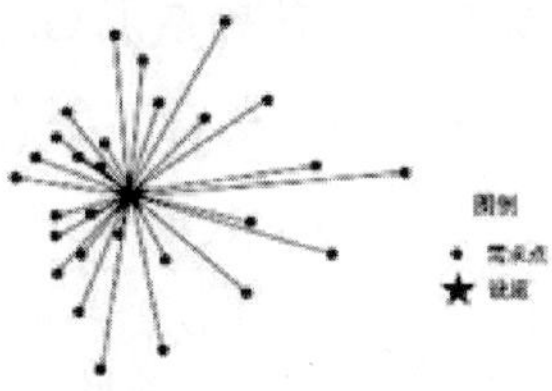 最短出行距离模型[170]	医疗卫生设施的研究逐渐脱离居住区的限制，向多元化、人文化和数据化发展

　　我国医疗卫生设施的规划研究起步较晚，整体而言亦经历研究缘起、设施均等化研究、服务均等化研究三个阶段（表3-2）。

国内医疗卫生设施的规划建设研究阶段与理论发展　　　　　　表 3-2

阶段	时间	理论或事件	影响
研究缘起	新中国成立后	医疗卫生设施由政府按照国家投资计划建设	公共设施的研究围绕规划建设标准的制定而展开，满足基本生活需求，以福利形式供给
	1964年	国家建委在调研基础上，提出了公共设施建设的指导性建议	对以后一段时期内的公共服务设施建设起到推动作用
	1980年	国家建委颁布了《城市规划定额指标暂行规定》	提出医疗卫生设施等级划分办法，对城市规划各阶段的公共服务设施的定额指标作出具体规定

续表

阶段	时间	理论或事件	影响
研究缘起	1990 年	建设部颁布了《城市用地分类与规划建设用地标准》GB 50137—1990	对城市公共设施进行分类、分级，规定了医疗卫生设施的人均建设用地指标和医疗卫生设施用地占比
设施均等化研究	1993 年	建设部编制了《城市居住区规划设计规范》GB 50180—1993	进一步明确公共服务设施分类和量化的标准，规定公共服务设施的配套方式和标准
	2002 年	《城市居住区规划设计规范》修编	影响广泛，沿用至今
服务均等化研究	2008 年	建设部颁布了《城市公共设施规划规范》	对不同规模城市的人均规划用地指标和其占总建设用地的比例作出明确规定
	2012 年	国务院常务会议通过《国家基本公共服务体系"十二五"规划》	国家首次将基本公共服务体系的建设纳入国家级的专项规划中
	2014 年	《国家新型城镇化规划（2014—2020 年）》的公共服务设施均等化布局要求	进一步提升公共服务设施的布局专项规划的高度

2. 主要研究内容

1）国外研究

国外专门针对医疗卫生设施规划的研究主要包括资源配置、空间可达性等。资源配置方面，Bullen N. 等人应用 GIS 对英国西萨塞克斯郡的社区医疗服务层次和服务范围进行了可达性分析[171]。Parker E. B. 等人运用患者邮政编码携带的地理信息，应用 Arc/Info GIS 软件和 Oracle 关系数据库，并总结了 GIS 软件的重要作用[172]。Kumar N. 应用位置分配模型，分析了印度两个区域的医疗卫生设施服务效率，证明了公立、私人和民营医疗卫生设施选址的不公平[173]。Shortt N. K. 等人运用多维区域分析计算，修正了原有分析方法中单一的平均距离法，计算了医疗卫生服务区范围[174]。Murad A. A. 应用 GIS 分析方法，以沙特阿拉伯的 Jaddah 城市为例，进行了医疗卫生服务区划分和医疗中心选址[175]。Taylor D. M. 等人研究了 GIS 方法在杰斐逊县医疗区域划分过程中的作用，肯定了 GIS 方法的重要性[176]。总体而言，服务区划分以及医疗卫生设施的选址从传统的地理就近原则，向更科学的量化分析发展，并逐步关注人群需求。

空间可达性方面，Bixby 以各个医疗机构的规模等级和空间距离加权为基础构建了综合可达性指标。Lwasa S. 以乌干达的卫生服务规划为例进行了医疗机构可达性分析，其对人口数据的分析采用方格网（grid）方式而非按照居民点划分单元，这给数据收集带来困难，但便于 GIS 的数据处理[177]。Khan M. 等人以孟加拉国紧急产科护理为例，通过最小化成本的相关计算，确定护理机构的服务半径，提出布局策略[178]。Munoz U. H.、Källestål C. 分析居民接近附近社区医疗卫生设施的三种出行方式（行走、自行车和公交车），并综合考虑人口分布、地形地貌、用地特征等，建立了卢旺达初级医疗卫生设施的覆盖模型[179]。总体而言，医疗卫生设施空间可达性研究的侧重点是服务半径研究。

后期的研究还逐渐开始关注农村地区的医疗卫生设施建设[180]，以及医疗卫生设施的管理、监督等[181~183]。

2）国内研究

国内研究内容主要包括相关规范和标准体系的研究，以及规划布局的选址、优化等物质建设。

相关规范及标准体系研究层面，陈阳等分析了南京市城乡医疗卫生设施的分类及配置标准[184]。余珂等以广州市为例，提出了医改背景下设施的配置标准与规划编制方法，使用GIS技术分析综合医院的服务水平，并提出规划布局建议[185]。范小勇结合天津市医疗卫生设施布局规划，研究了设施分类体系、用地规模、空间布局等，探讨了社会转型期公共设施编制办法的转变[186]。

物质建设研究层面，林伟鹏等通过分析医疗卫生体系对各个城市医疗卫生设施规划的影响，提出二层医疗服务框架和相应的规划布局建议[187]。孙婧等对比分析广州与高雄的社会发展、医疗水平和医疗政策等的影响，提出医疗卫生设施配置分析和发展趋势建议[188]。王雪涓以金华市为例，通过分级规划优化了原有医疗卫生设施布局，形成服务网络，提高服务效率[189]。吴建军等以河南省兰考县为例，使用GIS技术和空间可达性指标评估医疗设施的区域分布特征，选择人均医疗资源分配、就医的最近距离、选择医院的机会、重力模型及改进的重力模型等五个空间可达性模型，计算了医疗设施可达性指标，并制作了相应的专题地图，在此基础上对医疗设施的空间布局进行分析[190]。周小平应用GIS技术分析了医疗卫生设施的空间可达性并提出布局优化建议[191]。

研究空间尺度包括区域、城镇及社区各个层面。区域尺度上，杨宜勇等人研究了全国各省医疗卫生均等化建设现状与问题[192]；俞卫使用全国的面上数据，研究了医疗卫生均等化建设与地区经济的关系[193]；张文礼等研究了甘青宁地区的医疗卫生设施均等化现状[194]；张义等运用运筹学方法建立区域资源分布优化模型，探讨区域卫生资源的最优分布及最优利用等问题[195]。城镇尺度上，较多以单个城市为例进行具体的空间布局、相关规划的研究分析，研究的城市范围遍布全国[184, 188, 196~200]。社区尺度上，主要研究医疗卫生设施的配套问题等[201~204]；此外，研究城乡、乡村医疗卫生设施现状及布局优化的文献也大量涌现[205, 206]。总体而言，研究尺度覆盖范围广，但主要以地理覆盖范围的大小作为层次的划分因素，较少考虑使用者需求。

3）国内外研究内容对比分析

国内外医疗卫生设施的研究既有联系又有区别（表3-3）。

国内外医疗卫生设施专项规划理论发展区别与联系　　　　表 3-3

		国外	国内
联系		研究内容：对于设施布局、空间可达性比较关注； 研究方法：理论结合案例研究法，并采用 GIS、遗传算法等技术方法	
区别	关注点	资源配置研究，空间可达性研究	物质建设研究，相关规范及标准体系研究
	时间阶段	起步较早，1990 年代逐步发展	起步较晚，21 世纪初逐步发展
	研究对象	医疗机构分类更细化，倾向于对特定的医疗设施进行研究	医疗机构分类较为粗放，倾向于整体研究
评述		医疗卫生设施研究较为广泛，研究内容逐渐从物质的定性研究向定量研究、人文研究转变	医疗卫生设施的规划建设以物质研究为主，多基于物质建设的现状及问题，讨论优化策略等，较少关注居民的就医需求，从需求出发研究设施规划建设的不足

3. 主要研究方法

研究医疗卫生设施规划建设的主要方法有 GIS、遗传算法和运筹学方法等。GIS 方法在国内运用较多，主要进行医疗卫生设施服务的最短、最佳路径分析等，从可达性角度讨论选址和布局 [207～209]；遗传算法是进行全局搜索，选择最优结果的技术方法，对于条件选择和优化等问题具有通用性 [210～212]，刘萌伟等人基于 Pareto 多目标算法修正遗传算法，进行了深圳市医院选址的研究 [213]；运筹学是用数学和计算的理论与方法解决系统最优问题 [214, 215]，张义等采用运筹学的方法，以医疗机构负担和居民需求为参数，建立区域卫生资源分布优化模型，解决区域卫生资源在空间分布上的最优分配及最优利用问题 [216]。但运筹学将实际问题构建成数学模型，有可能简化了问题，不能反映现实。

各类研究方法适用性不同，研究侧重点不同，亦具有不同的优缺点（表 3-4）。GIS 研究方法侧重于物质空间计算，遗传算法和运筹学偏向于基于医疗卫生设施的发展趋势与现状存在的问题解决优化。总体而言，可以看出医疗卫生设施规划逐渐从定性分析向定量分析转变，并开始关注人的需求对设施规划建设的影响，体现出了以人为本的研究思想。

医疗卫生设施规划建设的相关研究方法对比　　　　表 3-4

方法	主要运用	主要优势与不足
GIS	可达性	优势：综合考虑多种空间要素 不足：缺乏人文关注
遗传算法	选址及选址优化	优势：综合考虑多个影响因子 不足：算子参数主要为经验值；缺少人文关注
运筹学	资源分配	优势：可考量人群需求 不足：模型不能全面反映现实

4.研究综述评述

（1）医疗卫生设施规划是城乡规划学科的基本内容之一，研究内容主要包括设施选址和布局模式、辐射范围和服务半径、覆盖率和可达性、配置成本和标准、规划决策等问题。现有研究主要集中于个体医疗卫生设施研究，设施个体之间相互关系的研究较少。

（2）医疗卫生设施的规划研究逐渐关注人的需求。随着城乡公共服务设施建设均等化理论从基于"地"的供给均等化转向基于"人"的需求均等化研究，医疗卫生设施的研究重心也从物质空间转向服务需求研究。国外相关研究逐步开始注重将人的需求融入到研究中，或修正模型，或作为主要影响因子进行计算，体现出人文关怀。国内的研究现阶段以物质研究为主，较少考虑到人的需求。

（3）研究方法上，逐渐从定性转向定量研究。积极运用GIS、经济数据、面上数据、重力模型、空间数据挖掘和知识发现、神经网络和模糊层次分析、遗传算法及运筹学等方法，定量化分析医疗卫生设施的规划研究是一个必然的趋势。

3.1.2 重庆市主要城区医疗卫生设施建设现状与问题

1.重庆市主要城区医疗卫生设施建设现状

重庆地区最早的医疗活动可追溯到新石器时代晚期，巫山大溪文化遗址出土了两枚骨针；明清时期，依托两江交汇的水上运输优势，重庆成为西南乃至全国的药材集散地，中药店铺遍布巴蜀地区。

重庆近、现代医疗卫生事业的发展源于19世纪。中国国门打开，西方传教士陆续到来并发展教会医院，西医得以传播。自此以后，重庆医疗卫生设施逐步发展，以新中国成立为界，分为近代和现代两个发展时期：近代阶段发展较为缓慢，但奠定了医疗卫生设施布局的基本格局；现代阶段医疗卫生设施快速发展，医疗卫生水平逐渐提升。

1）近代发展阶段

近代自重庆开埠算起，可细分为1877～1911年、1912～1937年、1938～1944年、1945～1949年四个时期[217]❶。

1937年以前主要发展教会医院、慈善医院和公立医院，并以渝中半岛及其附近为中心，向四周呈离散的点状扩散（图3-1、图3-2）。1911年以前主要发展了教会医院，四所主要的教会医院分布在临江门、金汤街、南岸玄坛庙等地，呈点状布局。1937年以前重庆本土医院逐渐兴盛，红十字会等相继建立，此时的医院选址向西南方向拓展，主要选址于临江门、九尺坎、通远门、五福宫、南纪门、中山祠、观音岩等，渝中半岛的医院数量快速增加。

---

❶ 医疗卫生设施数量见附表3-A重庆市主城区主要医疗卫生机构统计表（1892～1949年）。

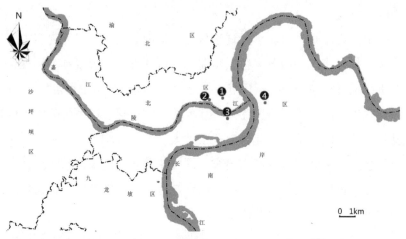

图3-1　1877～1911年重庆医疗卫生设施空间布局❶

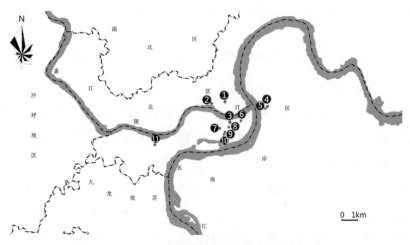

图3-2　1912～1937年重庆医疗卫生设施空间布局

　　1937年后,以公立医院和军医院为主快速发展,向东、西方向拓展,点状分布向密集发展(图3-3)。抗战爆发之后,重庆成为战时陪都,大量的医院、医学院校及其附属医院迁至重庆,向歌乐山、大渡口、唐家沱、化龙桥、相国寺、弹子石等地区发展,由渝中半岛向现在的沙坪坝区、江北区、巴南区等地拓展。

　　1945年后,医院数量下降,但医院布局范围向南拓展,密集的点状布局恢复到离散状(图3-4)。歌乐山地区的医院数量减少,医院主要分布于渝中区、沙坪坝、江北区、九龙坡区和巴南区等。

　　近代发展阶段重庆市主要城区的医疗卫生设施发展有如下特点:首先,医疗卫生设施的拓展与城市发展方向一致。医疗卫生设施以渝中半岛为核心,向四周逐渐扩散发

---

❶　图3-1～图3.4中所标的医疗卫生设施序号参见附表3-B。

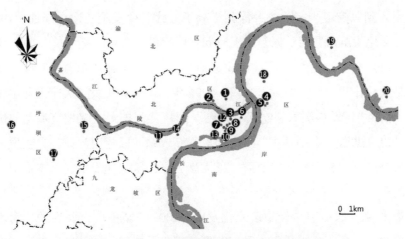

图3-3　1938～1944年重庆医疗卫生设施空间布局

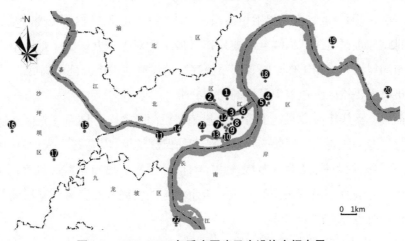

图3-4　1945～1949年重庆医疗卫生设施空间布局

展，渝中半岛设施较密集，外围逐步减少，后期发展的渝北、大渡口等地的数量相对更少。其次，医疗卫生设施选址缺乏整体规划，布局不均衡。据记载，渝中区拥有 10 所设施，渝中区金汤街集中了 4 所设施，其他如沙坪坝区、九龙坡区和巴南区等面积较大的区域，仅有 1 ～ 2 所设施。

2）现代发展阶段

新中国成立以后，重庆市主要城区医疗卫生设施总量稳步增长。医疗卫生事业的发展细分为 1949 ～ 1978 年、1979 ～ 2009 年、2010 年至今三个时期。

1949 ～ 1978 年，医疗卫生体系逐步建立，医疗卫生设施恢复发展。由于长期的战乱，新中国成立初期，国民健康指标极其恶劣，政府开始建设医疗卫生体系，自上而下迅速建立起包括国家、省、市、县各级卫生防疫站、妇幼保健站、卫生宣教机构。

1979 ～ 2009 年间，医疗卫生设施市场化发展，发展迅速。改革开放以后，市场机制逐步被引入到医疗卫生行业中，深刻影响了医疗卫生设施的建设局面。1979～1984年间，是"文化大革命"后的恢复发展时期，医疗设施数量缓慢增长。1985年后，市场化被引入到医疗事业的发展中。卫生部发布《关于卫生工作改革若干政策问题的报告》，核心思想是放权让利，扩大医院自主权。1992年，国务院下发《关于深化卫生改革的几点意见》，按照"建设靠国家、吃饭靠自己"的精神，扩大了院长负责制的试点，并要求医院在"以工助医、以副补主"等方面取得新成绩。医疗卫生设施自主发展，政府财政投入比重缩减，农村合作医疗瓦解，各大型公立医院快速发展，基本形成了公立医院一统天下的局面。

2010年以来，医疗卫生设施多元化发展。2009年新医改全面启动，医疗卫生设施逐年稳步增加，基层医疗卫生设施及民营医疗卫生设施建设加速，逐渐形成多元化发展趋势。2009年国务院发布文件，对重庆市卫生事业和教育事业提出改革试点的明确要求 ❶；2012年，中国卫生部与世界卫生组织针对中国西部启动"西部卫生行动"项目，重庆市为首批试点地区之一；2014年，重庆市开展了针对主城九区的《重庆市主城区医疗卫生设施布局规划》编制工作，将重庆市医疗卫生设施建设提升到新高度。

2. 重庆市主要城区医疗卫生设施的问题分析

整体而言，重庆市主要城区医疗卫生设施建设门类齐全，体系完整。从功能上来说有综合医院、专科医院、中医院、疗养院、妇幼保健院等；从等级上来说有三级、二级、一级及以下等级的设施；从服务范围来说，有区域医院、城市医院和社区医院等；从资金来源来说，有公立、民营医院等。医疗卫生设施的发展逐渐完善，基本满足居民的日常需求，但同时也存在诸多问题。

1）医疗卫生设施总体数量不足

通过对比重庆市主城区、重庆市及其他西南地区城市（表3-5）可知，重庆市主要城区的医疗机构千人指标高于重庆市和全国平均水平，但比四川、云南、贵州低；医师日均负担诊疗人次低于重庆市和云南地区，高于四川、贵州等地，同时病床使用率也偏高，说明医师和病床仍然短缺，侧面反映了重庆主要城区医疗卫生设施存在数量不足的问题。

西南片区主要城市部分医疗卫生数据　　　　　　表3-5

	医疗机构千人指标（个/千人）	医师日均负担诊疗人次	病床使用率（%）
重庆市主城区	0.48	7.6	91.04
重庆市	0.41	8.2	89.62
四川	0.87	7.2	96.70
云南	0.50	8.0	88.70

❶ 国务院.《关于推进重庆市统筹城乡改革和发展的若干意见》（国发〔2009〕3号）。

续表

	医疗机构千人指标（个/千人）	医师日均负担诊疗人次	病床使用率（%）
贵州	0.75	5.1	87.10
全国	0.07	7.3	89.00

资料来源：根据《2013 年中国卫生统计年鉴》《2013 年重庆卫生事业发展统计公报》《重庆市主城区医疗机构设置规划（2011—2015 年）》相关数据整理。

2）医疗卫生设施空间分布不均衡、片区差异大

重庆市主要城区包含渝中区、江北区、南岸区、九龙坡区、沙坪坝区、大渡口区、渝北区、巴南区、北碚区共 9 个行政区，9 区医疗卫生设施的空间分布不均衡。发展至今，医疗卫生设施形成如图 3-5 所示布局图，渝中区医疗卫生设施密集，巴南区、大渡口区、渝北区、北碚区医疗卫生设施较稀少。

图3-5 重庆市主要城区主要医疗卫生设施布局图❶

选取三级综合医院、床位千人指标、医疗卫生设施千人指标、医疗卫生设施密度、卫生技术人员千人指标、医师千人指标、病床使用率和医师日均负担诊疗人次八个指标，分别从医疗卫生设施的硬件资源、人均覆盖、空间覆盖、人力资源、服务效率五方面评

---

❶ 图中的数据根据《2014 年重庆市卫生统计年鉴》中的相关数据整理。

价分析医疗卫生设施的均等化程度 ❶（图 3-6）。

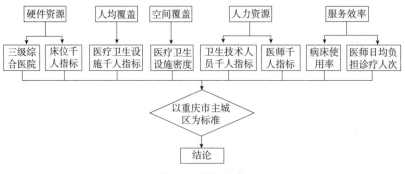

图3-6　分析思路

数据显示，渝中区大部分指标远高于其他各区，医疗卫生设施建设远高于其他八区，仅医疗卫生设施的人均数量一项指标排在第四。其他八个行政区各项数据排序不一，区域内医疗卫生设施建设存在不同的短板，表现为医疗卫生设施建设数量不足，空间密度均小于整个主城区，人均千人指标与密度均较低，医疗效率亦不高。其中，渝北区各类指标均偏低。

在空间分布上，重庆市主要城区医疗卫生设施没有达到全覆盖，存在较多的空白区域，部分医疗卫生设施过于集中；人均分布上，部分行政区人均享有的医疗卫生设施和床位均较少（表 3-6）。

主要城区与主城区的医疗卫生数据对比表　　　　　　　　表 3-6

主要城区	三级综合医院（个）	床位千人指标（床/千人）	医疗卫生设施千人指标（个/千人）	医疗卫生设施密度（个/km²）	卫生技术人员千人指标（人/千人）	医师千人指标（人/千人）	病床使用率（%）	医师日均负担诊疗人次（人次）
渝中区	7	13.19	0.57	15.14	16.76	6.42	99.09	8.7
沙坪坝区	2	5.56	0.35	0.88	5.12	1.94	89.07	7.9
南岸区	2	3.82	0.42	1.16	5.77	2.38	89.84	7.3
江北区	2	5.76	0.46	1.59	8.25	5.14	107.05	8.0
北碚区	1	4.57	0.62	0.56	3.33	3.02	93.64	7.3
九龙坡区	0	5.53	0.53	1.35	7.06	2.98	88.80	7.3
大渡口区	0	3.84	0.45	1.30	3.34	1.29	80.07	6.2

❶ 两个标准是用于对比参照，第一个标准是以全国医疗卫生事业发展水平较高的北京为参考，第二个标准是以重庆市主城区平均水平为参考，超过第一个标准，则医疗卫生设施建设超过全国较高水平，判断医疗卫生设施建设过量，低于第二个标准，则医疗卫生设施建设低于重庆平均标准，判断医疗卫生设施建设不足，处于两个标准之间，判断医疗卫生设施现阶段建设问题不突出。

续表

主要城区	三级综合医院（个）	床位千人指标（床/千人）	医疗卫生设施千人指标（个/千人）	医疗卫生设施密度（个/km²）	卫生技术人员千人指标（人/千人）	医师千人指标（人/千人）	病床使用率（%）	医师日均负担诊疗人次（人次）
巴南区	0	3.9	0.66	0.33	2.88	1.8	90.57	8.1
渝北区	0	3.28	0.36	0.33	2.49	2.26	74.54	7.5
主城区	1.56	5.62	0.51	2.59	6.56	3.25	90.30	7.58

资料来源：《2013年重庆卫生统计年鉴》、《2013年重庆市卫生事业发展统计公报》、《2013年中国卫生统计年鉴》。

3）优质资源数量不足、分布不均

以质量分布而言，三级医院的资源仍然处于供不应求的状态，优质医疗资源数量不足。三级医院资源部分行政区过于集中，部分行政区建设存在空白。14所三级医疗卫生设施，渝中区建有7所，沙坪坝区、南岸区和江北区各建有2所，北碚区建有1所，而九龙坡区、大渡口区、巴南区和渝北区未建，优质资源大量集中在渝中区，分布不均衡（图3-7）。

图3-7 重庆市主城区三级医院分布图

4）问题总结

上述分析汇总表明，重庆市主城区医疗卫生设施普遍存在数量不足、空间覆盖不足、优质资源和服务效率不足等问题（表3-7）。

重庆市主城区各区县医疗卫生设施现状问题汇总表　　　　表 3-7

主要城区	建设过量	硬件不足	人均覆盖不足	空间覆盖重复	空间覆盖不足	优质资源过量	优质资源不足	服务效率不足
渝中区	√			√		√		√
沙坪坝区		√	√		√			√
南岸区		√	√		√			√
江北区		√	√		√		√	
北碚区					√		√	√
九龙坡区		√			√		√	√
大渡口区			√		√		√	
巴南区					√		√	
渝北区		√	√		√		√	√

3.1.3　重庆市主要城区医疗卫生设施的问题成因

造成重庆市主城区医疗卫生设施建设结构性失衡的原因总结起来有以下两方面：

第一，医疗卫生设施建设发展的历史原因。一方面，公共设施规划与医疗设施专项规划起步迟，仍存在管理滞后、资金短缺等现象，医疗卫生设施的建设问题凸显。医疗卫生设施专项规划直到近些年才得到重视，发展时间较短。另一方面，医疗卫生设施自发形成，受社会经济发展水平的影响，渝中区、江北区、沙坪坝区医疗卫生设施建设较完善，较晚发展的其他行政区建设较薄弱，重庆医疗卫生设施的建设现状是在整个历史发展中就已奠定了基本格局。

第二，传统城乡规划模式的局限性。首先，传统规划布局模式更注重个体医疗卫生设施的控制。千人指标、服务半径等指标均是针对单个设施的属性指标。仅研究个体属性难以解决设施布局中的相对关系与结构层次问题。其次，规划缺乏对建设的持续性指导。传统的"蓝图式"规划布局模式，千人指标和服务半径均是基于人口规模和用地规模的阶段性预测结果，缺乏时间上的动态指导：新建片区的土地拓展和人口增长存在时间差，千人指标和服务半径的计算结果不尽相同；建设周期往往导致设施发展滞后于人口发展，什么阶段配置什么级别的设施在传统规划布局中没有界定；静态布局模式较难梳理新建设施与已建设施间的关系。最后，居民就医需求发生变化。传统的居民就医体现为"一站式"看病，在新的社会发展阶段，"寻名医"、"择优而医"等现象屡见不鲜，患者大多根据不同需求选择医院，居民就医流动性、连续性和多元化趋势日趋明显。

3.2 医疗卫生设施网络模型构建

3.2.1 整体思路

1. 医疗卫生设施的网络化研究

传统规划布局模式长时间内指导了我国医疗卫生设施的建设与发展。过去40年的快速城镇化建设，习惯于对新的医疗设施进行规划、选址和布局，而较少考虑以现有设施为基础，通过协作互助提升效率来缓解总量不足的矛盾。构建适应分级诊疗和协作服务的医疗卫生设施体系，是城乡规划建设面临的新课题。为此，从网络结构观的角度，尝试采用网络分析方法构建医疗卫生设施的网络模型，提出空间物质规划与建设模式，指导医疗卫生设施的物质空间建设，促进医疗资源有效配置，实现医疗卫生设施的布局均等化与服务均等化，满足居民的切实需求，缓解看病难题。

2. 语义模型

医疗卫生设施个体设施在结构上存在关联，存在隐性关系，可借助社会网络分析方法与思维来构建模型与分析。构建医疗卫生设施社会网络模型的核心，是确定有效的"点"和"线"，总体上分为四步。第一，选取研究样本，即在主城九区中选择具有代表性的行政区；第二，明晰社会网络模型的语义模型，明晰模型的"点"和"线"的含义，并选择有效的"点"和"线"；第三，根据确定的"点"和"线"，进行数据调研、收集和整理，形成邻接矩阵；最后，构建社会网络模型。

1）社会网络模型中的"点"

医疗卫生设施可以理解为社会行动者，是社会网络中的"点"。按功能划分，医疗卫生设施分为医疗服务设施和公共卫生服务设施两类❶；按等级划分，医疗卫生设施可分为三级十等❷；按资金来源划分，医疗卫生设施可分为公立和民营两类。

充分考虑分类的全面性、均衡性和设施的数量规模以及居民就医的频繁性，本章主要筛选了医疗服务设施中的综合医院❸、社区卫生服务中心、社区卫生服务站，并将单个设施抽象为一个独立点，作为社会网络模型中的"点"。具体原因是医疗服务设施作为城市医疗卫生设施的主要组成部分，基本囊括居民日常就医的医疗机构，其包含的医疗

---

❶ 根据《重庆市城乡公共服务设施规划标准》DB 50/T 543，医疗卫生设施包括医疗服务设施和公共卫生服务设施两类：a）医疗服务设施包括：综合医院、中医医院（含中西医结合医院）、社区卫生服务中心、乡镇卫生院、社区卫生服务站、村卫生室（所）等。b）公共卫生服务设施包括：妇幼保健院（所）、精神专科医院、疾病预防控制中心、卫生监督所、血库、急救中心等。

❷ 根据卫生部《综合医院分级管理标准（试行草案）》的规定，我国医院分为三级十等。根据医院的任务和功能的不同分为三级，即一级医院、二级医院和三级医院，还根据各级医院的技术水平、质量水平和管理水平的高低，并参照必要的设施条件，分别划分为甲、乙、丙等，三级医院增设特等，因此总共分为三级十等。

❸ 根据不同的标准，医院可以划分为不同类别。按照服务范围，医院分为省部级医院、市级医院、区级医院、阶段医院等；按照技术特点，医院分为中医医院、西医医院、中西医结合医院等；按照收治种类，医院分为综合医院和专科医院，专科医院可细化为口腔医院、儿童医院、肿瘤医院等；按照资金来源，医院可以分为公立医院、民营医院等。

机构数量众多，就医需求较大，就医矛盾较突出，具有研究意义 ❶。

2）社会网络模型中的"线"

本章中的"线"即为医疗卫生设施之间的相互关系和作用。医疗卫生设施之间存在多种多样的关系连接，主要包含竞争关系和协作关系两种。本研究选取协作关系作为社会网络模型中的"线"。

医疗卫生设施之间的竞争关系，主要包括竞争力、竞争战略以及市场机制等[218~223]。我国医疗卫生事业竞争关系始于 19 世纪 80 年代，随着计划经济时代的结束，医疗卫生体制改革，医疗卫生设施发展由"吃预算"变成自主经营、自负盈亏，转向市场化经营。但我国医疗卫生设施之间的竞争关系并不突出。主要原因是医疗资源稀缺，医疗卫生设施竞争不激烈，根据《世界卫生统计（2014 年）》，我国每万人拥有医师 14.6 人，护士 15.1 人，而英国依次为 27.9 人、88.3 人，美国依次为 24.5 人、55.5 人。换而言之，目前医疗卫生设施建设发展的关键问题是促进协作关系，缓解总量少、优势资源分布不均等发展问题。

医疗卫生设施间的协作发展旨在缓解日益突显的社会问题，整合各级医疗机构。2009 年我国新一轮医改提出构建分级诊疗制 ❷，直面居民流动就医的社会需求，促进社区首诊和双向转诊 ❸。在实践过程中，各省市的医疗卫生设施已逐渐开展协作发展模式：厦门市通过创造性地推行"医疗重组"，将社区医疗服务中心与三级医院整合，实现"捆绑式管理"，大量提高各社区的门诊量；银川市建立"银川市社区卫生服务管理平台"，实现各级设施的对接；沈阳市建立了分级医疗救助制度，合理分配社区与医院资源；杭州市利用医保杠杆，促进医院患者向社区卫生机构转移。

重庆医疗卫生设施协作关系主要有远程医疗关系 ❹、医疗联合体关系 ❺、医疗转诊关系和医疗交流关系等，前两者主要面向区县，后两者主要存在于重庆市主要城区，是本次研究的重点。通过协作发展，可以有效分流病患，提高就医效率，合理优化资源，是当

❶ 中医医院按医学理论、科室诊疗以及针对的病患均有别于其他医疗机构，较难等同而论；乡镇卫生院和村卫生室（所）主要分布于乡镇，重庆主要城区未分布。故本次研究的"点"不包括中医医院、乡镇卫生院和村卫生室（所）。
❷ 分级诊疗即按照疾病的轻、重、缓、急及治疗的难易程度进行分级看病，不同级别的医疗机构承担不同疾病的治疗。
❸ 社区首诊是指社区居民首先在本人选择的定点社区医疗机构就诊，因病情需要转诊的，应由所在社区卫生服务机构办理转诊登记手续，一般情况下，未经社区卫生服务机构办理转诊手续而发生的住院医疗费用，医疗保险基金不予支付。双向转诊是在社区首诊基础上建立的正向和逆向转诊，正向转诊指由下级（社区）医院向上级医院逐级转诊，逆向转诊指由上级医院向下级（社区）医院转诊。
❹ 远程医疗是指通过计算机技术、通信技术与多媒体技术，同医疗技术相结合，旨在提高诊断与医疗水平、降低医疗开支、满足广大人民群众保健需求的一项全新的医疗服务。目前，重庆市实现远程医疗的区县有 11 个，预计到 2015 年，重庆市的三甲教学医院将加入到远程医疗平台中，让 39 个区（县）级医院实现远程医疗全覆盖。
❺ 医疗联合体又称医联体，是将同一个区域内的医疗资源整合在一起，通常由一个区域内的三级医院与二级医院、社区医院、村医组成一个医疗联合体，简单说来，就是从大医院抽调专家，定期到基层社区医院坐诊，如遇大病重病，将享受"医联体"内优化检查绿色通道，直接转到对口三甲医院就诊。

下缓解社会矛盾，满足就医需求的有效途径之一。选取协作关系具有重要的意义：一是为进一步探索医疗卫生设施的协作发展提供研究基础。目前，医疗协作发展仍处于探索阶段，我国各省市积极开展了相关工作，在此基础上，研究医疗卫生设施的协作关系，构建社会网络模型，可以有效地发现问题，总结阶段性的经验，有利于协作发展的科学推进。二是对医疗卫生设施的规划建设发挥指导意义。设施协作发展指导规划建设，规划建设亦反作用于设施的协作发展，两者之间可以相互影响，相互促进，有利于医疗卫生事业的发展。

3.2.2 数据收集与整理

1. 样本选择

本研究主要采用权重赋值法，综合评价重庆主城九区的医疗卫生设施建设水平，并通过分层样本筛选，从中选择具有典型性的区域作为样本进行分析。经过计算，渝中区、江北区、九龙坡区建设水平相对较高，北碚区、沙坪坝区、南岸区和巴南区建设水平一般，大渡口区和渝北区建设水平相对较低（表3-8）。

主城区各区县主要医疗卫生数据计算结果　　　　　　　表3-8

主要城区	三级综合医院评分	床位千人指标评分	医疗卫生设施千人指标评分	医疗卫生设施密度评分	卫生技术人员千人指标评分	医师千人指标评分	病床使用率评分	医师日均负担诊疗人次评分	计算结果
渝中区	9	9	7	9	9	9	2	9	7.9
沙坪坝区	6	7	1	4	5	3	6	6	4.3
南岸区	6	2	3	5	6	5	5	2	4.2
江北区	6	8	5	8	8	8	1	7	6.4
北碚区	5	5	8	3	3	7	3	3	4.8
九龙坡区	1	6	6	7	7	6	7	4	5.7
大渡口区	1	3	4	6	4	1	8	1	3.8
巴南区	1	4	9	1	2	2	4	8	4.1
渝北区	1	1	2	2	1	4	9	5	2.9

根据评价结果，在重庆市主城区医疗卫生建设水平高、中、低三个层级中均选取一个行政区作为研究样本（图3-8）。渝中区、沙坪坝区、大渡口区分别作为医疗卫生建设水平较高、一般、较低行政区的典型代表。

2. 点数据收集

本研究选取渝中区47所医疗机构，沙坪坝区60所医疗机构，大渡口区16所医疗机构为网络模型中的"点"，并根据医疗机构等级，分别编号（表3-9）。图3-9～图3-11分别为渝中区、沙坪坝区和大渡口区的医疗卫生设施空间分布图。

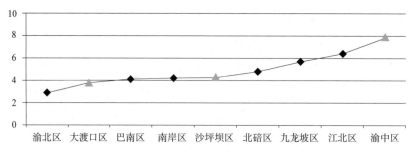

图3-8　重庆市主城区医疗建设水平综合评价结果

渝中区、沙坪坝区、大渡口区的网络节点编号 ❶　　　　　　　表 3-9

	一级设施编号	二级设施编号	三级设施编号
渝中区	Y1 ~ Y37	Y38 ~ Y42	Y43 ~ Y47
沙坪坝区	S1 ~ S54	S55 ~ S58	S5 ~ S60
大渡口区	D1 ~ D12	D13 ~ D16	无

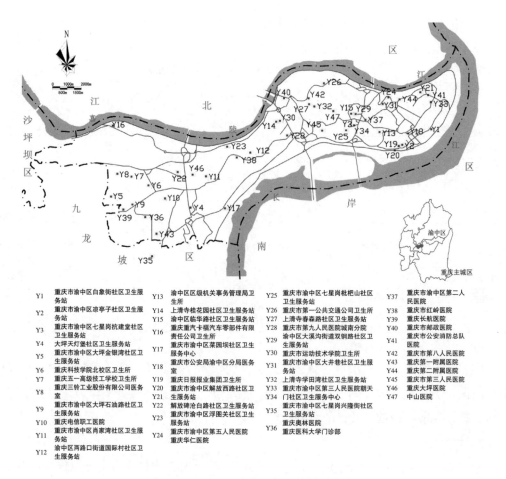

Y1	重庆市渝中区白象街社区卫生服务站	Y13	渝中区区级机关事务管理局卫生所	Y25	重庆市渝中区七星岗枇杷山社区卫生服务站	Y37	重庆市渝中区第二人民医院
Y2	重庆市渝中区凉亭子社区卫生服务站	Y14	上清寺桂花园社区卫生服务站	Y26	重庆市第一公共交通公司卫生所	Y38	重庆市红岭医院
Y3	重庆市渝中区七星岗抗建堂社区卫生服务站	Y15	渝中区临华路社区卫生服务站	Y27	上清寺春路社区卫生服务站	Y39	重庆长航医院
Y4	大坪天灯堡社区卫生服务站	Y16	重庆市重汽卡福汽车零部件有限责任公司卫生所	Y28	重庆市第九人民医院城南分院	Y40	重庆市邮政医院
Y5	重庆市渝中区大坪金银湾社区卫生服务站	Y17	重庆市渝中区菜园坝社区卫生服务中心	Y29	渝中区大溪沟街道双钢路社区卫生服务站	Y41	重庆市公安消防总队医院
Y6	重庆科技学院北校区卫生所	Y18	重庆市公安局渝中分局医务室	Y30	重庆市运动技术学院卫生所	Y42	重庆市第八人民医院
Y7	重庆五一高级技工学校卫生所	Y19	重庆日报业集团卫生所	Y31	重庆市渝中区大井巷社区卫生服务站	Y43	重庆市第一附属医院
Y8	重庆三铃工业股份有限公司医务室	Y20	重庆市渝中区解放西路社区卫生服务站	Y32	上清寺学田湾社区卫生服务站	Y44	重庆市第二附属医院
Y9	重庆市渝中区大坪石油路社区卫生服务站	Y21	解放碑沧白路社区卫生服务站	Y33	重庆市渝中区第三人民医院朝天门社区卫生服务中心	Y45	重庆市第三人民医院
Y10	重庆电信职工医院	Y22	重庆市渝中区浮图关社区卫生服务站	Y34	重庆市渝中区七星岗兴隆街社区卫生服务站	Y46	重庆大坪医院
Y11	重庆市渝中区肖家湾社区卫生服务站	Y23	重庆市渝中区第五人民医院重庆华仁医院	Y35	重庆奥林医院	Y47	中山医院
Y12	渝中区两路口街道国际村社区卫生服务站	Y24		Y36	重庆医科大学门诊部		

图3-9　渝中区医疗卫生设施现状布局图

---

❶　各医疗卫生设施具体的编号参照附表 3-C ~ 附表 3-E。

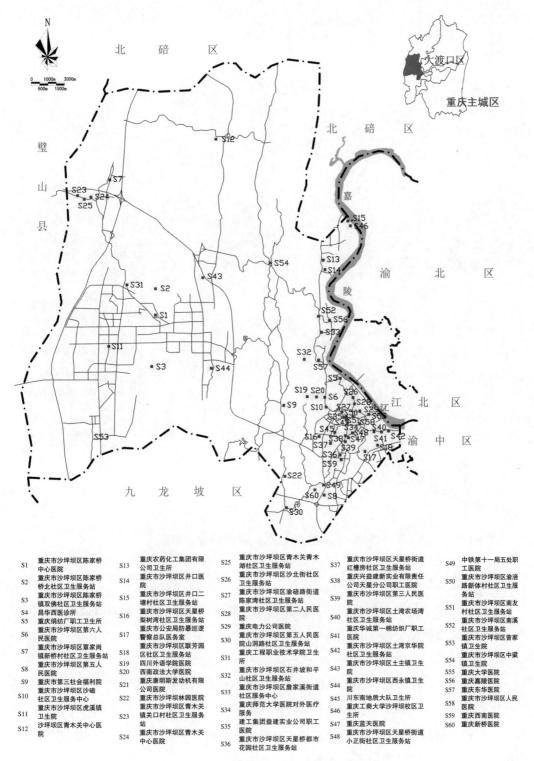

S1 重庆市沙坪坝区陈家桥中心医院	S13 重庆农药化工集团有限公司卫生所	S25 重庆市沙坪坝区青木关青木湖社区卫生服务站	S37 重庆市沙坪坝区天星桥街道红槽房社区卫生服务站	S49 中铁第十一局五处职工医院
S2 重庆市沙坪坝区陈家桥桥北社区卫生服务站	S14 重庆市沙坪坝区井口医院	S26 重庆市沙坪坝区沙北街社区卫生服务站	S38 重庆兴益建新实业有限责任公司天星分公司职工医院	S50 重庆市沙坪坝区渝碚路新体村社区卫生服务站
S3 重庆市沙坪坝镇双佛社区卫生服务站	S15 重庆市沙坪坝区井口二塘村社区卫生服务站	S27 重庆市沙坪坝区渝碚路街道陈家湾社区卫生服务站	S39 重庆市沙坪坝区第三人民医院	S51 重庆市沙坪坝区南友村社区卫生服务站
S4 昌华西医诊所	S16 重庆市沙坪坝区天星桥梨树湾社区卫生服务站	S28 重庆市沙坪坝区第二人民医院	S40 重庆华城第一棉纺织厂职工卫生服务站	S52 重庆市沙坪坝区南溪社区卫生服务站
S5 重庆绢纺厂职工卫生所	S17 重庆市公安局防暴巡逻警察总队医务室	S29 重庆电力公司医院	S41 重庆市沙坪坝区土湾京华院社区卫生服务站	S53 重庆市沙坪坝区曾家镇卫生院
S6 重庆市沙坪坝区第六人民医院	S18 重庆市沙坪坝区联芳园区社区卫生服务站	S30 重庆市沙坪坝区第五人民医院山洞路社区卫生服务站	S42 重庆市沙坪坝区土主镇卫生院	S54 重庆市沙坪坝区中梁镇卫生院
S7 重庆市沙坪坝镇新桥村社区卫生服务站	S19 四川外语学院医院	S31 重庆工程职业技术学院卫生所	S43 重庆市沙坪坝区永嘉镇卫生院	S55 重庆大学医院
S8 重庆市沙坪坝区第五人民医院	S20 重庆康明斯发动机有限公司医院	S32 重庆市沙坪坝区石井坡和平山社区卫生服务站	S44 川东南地质大队卫生所	S56 重庆嘉陵医院
S9 重庆市第三社会福利院	S21 重庆市沙坪坝林园医院	S33 重庆市沙坪坝区詹家溪街道社区服务中心	S45 重庆工商大学沙坪坝校区卫生所	S57 重庆东华医院
S10 重庆市沙坪坝区沙磁社区卫生服务中心	S22 重庆市沙坪坝区青木关镇关口村社区卫生服务站	S34 重庆师范大学医院对外医疗服务	S46 重庆蓝天医院	S58 重庆市沙坪坝区人民医院
S11 重庆市沙坪坝区虎溪镇卫生院	S23 重庆市沙坪坝区青木关中心医院	S35 建工集团益建实业公司职工医院	S47 重庆市沙坪坝区天星桥街道小正街社区卫生服务站	S59 重庆西南医院
S12 沙坪坝区青木关中心医院	S24	S36 重庆市沙坪坝区天星桥都市花园社区卫生服务站	S48	S60 重庆新桥医院

图3-10 沙坪坝区医疗卫生设施现状布局图

113

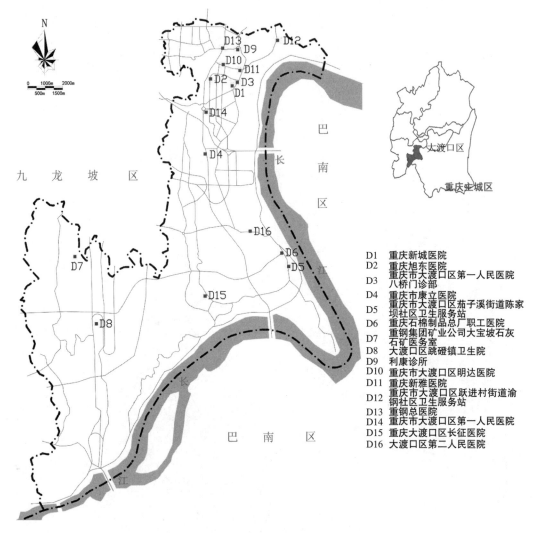

图3-11 大渡口区医疗卫生设施现状布局图

3.线数据收集

本研究主要选取医疗机构间的"协作关系"作为"线",从实际调研情况看,医疗转诊与医疗交流数据是其中的重点。

1)医疗转诊关系数据

转诊是指医疗服务机构根据病情需要,将本单位诊疗的病人转到另一个医疗服务机构诊疗或处理的一种制度。整体来看,重庆市转诊人次逐年增多,但上转和下转人数不对等,下转人数明显少于上转人数;分区域来看,转诊人数渝中区、沙坪坝区均远高于大渡口区,又以渝中区为最多(表3-10)。

重庆市分区县医疗服务设施转诊情况　　　　表 3-10

	上级医院向下转诊人次数				向上转诊人次数			
	2010 年	2011 年	2012 年	2013 年	2010 年	2011 年	2012 年	2013 年
全市	3707	4012	5025	6436	38824	402254	48992	53084
渝中区	35	35	37	39	1796	1803	1845	1904
沙坪坝区	23	25	27	20	233	304	352	382
大渡口区	0	0	0	0	69	62	57	41

资料来源：2010 ~ 2013 年重庆市卫生统计年鉴。

　　调研二级医疗卫生设施的转诊情况主要采用实地走访和深度访谈❶。主要走访了二级医疗卫生设施的医疗科、医务科和医保科等，根据科室主任介绍及查阅医保科报账信息等方式了解到，转诊情况一般有以下特点：一是转诊人数较少，一般情况下，一周转诊人数为 3 ~ 5 人；二是转诊患者多为急救患者，病患通常选择最近机构实施急救，后有需要再转诊；三是就近转诊，由医疗机构协助转出的病患多病情较重，就近转诊能降低转移病患过程中的风险（表 3-11）。

医疗卫生设施的转诊关系（一）　　　　表 3-11

区域	二级医疗卫生设施	转诊接受医院
渝中区	重庆市红岭医院	重庆大坪医院、重庆医科大学附属第一医院
	重庆长航医院	重庆大坪医院、重庆医科大学附属第一医院
	重庆市邮政医院	重庆医科大学附属第一医院、重庆大坪医院、重庆医科大学附属第二医院、新桥医院
	重庆市公安消防总队医院	重庆医科大学附属第一医院、重庆大坪医院
	重庆市第八人民医院	重庆医科大学附属第一医院、重庆大坪医院、重庆医科大学附属第二医院
沙坪坝区	重庆大学医院	西南医院、新桥医院、重庆医科大学附属第一医院、重庆大坪医院
	重庆嘉陵医院	西南医院、新桥医院
	重庆东华医院	西南医院、新桥医院
	重庆市沙坪坝区人民医院	西南医院、新桥医院、重庆医科大学附属第一医院、重庆大坪医院
大渡口区	重钢总医院	西南医院、新桥医院、重庆医科大学附属第一医院、重庆大坪医院、重庆医科大学附属第二医院
	重庆市大渡口区第一人民医院	西南医院、新桥医院、重庆医科大学附属第一医院、重庆大坪医院、重庆医科大学附属第二医院

❶　访谈资料主要来源于二级医疗卫生设施。二级医疗卫生设施的转诊记录多为紧急伤病患转诊，通常是在就诊医院无法提供合适治疗的情况下提出转诊要求。院方建议转诊存在两种情况，一是因设备、人员及其专长能力限制，难以确定紧急伤病之病因或提供完整的诊疗时需要转诊；二是病患负荷量过大，经调度院内人员、设备或设施，仍不能提供必要处置时需要转诊。此类转诊在伤、病患病情不稳定的情况下进行具有一定的风险，通常院方应协助病患选择及安排适当的救生运输工具、救护人员，并提供适当的维生设备及药品、医材等。接诊医疗卫生设施通常由伤病患及其家属选择或由就诊医院建议，伤、病患及其家属同意后选择。

续表

区域	二级医疗卫生设施	转诊接受医院
大渡口区	重庆大渡口区长征医院	西南医院、新桥医院、重庆医科大学附属第一医院、重庆大坪医院、重庆医科大学附属第二医院
	大渡口区第二人民医院	西南医院、新桥医院、重庆医科大学附属第一医院、重庆大坪医院、重庆医科大学附属第二医院

调研一级医疗卫生设施的转诊情况主要采用问卷调查法（附表 3-F），调研对象选择一级医疗卫生设施的接诊机构——二级和三级医疗卫生设施的门诊病人。统计分析后，了解一级医疗卫生设施的转诊情况 ❶（表 3-12）。

医疗卫生设施的转诊关系（二）　　　　　　　　　　　　　　表 3-12

区域	医疗卫生设施	转诊接受医院
渝中区	重医第一附属医院	Y2、Y4、Y5、Y6 、Y7 、Y8 、Y9、Y10、Y12、Y13、Y14、Y16、Y17、Y18、Y19、Y20、Y23 、Y26、Y27、Y28、Y29、Y32 、Y35、Y36、Y38、Y39 、Y40
	重医第二附属医院	Y1、Y2、Y12、Y15、Y18、Y21、Y23 、Y28 、Y29、Y31、Y33 、Y35 、Y37 、Y39 、Y41、Y42
	重庆市第三人民医院	Y14、Y16、Y18、Y19 、Y30 、Y27、Y32 、Y25 、Y34 、Y3 、Y26、Y20、Y12 、Y24
	重庆市第四人民医院	Y4 、Y14 、Y26 、Y30、Y33
	重庆大坪医院	Y3 、Y4 、Y5、Y6 、Y7 、Y8、Y9 、Y10、Y11、Y12 、Y14、Y16、Y17、Y22、Y23 、Y26、Y27、Y28 、Y30、Y32 、Y35、Y36、Y38、Y39 、Y40 、Y41、Y42
	中山医院	Y3 、Y13、Y14 、Y15、Y24、Y25 、Y26、Y27 、Y28、Y29、Y30、Y32、Y34、Y35、Y38 、Y39、Y40、Y41、Y42
	重庆市红岭医院	Y11、Y12、Y14 、Y23
	重庆长航医院	Y5 、Y7 、Y8 、Y9 、Y13 、Y23
	重庆市邮政医院	Y12 、Y14、Y23 、Y26 、Y27、Y30
	重庆市公安消防总队医院	Y18 、Y19、Y21、Y33
	重庆市第八人民医院	Y3 、Y13 、Y14 、Y15、Y18 、Y25 、Y26、Y27、Y30、Y32
沙坪坝区	重庆西南医院	S1 、S4、S5 、S6 、S9 、S10、S11、S12、S14 、S15 、S17 、S18、S19、S22、S23、S27、S30、S31、S33 、S34 、S36 、S44、S45、S50、S60

❶ 此次调研共发放 660 份调查问卷，收回有效问卷 638 份（其中三级医疗卫生设施收回 262 份，二级医疗卫生设施收回 376 份），有效率约为 96.67%。参加问卷调查的人员中，男性占 41.2%，女性占 58.8%，年龄构成为 66 岁以上 36.5%，56 ~ 65 岁为 24.8%，46 ~ 55 岁为 17.2%，36 ~ 45 岁为 15.0%，26 ~ 35 岁为 4.8%，25 岁及其以下为 1.7%，调查病患的年龄、性别构成无明显差异，调研结果具有统计意义。渝中区、沙坪坝区、大渡口区二级设施调研人数分别为 144 人、117 人、115 人；三级设施调研人数分别为 205 人、57 人、0 人；总人数分别为 319 人、174 人、115 人。病患转诊的关系主要是根据题目 4 ~ 8 题（附表 3-F）确定。一级医疗卫生设施根据居住街道位置，默认为附近的一级医疗卫生设施，如附近有多个则默认为多个医疗卫生设施均有就诊经历，后根据 5、6 题了解病患的转诊过程，7、8 题为有遗漏的情况进行补充，最终根据问卷联系起一级、二级和三级医疗卫生设施。根据调研结果整理的转诊关系，同时包括一级和二级医疗卫生设施的病患转诊。

续表

区域	医疗卫生设施	转诊接受医院
沙坪坝区	重庆新桥医院	S1、S4、S6、S8、S9、S11、S19、S23、S27、S28、S29、S30、S31、S32、S35、S36、S41、S43、S46、S47、S52、S53、S54
	重庆大学医院	—
	重庆嘉陵医院	S14、S15、S16、S23、S49、S55、S57
	重庆东华医院	S5、S9、S10、S33、S47
	重庆市沙坪坝区人民医院	S4、S6、S11、S20、S21、S27、S28、S29、S30、S36、S41、S43、S44、S45、S48、S50、S51、S53、S54
大渡口区	重钢总医院	D1、D2、D3、D9、D10、D11、D12、D13、D16、D17、D18
	重庆市大渡口区第一人民医院	D1、D2、D3、D4、D13、D15
	重庆大渡口区长征医院	D7、D8
	大渡口区第二人民医院	D5、D6

2）医疗交流关系数据

医疗卫生设施之间常见的交流包括研讨会、学术讲座、技术交流、名医会诊等。根据关系的稳固程度，将交流关系分为较稳固的合作关系和普通的业务交流，以下就两种关系进行了相关研究。

医疗合作关系包括技术指导、教学医院和友好协作医院等❶。调研医疗合作关系主要通过文献整理和实地走访完成❷。根据调研结果，样本区内医疗卫生设施之间有较好的医疗合作关系（表3-13）。

医疗卫生设施的合作关系
表3-13

区域	医院	等级	有合作关系的医院
渝中区	重庆大坪医院	三级	重庆市大渡口区第一人民医院、大渡口区第二人民医院、重庆市沙坪坝区陈家桥中心医院
	重庆医科大学附属第二医院	三级	大渡口区第二人民医院

---

❶ 技术指导和教学医院主要是指三级设施指导二级及以下级别设施，这种关系通常会正式挂牌宣布成立。三级设施主要采取专家出诊、带教查房、手术示教、病例讨论、义诊和巡诊等多种形式指导其他设施提高医疗服务。其次，可以加强人才培养，三级设施每年会接收其他设施的医疗技术人员进修，并派专家到其他设施点进行学术讲座等。第三，可加强临床医疗质量控制中心建设，落实医学检查检验结果互认办法，明确互认项目，推进不同设施之间的医学检查检验结果互认。第四，探索分级诊疗，实现社区首诊，双向转诊就医格局，开放转诊绿色通道，为病人就诊提供保障。友好协作关系则主要是同级别的医疗设施建立起来的相互交流、协作的关系，亦需要通过签订协议及授牌仪式等。一级医疗卫生设施之间亦有建立医疗合作关系，主要为一个中心医院或卫生服务中心指导多个卫生服务站。

❷ 通过文献整理了解各个医院的基本合作关系，搜集的资料主要包括新闻、各医疗服务设施官方网站资料等。资料分析表明，合作关系主要由三级医疗卫生设施主导完成，因此，进一步走访了三个区域的10个三级医疗卫生设施的外联科、医疗科，补充完善医疗合作关系。其中较特殊的情况是，大渡口区因无三级医疗卫生设施，主要通过走访大渡口区的二级医疗卫生设施，寻找合作关系。

续表

区域	医院	等级	有合作关系的医院
渝中区	重庆医科大学附属第一医院	三级	重庆市大渡口区第一人民医院、重庆市第八人民医院、重庆市沙坪坝区人民医院
	重庆市第三人民医院	三级	新桥医院、西南医院、大坪医院
	中山医院	三级	—
沙坪坝区	重庆西南医院	三级	重钢总医院、新桥医院、大坪医院
	重庆新桥医院	三级	西南医院、大坪医院、重庆市大渡口区第一人民医院、重钢总医院、重庆市邮政医院、重庆东华医院、重庆市沙坪坝区陈家桥中心医院
	重庆市沙坪坝区第二人民医院	一级	沙北街社区卫生服务站、劳动路社区卫生服务站
	重庆市沙坪坝区詹家溪街道社区服务中心	一级	重庆市沙坪坝区石井坡和平山社区卫生服务站
	重庆市沙坪坝区第五人民医院	一级	重庆市沙坪坝区第五人民医院山洞路社区卫生服务站
	重庆市沙坪坝区井口医院	一级	重庆市沙坪坝区井口二塘村社区卫生服务站、川东南地质大队卫生所
	重庆市沙坪坝区陈家桥中心医院	一级	重庆市沙坪坝区陈家桥桥北社区卫生服务站、重庆市沙坪坝区陈家桥镇双佛社区卫生服务站
	重庆市沙坪坝区青木关中心医院	一级	沙坪坝区青木关中心医院回龙坝分院、重庆市沙坪坝区青木关镇关口村社区卫生服务站、重庆市沙坪坝区青木关青木湖社区卫生服务站
	重庆市沙坪坝区第三人民医院	一级	重庆市沙坪坝区天星桥都市花园社区卫生服务站、重庆市沙坪坝区天星桥街道红槽房社区卫生服务站

业务交流关系主要由共同参与学术会议、论坛及交流会等方式来体现，通过实地走访和文献查阅等，了解各医疗卫生设施组织、参与的会议及论坛，整理会议交流关系（表3-14）。

会议交流关系 表3-14

区域	会议举办单位	等级	有会议交流关系的医院	会议
渝中区	重庆大坪医院	三级	西南医院、重庆医科大学附属第一医院、重庆医科大学附属第二医院、新桥医院、中山医院、第三人民医院、重庆市第一人民医院	肝胆胰外科学术会议、临床营养质控会议、胃肠肿瘤规范化治疗MDT青年论坛、淋巴瘤诊断小组活动、急诊质控中心学术交流会、全国变态反应疾病诊疗高峰论坛

续表

区域	会议举办单位	等级	有会议交流关系的医院	会议
渝中区	重庆医科大学附属第二医院	三级	新桥医院、西南医院、重庆医科大学附属第一医院	新技术新项目评比活动、医院管理高级论坛、西南超声内镜新技术研讨会、微创外科护理专业委员会
	重庆医科大学附属第一医院	三级	大坪医院、西南医院、新桥医院、重庆医科大学附属第二医院	重庆市抗癌协会造口专委会年会、中西医结合学会肝病专委会年会、重庆市中西医结合感染病学术年会、鼻咽喉口腔护理专业委员会、抗癌协会血液肿瘤专委会年会、中西医结合感染学术年会
	重庆市第三人民医院	三级	西南医院、新桥医院、大坪医院、重庆医科大学附属第一医院、重庆医科大学附属第二医院	IEEE 实时计算系统与应用国际大会国际医疗信息论坛、抗真菌感染学术研讨会
	重庆市第四人民医院（急救中心）	三级	西南医院、新桥医院、大坪医院、重庆医科大学附属第一医院、重庆医科大学附属第二医院	《颅脑损伤急诊救治规范》专家讨论会
	中山医院	三级	重庆医科大学附属第二医院	PBL 培训
沙坪坝区	重庆西南医院	三级	重庆医科大学附属第一医院、新桥医院、大坪医院、中山医院	异地就医联网即时结算开通仪式、交流OPO工作、重症监护技能交流论坛
	重庆新桥医院	三级	重庆医科大学附属第一医院、西南医院、大坪医院、重庆医科大学附属第二医院	管理学会信息管理专委会学术会议、中华医学会内分泌学分会第三届西部行论坛、专家研讨口腔恶性肿瘤治疗、中西医结合学会肾脏病分会年会

4. 数据整理

根据以上关系数据的收集，构建网络关系矩阵。有关系的网络节点记作 1，没有关系的网络节点记作 0，整理形成渝中区、沙坪坝区和大渡口区三个关系矩阵，以大渡口区为例，构建的关系矩阵如表 3-15 所示。

大渡口区医疗卫生设施的网络关系矩阵　　　　　　　表 3-15

	D1	D2	D3	D4	D5	D6	D7	D8	D9	D10	D11	D12	D13	D14	D15	D16
D1	—	0	0	0	0	0	0	0	0	0	0	0	1	1	0	0
D2	0	—	0	0	0	0	0	0	0	0	0	0	1	1	0	0
D3	0	0	—	0	0	0	0	0	0	0	0	0	1	1	0	0
D4	0	0	0	—	0	0	0	0	0	0	0	0	0	1	0	0
D5	0	0	0	0	—	0	0	0	0	0	0	0	0	0	0	1
D6	0	0	0	0	0	—	0	0	0	0	0	0	0	0	0	1
D7	0	0	0	0	0	0	—	0	0	0	0	0	0	0	1	0
D8	0	0	0	0	0	0	0	—	0	0	0	0	1	0	1	0
D9	0	0	0	0	0	0	0	0	—	0	0	0	1	0	0	0

续表

	D1	D2	D3	D4	D5	D6	D7	D8	D9	D10	D11	D12	D13	D14	D15	D16
D10	0	0	0	0	0	0	0	0	0	—	0	0	1	0	0	0
D11	0	0	0	0	0	0	0	0	0	0	—	0	1	0	0	0
D12	0	0	0	0	0	0	0	0	0	0	0	—	1	0	0	0
D13	1	1	1	0	0	0	0	1	1	1	1	1	—	1	1	1
D14	1	1	1	1	0	0	0	0	0	0	0	0	0	—	1	0
D15	0	0	0	0	0	0	1	1	0	0	0	0	1	1	—	0
D16	0	0	0	0	1	0	1	0	0	0	0	0	1	0	0	—

3.2.3 模型构建

1. 渝中区医疗卫生设施社会网络模型

渝中区医疗卫生设施的社会网络模型整体上呈现出多中心的星形网络结构形态，大体上可以看做是多个星形结构的组合，设施 Y14（渝中区两路口街道国际村社区卫生服务站，一级）、Y39（重庆长航医院，二级）、Y42（重庆市第八人民医院，二级）、Y43（重庆市第一附属医院，三级）、Y44（重庆市第二附属医院，三级）、Y45（重庆市第三人民医院，三级）、Y46（重庆大坪医院，三级）、Y47（中山医院，三级）占据重要位置，图中各点的差异性较大，呈现出较明显的中心与边缘划分（图 3-12）。

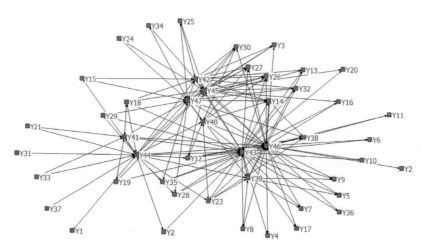

图3-12 渝中区医疗卫生设施的社会网络模型图

2. 沙坪坝区医疗卫生设施社会网络模型

沙坪坝区医疗卫生设施的社会网络模型与渝中区有相似之处，呈现出三个主要星形结构形态的组合，设施 S58（重庆市沙坪坝区人民医院，三级）、S59（重庆西南医院，三级）、S60（重庆新桥医院，三级）占据中心位置，其他点则分散于边缘位置（图 3-13）。

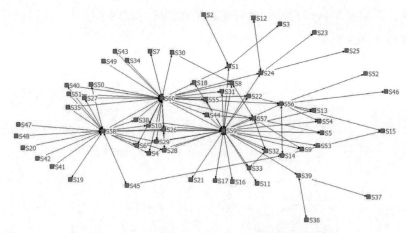

图3-13　沙坪坝区医疗卫生设施的社会网络模型图

3. 大渡口区医疗卫生设施社会网络模型

大渡口区医疗卫生设施的社会网络模型较简单，主要为星形网络结构形态，以D13（重钢总医院，二级）为核心展开，整个网络模型中心性较强，而外围的点之间关联较少（图3-14）。

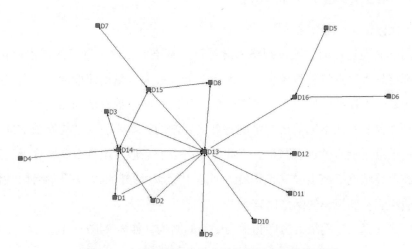

图3-14　大渡口区医疗卫生设施的社会网络模型图

3.3　医疗卫生设施网络结构分析

医疗卫生设施网络结构分析包含社会网络模型的整体、局部和个体三个层面，由此较全面、完整地了解医疗卫生设施内在的网络结构。其中，整体分析针对整个模型图，包括图的完备性、层级性分析；局部分析针对图中的子群结构，划分并分析各个子群结构的基本特征和内部结构；个体分析针对特殊的医疗卫生设施，主要通过中心性分析进行角色定位。网络模型特征总结包括特征总结和特征对比两个层面，用以指导下一步的规划布局建设（图3-15）。

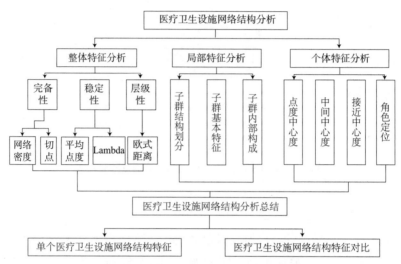

图3-15 医疗卫生设施网络结构分析思路

3.3.1 网络结构整体特征分析

1. 完备性分析

研究网络的完备性通常通过网络密度计算。网络的密度与网络的规模存在负相关，因为网络规模越大，点的数量越多，可能存在的线最大数量迅速增加，而网络中每一个点代表的行动者能保持的网络关系是有限的，所以在网络规模增加的同时，网络密度有可能减小。因此，对比不同规模网络的密度受到制约，需要引入平均度数辅助判断。度数是指每一个点所拥有的连线数量，连线数量越多的点通常出现在高密度区，通过计算平均度数亦可反映网络密度及完善程度，而基于行动者保持网络关系的有限性而言，平均度数可适用于不同规模的网络比较。

根据公式计算三个网络的密度和平均度数的结构，如表 3-16 所示。

网络的密度和平均度数的计算结果 表 3-16

区域	密度	平均度数
渝中区	0.1299	6.167
沙坪坝区	0.0542	3.323
大渡口区	0.1458	2.500

渝中区、沙坪坝区和大渡口区的网络结构密度并不高，网络结构的完备程度并不理

想，设施点之间的协作关系建立不完善。比较而言，密度的高低排序依次是：大渡口区、渝中区、沙坪坝区，平均度数的高低排序依次是：渝中区、沙坪坝区和大渡口区。综合考虑网络规模对密度的影响，分析得到完备性高低排序依次是：渝中区、沙坪坝区和大渡口区。

2. 稳定性分析

从边稳定性和点稳定性两个角度分别选取 Lambda 计算和切点计算两种方法，初步判断三个网络的结构稳定性。

1）边的稳定性分析

运用 Lambda 计算，获得渝中区、沙坪坝区和大渡口区医疗卫生设施网络结构的边关联度计算结果。根据边关联度的级别、数值和分配来看，渝中区的边稳定性较好，沙坪坝次之，大渡口区较差。

渝中区医疗卫生设施网络有 14 个级别的边关联度，最小边关联度为 1，最大边关联度为 30，所占的比例分别为 100% 和 4.17%，其中，50.08% 的点的边关联度分布在 4 以下，分布在 2 以下的全部是一级医疗卫生设施，此类设施在整个网络的协同关系中参与较少（图3-16）。

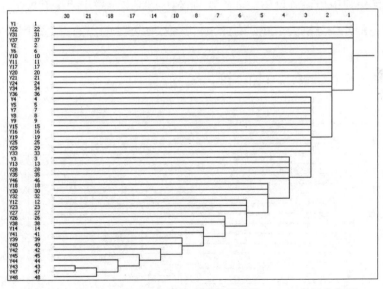

图3-16　渝中区医疗卫生设施社会网络模型的Lambda分层分布图

沙坪坝区医疗卫生设施网络有 7 个级别的边关联度，最小边关联度为 1，最大边关联度为 21，所占的比例分别为 100% 和 3.33%，其中，58.33% 的点的边关联度分布在 2 以下。分布在 2 以下的包含 1 个二级医疗卫生设施和 43 个一级医疗卫生设施，此类设施在整个网络的协同关系中参与较少（图3-17）。

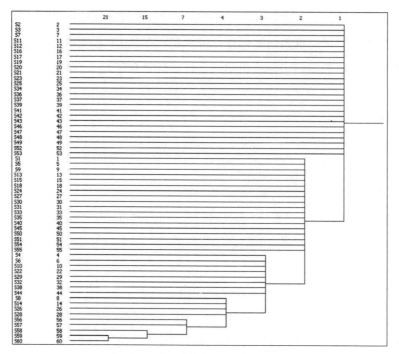

图3-17　沙坪坝区医疗卫生设施社会网络模型的Lambda分层分布图

大渡口区医疗卫生设施网络有 4 个级别的边关联度，最小边关联度为 1，最大边关联度为 5，所占的比例分别为 100% 和 12.5%，其中，56.25% 的点的边关联度分布在 2 以下。分布在 2 以下的包含 1 个二级医疗卫生设施和 12 个一级医疗卫生设施，此类设施在整个网络的协同关系中参与较少（图 3-18）。

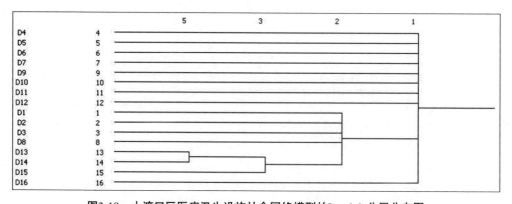

图3-18　大渡口区医疗卫生设施社会网络模型的Lambda分层分布图

2）点的稳定性分析

点的稳定性可以通过切点计算获得。从切点比例来看，渝中区最少，沙坪坝区次之，大渡口区较多（表 3-17）。说明点的稳定性渝中区较高，沙坪坝区次之，大渡口区较差。

医疗卫生设施社会网络模型的切点计算结果　　　　表 3-17

区域	切点	切点数量	切点占比
渝中区	Y44 、Y46	2	4.17%
沙坪坝区	S1、S24、S39、S56、S58、S59、S60	7	11.67%
大渡口区	D13、D14 、D15 、D16	4	25%

　　渝中区医疗卫生设施社会网络模型的切点计算结果显示如图 3-19 所示，该模型中有 2 个切点，切点占比为 4.17%，网络结构较稳定。两个切点是 Y44（重医第二附属医院，三级）和 Y46（重庆大坪医院，三级）。三级医疗卫生设施作为切点是因为较多的一级医疗卫生设施仅与其相连，如 Y31、Y37、Y1 等仅与 Y44 相连，中间的二级医疗卫生设施的关系是缺失的，导致协同关系过度集中。若点 Y44 移除后，Y31、Y37、Y1 等都将成为孤立点。

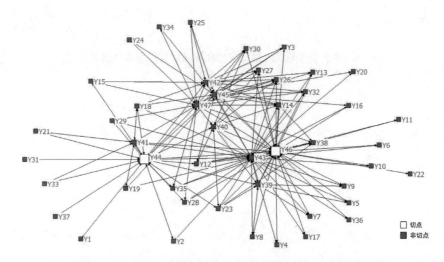

图3-19　渝中区医疗卫生设施社会网络模型的切点计算结果图

　　沙坪坝区医疗卫生设施社会网络模型的切点计算结果显示如图 3-20 所示，该模型中有 7 个切点，切点占比为 11.67%，稳定性略低于渝中区。7 个切点分为是：S1（重庆市沙坪坝区陈家桥中心医院，一级）、S24（重庆市沙坪坝区青木关中心医院，一级）、S39（重庆市沙坪坝区第三人民医院，一级）、S56（重庆嘉陵医院，二级）、S58（重庆市沙坪坝区人民医院，二级）、S59（重庆西南医院，三级）、S60（重庆新桥医院，三级）。以上设施成为切点是因为较多的一级医疗卫生设施仅与其相连，一级医疗卫生设施之间的关系缺失，同时与其他设施的联系较少。

　　大渡口区医疗卫生设施社会网络模型的切点计算结果显示如图 3-21 所示，该模型中有 4 个切点，切点占比为 25%，网络结构稳定性更弱。4 个切点分为是：D13（重钢总医院，二级）、D14（重庆市大渡口区第一人民医院，二级）、D15（重庆大渡口区长征医院，二级）、D16（大渡口区第二人民医院，二级）。切点的形成原因在于，D13关系过于集中，D16、D15、D14所联系的点之间的相互关系过少。

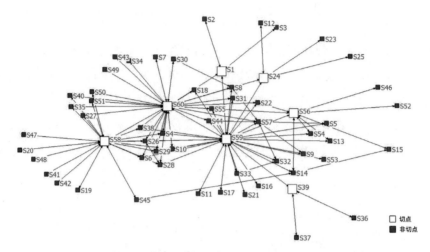

图3-20　沙坪坝区医疗卫生设施社会网络模型的切点计算结果图

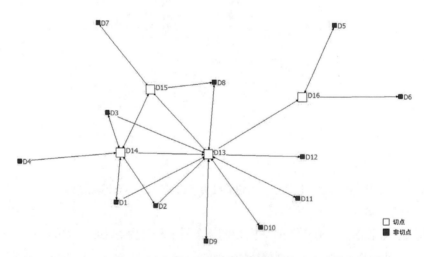

图3-21　大渡口区医疗卫生设施社会网络模型的切点计算结果图

3）稳定性基本特征总结

总体而言，渝中区医疗卫生设施的网络结构稳定性较好，约一半设施点的边关联度达到4及其以上，网络结构中只有2个切点，切点较少。沙坪坝区和大渡口区的网络稳定性则较弱，约一半设施点的边关联度只达到2，切点也较多，网络结构较脆弱。三个医疗卫生设施网络结构稳定性比较，渝中区较稳定，沙坪坝区次之，大渡口区较弱。

影响稳定性的医疗卫生设施点包括一部分一级医疗卫生设施，一部分三级和二级医疗卫生设施。部分一级医疗卫生设施较少参与网络协同关系构建，影响边稳定性；部分三级和二级医疗卫生设施过度集中协同关系，所连接的其他设施相互关系较少，影响点稳定性。

3. 层级性分析

在社会网络分析中，运用结构对等原理将具有相似社会行为、联系和互动的行动者划分到一个集合，可以明确网络结构的层级性，运用欧几里得距离法获得三个城区层次划分（表3-18）。

欧几里得距离分析结果　　　　　　　　　　　　　表3-18

区域	分级数量	层级划分
渝中区	6	1：Y43、Y46 2：Y3、Y12、Y13、Y14、Y18、Y23、Y35、Y39、Y40 3：Y25、Y26、Y27、Y28、Y29、Y30、Y32、Y41 4：Y1、Y11、Y15、Y19、Y21、Y24、Y31、Y33、Y34、Y37 5：Y42、Y44、Y45、Y47 6：Y2、Y4、Y5、Y6、Y7、Y8、Y9、Y10、Y16、Y17、Y20、Y22、Y36、Y38
沙坪坝区	6	1：S59 2：S58、S60 3：S27 4：S1、S8、S14、S18、S32、S39、S53、S54 5：S4、S6、S10、S22、S26、S28、S29、S31、S38、S44、S55、S56、S57 6：S2、S3、S5、S7、S9、S11、S12、S13、S15、S16、S17、S19、S20、S21、S23、S24、S25、S30、S33、S34、S35、S36、S37、S40、S41、S42、S43、S45、S46、S47、S48、S49、S50、S51、S52
大渡口区	5	1：D14 2：D5、D6、D7 3：D1、D2、D3、D4、D15 4：D8、D9、D10、D11、D12、D16 5：D13

渝中区医疗卫生设施网络结构基本呈现不规则形（图3-22），高层级设施数量较少，中间层级和低层级设施数量较多，两个层级之间出现了个断层。进一步分析各个层级的医疗设施等级构成（图3-23），三级医疗卫生设施分布在了1、4、5三个层级，二级医疗卫生设施分布在了2、3、5、6四个层级，一级医疗卫生设施分布在了2、3、4、6四个层级，网络结构的层级性与医疗卫生设施的等级划分没有明显的一致性，说明高等级设施并未完全承担起协作关系中的主导作用，不利于医疗资源的配置与医疗效率的提高。

沙坪坝区医疗卫生设施网络结构呈现出较明显的正三角形（图3-24），可以较明显地划分为三段，第一段为1、2、3级，医疗卫生设施总量为4个，第二段为4、5级，医疗卫生设施总量为 21 个，第三段为 6 级，医疗卫生设施总量为 35 个，医疗卫生设施总量逐层增加。再分析各个层级的医疗卫生设施等级构成（图 3-25），三级医疗卫生设施分布在 1、2 级，二级医疗卫生设施分布在 2、3、5 级，一级医疗卫生设施分布在 4、5、6 级，层级性特征和设施的等级划分较一致，各级医院在协作关系中基本做到各司其职。

大渡口区医疗卫生设施网络结构呈现出伞形（图 3-26），高层和低层设施数量均较少，总共有 2 个设施，中间层设施数量较多，有 14 个设施。再分析各个层级的医疗卫生设施等级构成（图 3-27），二级医疗卫生设施分布在 1、3、4、5 级，一级医疗卫生设施分布在 2、3、4 级，与渝中区类似，网络结构的层级性与医疗卫生设施的等级划分没有明显的一致性。

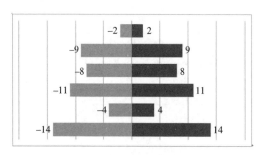

图3-22　渝中区层级结构图

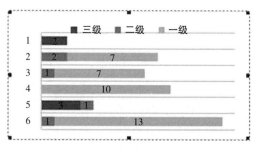

图3-23　渝中区设施分级分布图

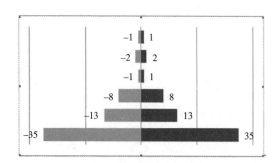

图3-24　沙坪坝区层级结构图

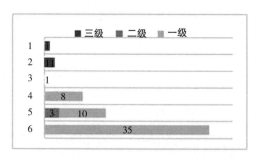

图3-25　沙坪坝区设施分级分布图

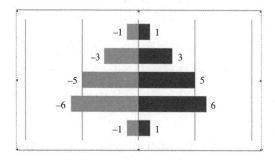

图3-26　大渡口区层级结构图

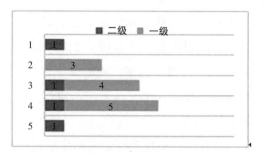

图3-27　大渡口区设施分级分布图

4.网络结构整体特征

分析表明，三个区域的医疗卫生设施的网络结构基本形成了较完备、较稳定的协作关系，形成多层级结构框架，但依然存在不足。

完备性分析中，渝中区、沙坪坝区和大渡口区的设施网络结构完备性均一般，渝中区较好，沙坪坝区次之，大渡口区较差。稳定性分析中，渝中区的设施网络结构较稳定，沙坪坝区和大渡口区较不稳定，大渡口区较沙坪坝区更脆弱。影响稳定性的点包含部分一级医疗卫生设施和三级医疗卫生设施，一级医疗卫生设施在协同关系中较少参与，而三级医疗卫生设施在协同关系过于集中，容易导致负担过大，病患集中向三级医疗卫生设施流动。层级性分析中，沙坪坝区层级结构与医疗卫生设施等级功能较匹配，各层级数量分配较均衡，渝中区和大渡口区的层级结构与医疗卫生设施等级功能存在不同程度的错位，层级数量分配亦不均衡。

3.3.2　网络结构局部特征分析

网络局部研究是了解网络的整体结构是如何由子群结构组成。通过派系计算，找到子群结果，再统计分析子群的基本特征和内部结构特征。研究网络结构的局部特征有利于把握网络整体深层次的结构特征。

1.2-派系计算

派系分析是识别网络中凝聚子群的一种方法。本研究选取 $n=2$ 进行 2-派系计算（表3-19）。

医疗卫生设施网络的 2-派系计算结果 ❶　　　　　　表 3-19

区域	2-派系个数	派系参与次数（level）最高的医疗卫生设施节点
渝中区	12	level=12: Y12、Y35、Y28、Y39、Y40、Y41、Y42、Y43、Y44、Y45、Y46 level =11: Y18、Y29
沙坪坝区	10	level =9: S59、S60 level =6: S56 level =5: S4、S6、S10、S26、S28、S29、S38、S58
大渡口区	4	level =3: D13、D14、D15 level =2: D1、D2、D3

1）渝中区

渝中区医疗卫生设施网络运算得到12个2-派系，各2-派系中的医疗卫生设施组成个数在 13 ~ 34 之间，2-派系重叠较多，其中 Y40（重庆市邮政医院，二级）、Y41（重

---

❶　各个 2-派系所包含的具体设施点请参见附表 3-G。

庆市公安消防总队医院，二级）、Y42（重庆市第八人民医院，二级）、Y43（重医第一附属医院，三级）、Y45（重庆市第三人民医院，三级）、Y46（重庆大坪医院，三级）参与率最高（图 3-28）。

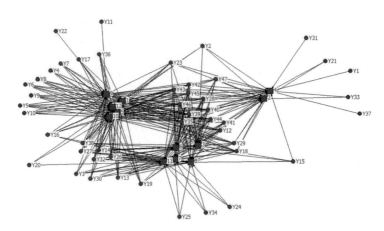

图3-28　渝中区医疗卫生设施社会网络结构2-派系划分图

2）沙坪坝区

沙坪坝区医疗卫生设施网络运算得到 10 个 2- 派系，各 2- 派系中的医疗卫生设施组成个数在 4 ~ 33 之间不等，2- 派系重叠亦较多，其中 S59（重庆西南医院，三级）、S60（重庆新桥医院，三级）参与率最高（图 3-29）。

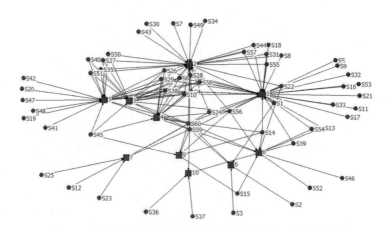

图3-29　沙坪坝区医疗卫生设施社会网络结构2-派系划分图

3）大渡口区

大渡口区医疗卫生设施网络运算得到 4 个 2- 派系，各 2- 派系中的医疗卫生设施组成个数在 4 ~ 12 之间不等，2- 派系重叠较渝中区和沙坪坝区少，其中 D13（重钢总医院，

二级）、D14（重庆市大渡口区第一人民医院，二级）、D15（重庆大渡口区长征医院，二级）
参与率最高（图 3-30）。

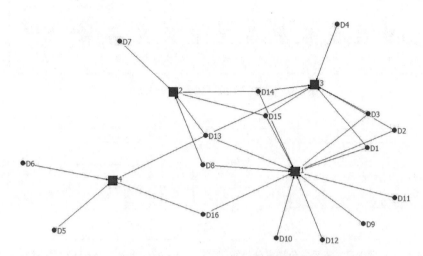

图3-30 大渡口区医疗卫生设施社会网络结构2-派系划分图

2.2- 派系的特征统计

1）规模统计

根据计算，渝中区的 2- 派系最大规模包含 34 个设施，最小规模包含 13 个设施，2-
派系规模主要集中在 20 ～ 30 个设施之间；沙坪坝区的 2- 派系最大规模包含 33 个设施，
最小规模包含 4 个设施，2- 派系规模主要集中在 10 个设施以下；大渡口区的 2- 派系最
大规模包含 12 个设施，最小规模包含 4 个设施，2- 派系规模主要集中在 10 个设施以下（图
3-31）。

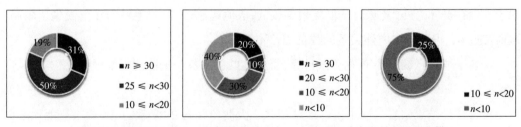

图3-31 渝中区（左）、沙坪坝区（中）、大渡口区（右）的2-派系规模

2）成分统计

成分是指每个 2- 派系中各类医院的比例。根据统计分析，各 2- 派系中的成分以一
级及以下医疗卫生设施最多，二级和三级医疗卫生设施数量相距不大（图 3-32 ～图 3-34、
表 3-20）。

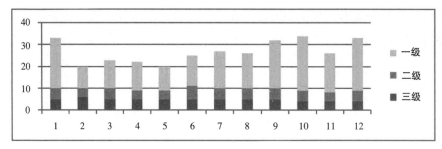

图3-32　渝中区2-派系成分构成分析图

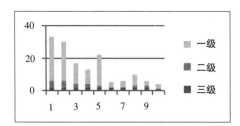

图3-33　沙坪坝区2-派系成分构成分析图

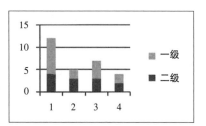

图3-34　大渡口区2-派系成分构成分析图

2- 派系成分组成统计结果　　　　　　　　　　表 3-20

区域	三级设施占比	二级设施占比	一级设施占比
渝中区	23.46%	22.65%	77.35%
沙坪坝区	28.01%	10.12%	89.88%
大渡口区	—	46.55%	53.45%

3）凝聚性统计

度量子群的凝聚程度主要采用分派指数。计算方法采用 E-I（External- Internal Index，简写为 E-I Index），该指数的取值范围为 [-1，1]，取值越靠近 1，表明关系越趋向于发生在群体之外，意味着子群凝聚度较低；取值越靠近 -1，则意味着子群凝聚度较高；取值接近 0，说明子群内外关系的数量相差不多。

将各子群进行编号❶，根据公式计算，得到主城三区各个子群的凝聚程度（图3-35 ~ 图3-37）。

根据统计结果来看，渝中区、沙坪坝区、大渡口区各 2- 派系的 E-I 值大于等于 0 的数量与小于 0 的数量均相等，比例相似，凝聚程度一般。

3. 典型 2- 派系内部结构特征分析

综合考虑 E-I 指数和子群规模，选择凝聚程度较高，子群规模相当的渝中区 12 号、沙坪坝区 2 号、大渡口区 1 号子群作为典型案例具体研究。以下是该三个子群内部的设

---

❶ 2- 派系编号参见附表 3-G 2- 派系计算结果。

施构成情况，渝中区12号子群包含33个设施，沙坪坝区2号子群包含30个设施，大渡口区1号子群包含12个设施（表3-21）。

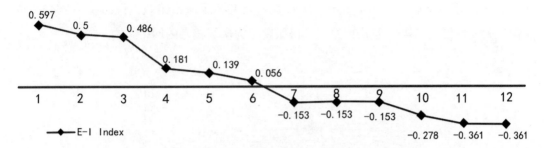

图3-35　渝中区医疗卫生设施凝聚子群的E-I Index计算结果

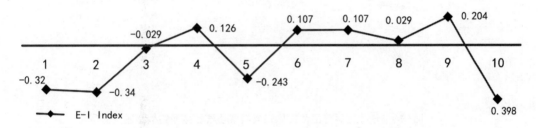

图3-36　沙坪坝区医疗卫生设施凝聚子群的E-I Index计算结果

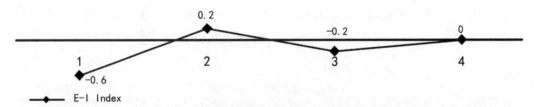

图3-37　大渡口区医疗卫生设施凝聚子群的E-I Index计算结果

典型凝聚子群基本情况一览表　　　　　　　　　　　　　　　　表 3-21

区域	编号	构成设施	成分	E-I指数
渝中区	12	Y2、Y4、Y5、Y6、Y7、Y8、Y9、Y10、Y12、Y13、Y14、Y16、Y17、Y18、Y19、Y20Y23、Y26、Y27、Y28、Y29、Y32、Y35、Y36、Y38、Y39、Y40、Y41、Y42、Y43、Y44、Y45、Y46	三级：4个 二级：5个 一级：24个	−0.361
沙坪坝区	2	S1、S4、S6、S7、S8、S10、S18、S22、S24、S26、S27、S28、S29、S30、S31、S34、S35、S38、S40、S43、S44、S49、S50、S51、S55、S56、S57、S58、S59、S60	一级：2个 二级：4个 一级：24个	−0.34
大渡口区	1	D1、D2、D3、D8、D9、D10、D11、D12、D13、D14、D15、D16	二级：4个 一级：8个	−0.6

1）渝中区 12 号凝聚子群

渝中区 12 号凝聚子群结构图（图 3-38），总体上呈现星形网状结构。内部形成以三级医疗卫生设施 Y43（重医第一附属医院）、Y46（重庆大坪医院）为主要核心，部分三级或二级医疗卫生设施 Y39（重庆长航医院）、Y42（重庆市第八人民医院）、Y44（重医第二附属医院）、Y45（重庆市第三人民医院）为次级核心的网络结构。

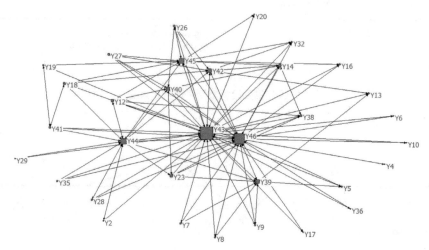

图3-38 渝中区医疗卫生设施12号凝聚子群社会网络模型图

采用核心—边缘分析法，分析围绕单个三级医疗卫生设施形成的紧密结构，量化单个三级医疗卫生设施所能构建的子群范围（表 3-22）。渝中区单个三级医疗卫生设施所构成的紧密群体，基本包括了 3 个二级医疗卫生设施和约 10 个一级医疗卫生设施。

核心—边缘结构计算结果 表 3-22

单核心	核心行动者	拟合度	核心行动者成分
Y43	Y2、Y4、Y5、Y12、Y14、Y23、Y26、Y27、Y38、Y39、Y40、Y42、Y43	0.433	三级：1 个 二级：4 个 一级：8 个
Y44	Y1、Y2、Y12、Y14、Y15、Y18、Y21、Y23、Y26、Y27、Y28、Y30、Y33、Y35、Y39、Y40、Y41、Y42、Y44	0.250	三级：1 个 二级：4 个 一级：14 个
Y45	Y13、Y14、Y26、Y38、Y39、Y40	0.489	三级：1 个 二级：2 个 一级：3 个
Y46	Y3、Y4、Y5、Y7、Y8、Y9、Y10、Y11、Y12、Y14、Y16、Y23、Y26、Y27、Y30、Y32、Y38、Y39、Y40、Y42、Y46	0.167	三级：1 个 二级：4 个 一级：16 个

分析以二级设施为核心的紧密群体较简单，去除三级医疗卫生设施和其他二级医疗卫生设施即可得到。根据计算，平均1个二级医疗卫生设施可以和6个一级医疗卫生设施构建紧密关系（表3-23）。

二级医疗卫生设施单核心计算结果 表 3-23

单核心	有联系的一级医疗卫生设施	成分
Y38	Y11、Y12、Y14、Y23	二级：1个；一级：4个
Y39	Y5、Y7、Y8、Y9、Y13、Y23	二级：1个；一级：6个
Y40	Y12、Y14、Y23、Y26、Y27、Y30	二级：1个；一级：6个
Y41	Y18、Y19、Y21、Y33	二级：1个；一级：4个
Y42	Y3、Y13、Y14、Y15、Y18、Y25、Y26、Y27、Y30、Y32	二级：1个；一级：10个

2）沙坪坝区2号凝聚子群

沙坪坝区2号凝聚子群结构图（图3-39）总体上呈现星形，以三级医疗卫生设施S59（重庆西南医院）、S60（重庆新桥医院）为核心，二级医疗卫生设施S58（重庆市沙坪坝区人民医院）为次级核心。

对沙坪坝区医疗卫生设施进行核心—边缘结构计算。沙坪坝区单个三级医疗卫生设施所构成的紧密群体，基本包括了3个二级医疗卫生设施和约17个一级医疗卫生设施（表3-24）。

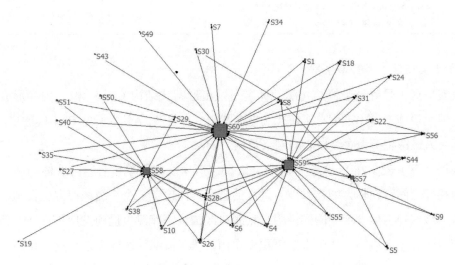

图3-39 沙坪坝区医疗卫生设施2号凝聚子群社会网络模型图

核心—边缘结构计算结果 表 3-24

单核心	核心、边缘行动者	拟合度	核心行动者成分
S59	核心行动者：S1、S4、S5、S6、S8、S9、S10、S18、S22、S24、S26、S28、S29、S38、S44、S56、S57、S58、S59 边缘行动者：S19、S27、S30、S31、S35、S40、S50、S51、S55	0.191	三级：1个 二级：3个 一级：15个
S60	核心行动者：S1、S4、S6、S8、S10、S18、S22、S26、S27、S28、S29、S30、S34、S35、S38、S40、S44、S50、S51、S56、S57、S58、S60 边缘行动者：S5、S7、S9、S19、S24、S31、S43、S49、S55	0.148	三级：1个 二级：3个 一级：19个

以二级医疗卫生设施为单核心的紧密群体。沙坪坝区的二级医疗卫生设施之间差异较大，构成的单核心紧密群体最多包含有17个一级医疗卫生设施，最少的一个也不包含，这说明沙坪坝区的二级医疗卫生设施发展不平衡，部分二级医疗卫生设施在协作关系中作用较小。经过计算，平均1个二级医疗卫生设施可以和9个一级医疗卫生设施构建紧密关系（表3-25）。

二级医疗卫生设施单核心计算结果 表 3-25

单核心	有联系的一级医疗卫生设施	成分
S55	无	无
S56	S22	二级：1个；一级：1个
S57	S5、S8、S9、S30、S44	二级：1个；一级：5个
S58	S4、S6、S10、S19、S26、S27、S28、S29、S35、S38、S40、S50、S51	二级：1个；一级：13个
S59	S1、S4、S5、S6、S8、S9、S10、S18、S22、S24、S26、S28、S29、S30、S31、S38、S44	二级：1个；一级：17个

3）大渡口区1号凝聚子群

大渡口区1号凝聚子群结构图总体上呈现星形网状结构（图3-40）。内部形成以二级医疗卫生设施D13（重钢总医院）为主要核心，二级医疗卫生设施D14（重庆市大渡口区第一人民医院）为次级核心的网络结构。

根据计算（表3-26），大渡口区的二级医疗卫生设施的单核心紧密群体与沙坪坝区相似，相互之间存在较大的差异性，最大的紧密群体包含8个一级医疗卫生设施，最少不包含一级医疗卫生设施。同样说明，大渡口区二级医疗卫生设施发展不均衡，部分二级医疗卫生设施在协同关系中未发挥积极作用，居民流动就医较少选择这些设施。平均计算，1个二级医疗卫生设施可以和3个一级医疗卫生设施构建紧密群体关系。

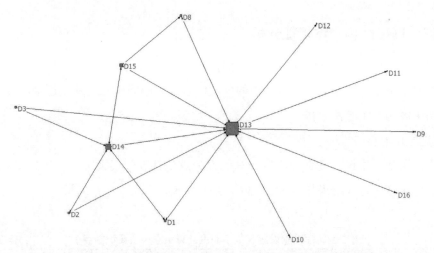

图3-40　大渡口区医疗卫生设施1号凝聚子群社会网络模型图

二级医疗卫生设施单核心计算结果　　　　　　　　　　　　表 3-26

单核心	有联系的一级医疗卫生设施	成分
D13	D1、D2、D3、D8、D9、D10、D11、D12	二级：1个；一级：8个
D14	D1 、D2、D3	二级：1个；一级：3个
D15	D8	二级：1个；一级：1个
D16	无	无

4. 网络结构局部特征总结

（1）总体来看，三个行政区的医疗卫生设施网络结构形成了多个凝聚子群。凝聚子群之间的重叠性较高，三级医疗卫生设施反复参与了多个凝聚子群的构成。体现了在医疗协作交流中，三级医疗卫生设施的主导地位，但同时兼顾多个凝聚子群，会导致子群内部结构松散，影响内部设施的交流。部分二级医疗卫生设施未承担起相应的责任，并不积极与一级医疗卫生设施构建协同关系，一方面造成本身的边缘化，另一方面，加重了三级医疗卫生设施的负担。

（2）从凝聚子群特征来看：每个凝聚子群的规模不同，渝中区的规模主要由 20 ~ 30 个设施构成，沙坪坝区由 10 ~ 20 个设施构成，大渡口区由 10 个以下设施构成；每个凝聚子群的成分相似，包含了各个等级的设施，其中一级设施最多，二级设施次之，三级设施最少；根据每个凝聚子群的凝聚性来看，渝中区的子群结构凝聚性较好，沙坪坝区次之，大渡口区最弱。

（3）具体分析凝聚子群的内部结构，进一步细化了子群的成分构成。计算单核心的紧密结构，发现 1 个三级设施可以与 3 ~ 5 个二级设施和 10 ~ 15 个一级设施保持紧密的关系，1 个二级设施可以和 9 个一级设施保持紧密关系。

3.3.3 网络结构个体特征分析

网络结构个体特征的分析是发现社会网络中较特殊的点，并进一步分析点的特征。这部分主要采用中心性分析，计算图中的度数中心度、中间中心度和接近中心度。

1. 渝中区网络中心性分析

1）度数中心度

渝中区医疗卫生设施度数中心度较高的设施点包括 5 个三级医疗卫生设施和 3 个二级医疗卫生设施，计算结果如表 3-27 和图 3-41 所示。

渝中区医疗卫生设施度数中心度计算结果（主要设施点）　　　表 3-27

编号	医院名称	等级	绝对度数中心度	标准化度数中心度	度数中心度指标
Y43	重医第一附属医院	三级	32	69.565	0.111
Y46	重庆大坪医院	三级	31	67.391	0.108
Y47	中山医院	三级	21	45.652	0.073
Y44	重医第二附属医院	三级	21	45.652	0.073
Y45	重庆市第三人民医院	三级	17	36.957	0.059
Y42	重庆市第八人民医院	二级	14	30.435	0.049
Y40	重庆市邮政医院	二级	10	21.739	0.035
Y39	重庆长航医院	二级	10	21.739	0.035

2）中间中心度

渝中区医疗卫生设施中间中心度较高的设施点包括 5 个三级医疗卫生设施、2 个二级医疗卫生设施和 1 个一级医疗卫生设施，计算结果如表 3-28 和图 3-42 所示。

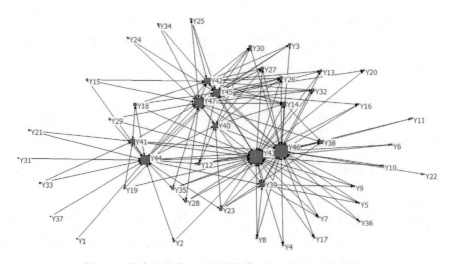

图3-41　渝中区医疗卫生设施社会网络度数中心性分析图

渝中区医疗卫生设施中间中心度计算结果（主要设施点）　　表 3-28

编号	医院名称	等级	绝对中间中心度	标准中间中心度
Y46	重庆大坪医院	三级	601.096	27.803
Y43	重医第一附属医院	三级	597.866	27.653
Y44	重医第二附属医院	三级	471.38	21.803
Y47	中山医院	三级	243.895	11.281
Y45	重庆市第三人民医院	三级	191.431	8.854
Y42	重庆市第八人民医院	二级	80.317	3.715
Y41	重庆市公安消防总队医院	二级	62.064	2.871
Y39	重庆长航医院	二级	52.749	2.44

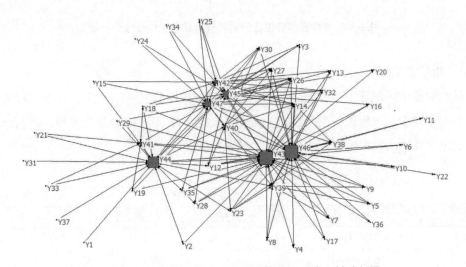

图3-42　渝中区医疗卫生设施社会网络中间中心性分析图

3）接近中心度

渝中区医疗卫生设施接近中心度较高的设施点主要为 5 个三级医疗卫生设施，计算结果如表 3-29 和图 3-43 所示。

渝中区医疗卫生设施接近中心度计算结果（主要设施点）　　表 3-29

编号	医院名称	等级	标准接近中心度
Y43	重医第一附属医院	三级	75.806
Y46	重庆大坪医院	三级	74.603
Y44	重医第二附属医院	三级	64.384
Y47	中山医院	三级	63.514
Y45	重庆市第三人民医院	三级	61.039

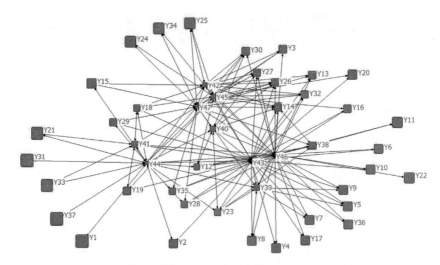

图3-43　渝中区医疗卫生设施社会网络接近中心性分析图

4）角色定位

据此对渝中区医疗卫生设施进行角色定位，渝中区的三级医疗卫生设施为社会网络结构中的主导者，二级医疗卫生设施主要为枢纽者，中间者由部分二级和一级医疗卫生设施承担，其他医疗卫生设施为边缘者（表3-30）。

渝中区医疗卫生设施角色定位　　　　　　表3-30

编号	医院名称	等级	数学表达式	角色定位
Y43	重医第一附属医院	三级	1, 1, 1	主导者
Y46	重庆大坪医院	三级	1, 1, 1	主导者
Y47	中山医院	三级	1, 1, 1	主导者
Y44	重医第二附属医院	三级	1, 1, 1	主导者
Y45	重庆市第三人民医院	三级	1, 1, 1	主导者
Y42	重庆市第八人民医院	二级	1, 1, 0	枢纽者
Y40	重庆市邮政医院	二级	1, 1, 0	枢纽者
Y39	重庆长航医院	二级	1, 1, 0	枢纽者
Y41	重庆市公安消防总队医院	二级	0, 1, 0	中间者
—	其他	—	0, 0, 0	边缘者

2.沙坪坝区网络中心性分析

1）度数中心度

沙坪坝区医疗卫生设施度数中心度较高的设施点包括2个三级医疗卫生设施和3个二级医疗卫生设施，计算结果如表3-31和图3-44所示。

沙坪坝区医疗卫生设施度数中心度计算结果（主要设施点）　　表 3-31

编号	医院名称	等级	绝对度数中心度	标准化度数中心度	度数中心度指标
S59	重庆西南医院	三级	32	52.459	0.155
S60	重庆新桥医院	三级	29	47.541	0.141
S58	重庆市沙坪坝区人民医院	二级	21	34.426	0.102
S56	重庆嘉陵医院	二级	9	14.754	0.044
S57	重庆东华医院	二级	7	11.475	0.034

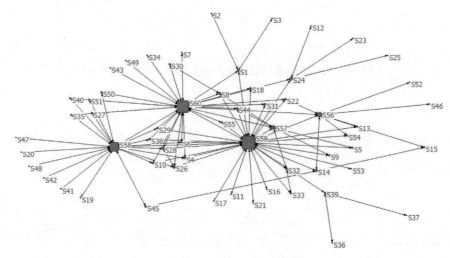

图3-44　沙坪坝区医疗卫生设施社会网络度数中心性分析图

2）中间中心度

沙坪坝区医疗卫生设施中间中心度较高的设施点包括 2 个三级医疗卫生设施、3 个二级医疗卫生设施和 4 个一级医疗卫生设施，计算结果如表 3-32 和图 3-45 所示。

沙坪坝区医疗卫生设施中间中心度计算结果（主要设施点）　　表 3-32

编号	医院名称	等级	绝对中间中心度	标准中间中心度
S59	重庆西南医院	三级	1836.167	53.658
S60	重庆新桥医院	三级	1258.667	36.782
S58	重庆市沙坪坝区人民医院	二级	859.833	25.127
S24	重庆市沙坪坝区青木关中心医院	一级	342	9.994
S56	重庆嘉陵医院	二级	338.667	9.897
S1	重庆市沙坪坝区陈家桥中心医院	一级	230	6.721
S39	重庆市沙坪坝区第三人民医院	一级	230	6.721
S14	重庆市沙坪坝区井口医院	一级	67	1.958
S57	重庆东华医院	二级	37.667	1.101

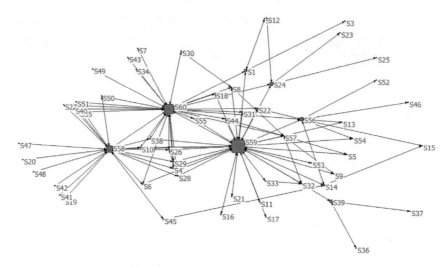

图3-45 沙坪坝区医疗卫生设施社会网络中间中心性分析图

3）接近中心度

沙坪坝区医疗卫生设施接近中心度较高的设施点包括 2 个三级医疗卫生设施和 1 个
二级医疗卫生设施，计算结果如表 3-33 和图 3-46 所示。

沙坪坝区医疗卫生设施接近中心度计算结果（主要设施点）　表 3-33

编号	医院名称	等级	标准接近中心度
S59	重庆西南医院	三级	68.605
S60	重庆新桥医院	三级	64.835
S58	重庆市沙坪坝区人民医院	二级	55.14

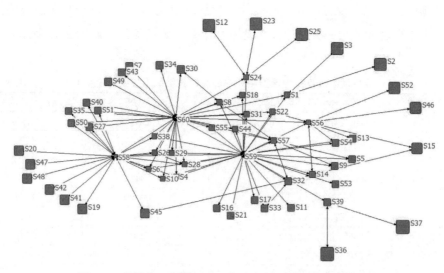

图3-46 沙坪坝区医疗卫生设施社会网络接近中心性分析图

4）角色定位

据此对沙坪坝区医疗卫生设施进行角色定位，沙坪坝区的 2 个三级医疗卫生设施和 1 个二级医疗卫生设施为社会网络结构中的主导者，2 个二级医疗卫生设施主要为枢纽者，中间者由 4 个一级医疗卫生设施承担，其他医疗卫生设施为边缘者（表 3-34）。

沙坪坝区医疗卫生设施角色定位 表 3-34

编号	医院名称	等级	数学表达式	角色定位
S59	重庆西南医院	三级	1，1，1	主导者
S60	重庆新桥医院	三级	1，1，1	主导者
S58	重庆市沙坪坝区人民医院	二级	1，1，1	主导者
S56	重庆嘉陵医院	二级	1，1，0	枢纽者
S57	重庆东华医院	二级	1，1，0	枢纽者
S24	重庆市沙坪坝区青木关中心医院	一级	0，1，0	中间者
S1	重庆市沙坪坝区陈家桥中心医院	一级	0，1，0	中间者
S39	重庆市沙坪坝第三人民医院	一级	0，1，0	中间者
S14	重庆市沙坪坝区井口医院	一级	0，1，0	中间者
—	其他	—	0，0，0	边缘者

3. 大渡口区网络中心性分析

1）度数中心度

大渡口区医疗卫生设施度数中心度较高的设施点包括 4 个二级医疗卫生设施和 1 个一级医疗卫生设施，计算结果如表 3-35 和图 3-47 所示。

大渡口区医疗卫生设施度数中心度计算结果（主要设施点） 表 3-35

编号	医院名称	等级	绝对度数中心度	标准化度数中心度	度数中心度指标
D13	重钢总医院	二级	11	73.333	0.275
D14	重庆市大渡口区第一人民医院	二级	6	40	0.15
D15	重庆大渡口区长征医院	二级	4	26.667	0.1
D16	大渡口第二人民医院	二级	3	20	0.075
D1	重庆新城医院	一级	2	13.333	0.05

2）中间中心度

大渡口区医疗卫生设施中间中心度较高的设施点包括 4 个二级医疗卫生设施和 1 个一级医疗卫生设施，计算结果如表 3-36 和图 3-48 所示。

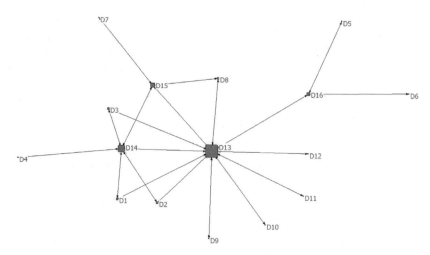

图3-47 大渡口区医疗卫生设施社会网络度数中心性分析图

大渡口区医疗卫生设施中间中心度计算结果（主要设施点）　　表 3-36

编号	医院名称	等级	绝对中间中心度	标准中间中心度
D13	重钢总医院	二级	177.5	84.524
D16	大渡口区第二人民医院	二级	52	24.762
D15	重庆大渡口区长征医院	二级	27.5	13.095
D14	重庆市大渡口区第一人民医院	二级	14	6.667
D1	重庆新城医院	一级	0	0

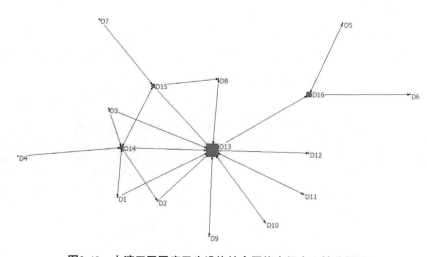

图3-48 大渡口区医疗卫生设施社会网络中间中心性分析图

3）接近中心度

大渡口区医疗卫生设施中间中心度较高的设施点包括 3 个二级医疗卫生设施，计算结果如表 3-37 和图 3-49 所示。

大渡口区医疗卫生设施接近中心度计算结果（主要设施点）　　表3-37

编号	医院名称	等级	标准接近中心度
D13	重钢总医院	二级	78.947
D16	大渡口区第二人民医院	二级	51.724
D15	重庆大渡口区长征医院	二级	50

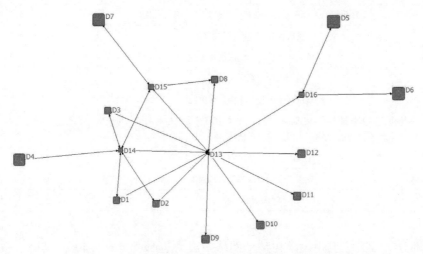

图3-49　大渡口区医疗卫生设施社会网络接近中心性分析图

4）角色定位

据此对大渡口区医疗卫生设施进行角色定位。大渡口区的3个二级医疗卫生设施为社会网络结构中的主导者，1个二级医疗卫生设施和1个一级医疗卫生设施为枢纽者，其他医疗卫生设施为边缘者（表3-38）。

大渡口区医疗卫生设施角色定位　　表3-38

编号	医院名称	等级	数学表达式	角色定位
D13	重钢总医院	二级	1，1，1	主导者
D15	重庆大渡口区长征医院	二级	1，1，1	主导者
D16	大渡口区第二人民医院	二级	1，1，1	主导者
D14	重庆市大渡口区第一人民医院	二级	1，1，0	枢纽者
D1	重庆新城医院	一级	1，1，0	枢纽者
—	其他	—	0，0，0	边缘者

4. 网络结构个体特征总结

（1）三个社会网络结构中，主要存在的角色有三类：主导者、枢纽者和边缘者。主导者多由三级医疗卫生设施承担，枢纽者主要由二级医疗卫生设施构成，而中间者主要由一级医疗卫生设施构成（表3-39）。

渝中区、沙坪坝区、大渡口区医疗卫生设施角色定位　　　　表3-39

区域	医院名称	等级	角色定位
渝中区	重医第一附属医院、重庆大坪医院、中山医院、重医第二附属医院、重庆市第三人民医院	三级	主导者
	重庆市第八人民医院、重庆市邮政医院、重庆长航医院	二级	枢纽者
	重庆市公安消防总队医院	一级	中间者
沙坪坝区	重庆西南医院、重庆新桥医院	三级	主导者
	重庆市沙坪坝区人民医院	二级	主导者
	重庆嘉陵医院、重庆东华医院	二级	枢纽者
	重庆市沙坪坝区青木关中心医院、重庆市沙坪坝区陈家桥中心医院、重庆市沙坪坝区第三人民医院、重庆市沙坪坝区井口医院	一级	中间者
大渡口区	重钢总医院、重庆大渡口区长征医院、大渡口区第二人民医院	二级	主导者
	重庆市大渡口区第一人民医院	二级	枢纽者
	重庆新城医院	一级	枢纽者

（2）部分二级医疗卫生设施在整个网络中成为边缘者（表3-40）。其中，重庆大学医院对内服务，在网络中处于边缘地位，重庆市红岭医院处于边缘地位，则说明并未与其他设施积极构建协同关系，医疗服务效率较低。

处于边缘者地位的二级医疗卫生设施　　　　表3-40

区域	医院名称	等级	角色定位
渝中区	重庆市红岭医院	二级	边缘者
沙坪坝区	重庆大学医院	二级	边缘者

3.3.4　计算结果

基于以上从整体到局部再到个体的分析，较全面地剖析了医疗卫生设施的网络结构特征和问题。

1.网络结构特征总结

渝中区、沙坪坝区、大渡口区存在相似性，呈现出多层级、多子群的结构特征。各区的层级结构较符合正三角形的分配，设施随层级的降低而逐渐增多。局部特征方面，各区网络都出现较多的子群，各子群均包含有一、二、三级的医疗卫生设施，子群间共同占有的医疗卫生设施较多。个体特征方面，各区网络中均存在主导者、枢纽者、中间者三种角色。

2.网络结构特征对比

对各区网络整体特征进行对比，网络的完备性和稳定性评价中，渝中区较好，沙坪坝区一般，大渡口区较弱。层级结构方面，沙坪坝区医疗卫生设施结构层级较明显、清晰，渝中区层级结构一般，大渡口区层级结构较弱。

对各区网络局部特征进行对比，渝中区医疗卫生设施网络的子群规模较大，多为20～30个设施组成，16个子群结构中有10个子群的凝聚程度较好，以三级医疗卫生设施为核心。沙坪坝区医疗卫生设施社会网络子群规模较小，多由少于10个设施组成，10个子群结构中有4个子群的凝聚程度较好，以三级医疗卫生设施为核心。大渡口区医疗卫生设施社会网络所划分的子群规模较小，多由少于10个设施组成，4个子群结构中有2个子群的凝聚程度较好，以二级医疗卫生设施为核心。

对各区网络个体特征进行对比，渝中区医疗卫生设施网络以三级医疗卫生设施为主导者，部分二级医疗卫生设施为枢纽者，部分一级医疗卫生设施为中间者；沙坪坝区以三级或部分二级医疗卫生设施为主导者，部分二级医疗卫生设施为枢纽者，部分一级医疗卫生设施为中间者；大渡口区以二级医疗卫生设施为主导者，部分一级、二级医疗卫生设施为枢纽者，没有中间者。

3.4 医疗卫生设施网络规划策略

医疗卫生设施规划布局建设从两个方面展开，分别为医疗协作服务网络优化与医疗服务设施规划（图3-50）。网络结构优化包括整体网—局部网—个体设施的优化；物质规划建设从医联体构建、层级布局优化两方面提出具体策略。

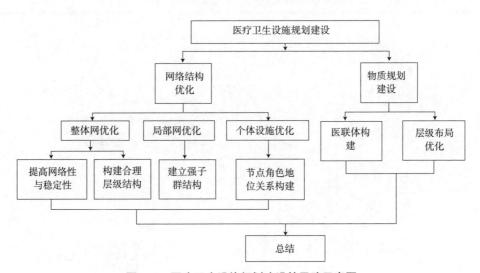

图3-50 医疗卫生设施规划建设的思路示意图

3.4.1 医疗协作网络优化策略

渝中区、沙坪坝区、大渡口区三个城区医疗卫生设施网络模型具有相似性，均为多中心结构。由此，以渝中区为例，从整体—局部—个体三个层面进行医疗设施网络结构优化分析。

1. 整体网优化

1) 提升网络结构完备度与稳定性

经过网络结构的完备性计算发现，通过减少切点、提高边关联度可以增加网络结构整体的完备度与稳定性。

第一，减少切点。根据计算，渝中区的医疗卫生设施网络结构中，切点以及与切点相互联系的点总结如下，共有4个一级医疗卫生设施节点仅与切点相连（表3-41）。增加4个医疗卫生设施的关系连接，可减少切点，提升网络结构完备度与稳定性。一级医疗卫生设施主要与二级、三级医疗卫生设施建立协作关系，根据设施地理位置与空间分布，选取4个医疗卫生设施周边的二、三级医疗卫生设施，与其建立联系（图3-51）。

渝中区医疗卫生设施的网络切点及其相关点 　　　　　　　　表 3-41

	一级	二级	三级
切点	—	—	Y44、Y46
仅与切点相连的点	Y1、Y22、Y31、Y37	—	—

备注：Y1—重庆市渝中区白象街社区卫生服务站；Y22—重庆市渝中区浮图关社区卫生服务站；Y31—重庆市渝中区大井巷社区卫生服务站；Y37—重庆市渝中区第二人民医院；Y44—重医第二附属医院；Y46—重庆大坪医院。

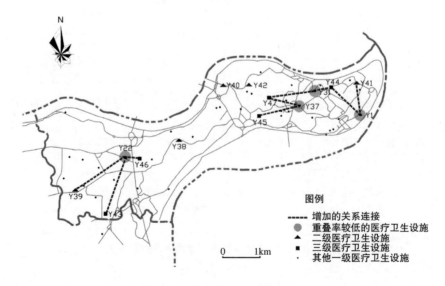

图3-51　增加协作关系连接图

增加 Y1、Y22、Y31、Y37 节点与二、三级医疗卫生设施节点的关系具体为：增加 Y1 与 Y41（重庆市公安消防总队医院，二级），Y22 与 Y39（重庆长航医院，二级）、Y43（重医第一附属医院，三级），Y31 与 Y47（中山医院，三级），Y37 与 Y45（重庆市第三人民医院，三级）、Y47（中山医院，三级）等四组的协作关系，形成新的协作关系网络（图 3-52）。

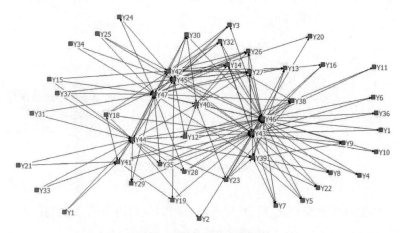

图3-52　基于切点的网络优化

第二，边关联度优化。根据 Lambda 计算，渝中区的医疗卫生设施网络结构中，边关联度较低的医疗卫生设施节点主要为一级医疗卫生设施，包括 4 个面向特定人群的内部服务设施，及 11 个社区服务设施（表 3-42）。由于内部服务设施点的服务人群与需要构建的协作关系较简单，较低的边关联度并不影响其服务功能，因此，提高边关联度主要是针对社区服务设施，增加其与周边设施协作关系连接，可提升边关联度，增加网络结构完备度与稳定性。根据地理位置与空间分布，基于交通便捷与邻近原则，选取 11 个社区服务设施周边较高等级的医疗卫生设施，与其建立联系（图 3-53）。

医疗卫生设施稳定性分析薄弱点	表 3-42

Lambda ≤ 2 的医疗卫生设施	
面向特定人群的内部服务设施	社区服务设施
Y6、Y10、Y36	Y1、Y2、Y11、Y17、Y20、Y21、Y22、Y24、Y31、Y34、Y37

备注：Y1—重庆市渝中区白象街社区卫生服务站；Y2—重庆市渝中区凉亭子社区卫生服务站；Y6—重庆科技学院北校区卫生所；Y10—重庆电信职工医院；Y11—重庆市渝中区肖家湾社区卫生服务站；Y17—重庆市渝中区菜园坝社区卫生服务中心；Y20—重庆市渝中区解放西路社区卫生服务站；Y21—解放碑沧白路社区卫生服务站；Y22—重庆市渝中区浮图关社区卫生服务站；Y24—重庆华仁医院；Y31—重庆市渝中区大井巷社区卫生服务站；Y34—重庆市渝中区七星岗兴隆街社区卫生服务站；Y36—重庆医科大学门诊部；Y37—重庆市渝中区第二人民医院。

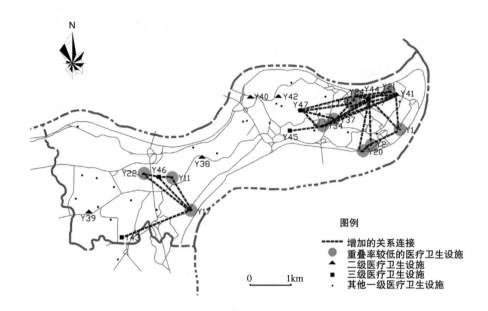

图3-53　增加协作关系的策略示意图

一方面，增加社区服务设施 11 个节点相互间的三角协作关系，包括 Y1、Y2、Y20 间协作关系，Y11、Y17、Y22 间协作关系，Y21、Y24、Y31 间协作关系，Y24、Y31、Y37 间协作关系，Y34、Y31、Y37 间协作关系，Y24 与 Y37 间协作关系。另一方面，增加节点与其他高等级设施节点的协作关系，包括 Y1、Y24 与 Y41（重庆市公安消防总队医院，三级）关系连接，Y24 与 Y44（重医第二附属医院，二级）关系连接，Y31、Y37 与 Y47（中山医院，三级）关系连接，Y37 与 Y45（重庆市第三人民医院，三级）关系连接，由此形成新的网络（图 3-54）。

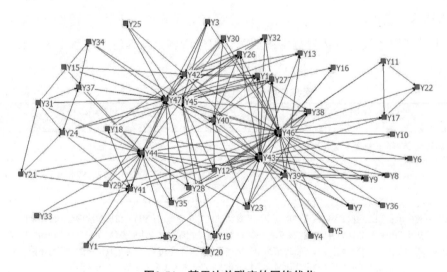

图3-54　基于边关联度的网络优化

2）构建合理的层级结构

合理的层级结构是设施数量、功能、等级相互匹配，从而有利于管理、信息传递以及连续服务等。不同等级医疗卫生设施的规模、设备、人才等均有所不同，这确定了其在整个协作关系中的地位、作用，是领导带动，同时还是学习借鉴。合理的层级结构为：三级医疗卫生设施位于层级结构顶端，二级医疗卫生设施位于中间，一级医疗卫生设施位于结构底层。

根据欧几里得距离分析，渝中区的医疗卫生设施网络划分为6个层级，部分高等级设施位于低层级，部分低等级设施位于高层级。这其中，层级过低的二级医疗卫生设施3个，三级医疗卫生设施3个；层级过高的一级医疗卫生设施7个（表3-43）。高等级医疗卫生设施层级较低，表明其合作设施过少，服务范围有限。因此，主要通过提高低层级、高等级设施点的层级，增加节点关系，平衡医疗卫生设施的层级结构。将点落实到空间中，根据设施点地理位置与空间分布，增加6个层级较低医疗卫生设施点与周边设施的关系连接（图3-55）。

层级结构不合理的设施点   表 3-43

	层级过低		层级过高
等级	二级	三级	一级
医疗卫生设施	Y38、Y41、Y42	Y44、Y45、Y47	Y3、Y12、Y13、Y14、Y18、Y23、Y35

备注：Y38—重庆市渝中区第二人民医院；Y41—重庆市公安消防总队医院；Y42—重庆市第八人民医院；Y44—重医第二附属医院；Y45—重庆市第三人民医院；Y47—中山医院。

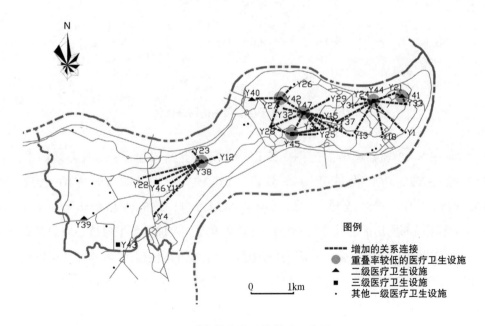

图3-55　增加协作关系的策略示意图

具体包括 Y38 与 Y4（大坪灯堡社区卫生服务站，一级）、Y22（重庆市渝中区浮图关社区卫生服务站，一级）的关系连接，Y42、Y45 与 Y28（重庆市第九人民医院城南分院，一级）的关系连接，Y42 与 Y40（重庆市邮政医院，二级）的关系连接，Y44 与 Y13（渝中区区级机关事务管理局卫生所，一级）、Y24（重庆华仁医院，一级）的关系连接，形成新的网络（图 3-56）。

2. 局部网优化

优化医疗卫生设施的局部社会网络，需要理清子群结构的关系，建立独立、凝聚性强的子群结构。清晰的子群结构，有利于医疗协作小团体的形成，团体内的医疗设施运转更快，医疗服务连续性更强。优化医疗卫生设施的局部网络，宜以单核心的紧密结构为基本单位，这样的结构构成明确，层级清晰，自上而下的关系更容易建立，有利于协作小团体的形成。因此，需要划分单核心结构的设施边界。

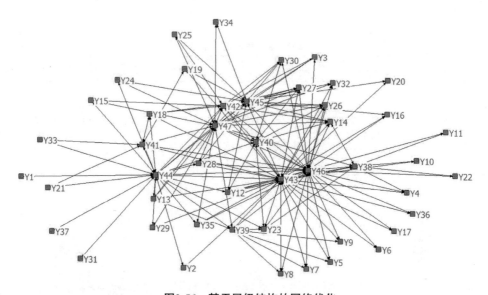

图3-56　基于层级结构的网络优化

以渝中区 12 号凝聚子群为例，核心—边缘计算结果显示：单核心结构中，Y12、Y14、Y23、Y26、Y27 设施重叠率较高，Y1、Y3、Y7、Y8、Y9、Y10、Y11、Y15、Y16、Y18、Y21、Y28、Y33、Y35、Y41、Y43、Y44、Y45、Y46 设施重叠率较低（表3-44）。优化局部网络需加强单核心结构的紧密程度，在加强每个单核心内部关系连接的同时尽可能地减少结构重叠，则需要增加重叠率较低的设施点的内部关系。将点落实到空间中，根据设施点地理位置与空间分布，增加 Y1 等 19 个重叠率较低的设施点与周边设施的关系连接（图 3-57）。

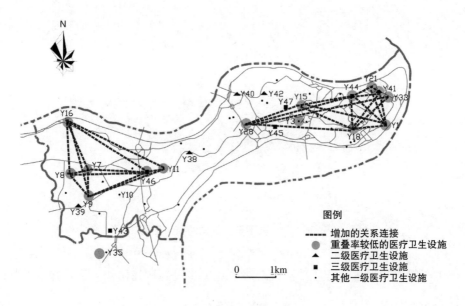

图3-57　增加关系的策略示意图

单核心结构的组成　　　　　　　　　　　　　　　　表 3-44

单核心	单核心结构包含的医疗卫生设施		
	三级	二级	一级
Y43	Y43	Y38、Y39、Y40、Y42	Y2、Y4、Y5、Y12、Y14、Y23、Y26、Y27
Y44	Y44	Y39、Y40、Y41、Y42	Y1、Y2、Y12、Y14、Y15、Y18、Y21、Y23、Y26、Y27、Y28、Y30、Y33、Y35
Y45	Y45	Y38、Y39、Y40	Y13、Y14、Y26、
Y46	Y46	Y38、Y39、Y40、Y42	Y3、Y4、Y5、Y7、Y8、Y9、Y10、Y11、Y12、Y14、Y16、Y23、Y26、Y27、Y30、Y32

　　具体需要增加的关系连接有：增加 Y1、Y15、Y18、Y21，4 个节点间的关系连接；增加 Y3、Y7、Y8、Y9、Y10、Y11，6 个节点间的关系连接；增加 Y3、Y7、Y8、Y9、Y10、Y16，6 个节点间的关系连接；分别增加 Y28、Y33，2 个节点与 Y1、Y15、Y18，3 个节点的关系连接；增加 Y41 与 Y15 间的关系连接，从而形成新的网络（图 3-58）。

　　3. 个体设施优化

　　医疗卫生设施的个体设施优化包括两方面的内容：第一是明确各等级医疗卫生设施在网络中的角色与地位；第二是根据角色与地位进行关系网络的构建。具体策略包括：

　　（1）三级医疗卫生设施在全网中，广泛建立协作关系，包括三级设施内部及其与其他设施之间的关系，形成网络中的主导者。

　　（2）二级医疗卫生设施主要围绕三级医疗卫生设施构建协作关系，并在局部网络中与一级医疗卫生设施广泛建立协作关系，承担局部网络中的节点作用，形成网络中的枢纽者。

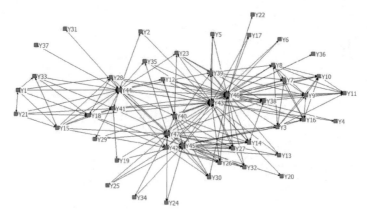

图3-58　基于子群结构的网络优化

（3）一级医疗卫生设施主要围绕二级医疗卫生设施构建协作关系，并鼓励其内部构建协作关系。

根据渝中区医疗卫生设施网络中心性分析，各医疗卫生设施的角色定位较明确（表3-45）。其中，Y38（重庆市红岭医院，二级）等级较低。因此，应提高Y38等级，加强局部网络的医疗协作关系建设，使其从边缘者角色成为枢纽者（图3-59）。

渝中区医疗卫生设施的角色		表 3-45
医院名称	等级	角色定位
Y43—重医第一附属医院、Y46—重庆大坪医院、Y47—中山医院、Y44—重医第二附属医院、Y45—重庆市第三人民医院	三级	主导者
Y42—重庆市第八人民医院、Y40—重庆市邮政医院、Y39—重庆长航医院	二级	枢纽者
Y41—重庆市公安消防总队医院	一级	中间者
Y38—重庆市红岭医院	二级	边缘者
剩余的其他设施	一级	边缘者

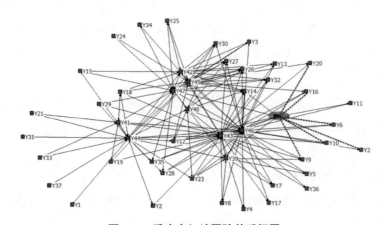

图3-59　重庆市红岭医院关系拓展

3.4.2 医疗服务设施规划策略

遵循医疗卫生设施协作化、网络化发展规律构建医疗卫生设施的规划模式，可促进医疗卫生设施的有序发展，避免分布不均、结构失衡等问题。研究医疗卫生设施的协作关系，构建社会网络模型，旨在指导医疗卫生设施的物质规划。医疗卫生设施的物质规划主要从医联体构建、层级布局优化两方面提出策略，并进一步促进医疗协作关系的健康、持续发展，满足居民就医需求，缓解医疗方面的社会问题。

1. 医联体构建

基于医疗卫生设施的网络协作关系构建医联体，具有操作性与合理性。可以加强医疗帮扶、交流学习，有利于医疗信息及服务的传递，引导并保障居民分流就医、连续就医过程。

1）医联体体系构建

将子群结构中的单核心紧密结构构建形成医联体。单核心紧密结构有两种，分别为以三级医疗卫生设施为核心和以二级医疗卫生设施为核心的紧密结构。

根据医联体分类及子群计算结果，确定医联体体系有两类：一类医联体以三级设施为核心，由1个三级医疗卫生设施、3～5个二级医疗卫生设施和10～15个一级医疗卫生设施构成，总计约14～21个医疗卫生设施；二类医联体以二级设施为核心，由1个二级医疗卫生设施、3～5个一级医疗设施构成，总计约有5～7个医疗卫生设施（表3-46）。

医联体体系　　　　　　　　　　　　表 3-46

分类	核心设施	医疗卫生设施数量（个）			
		三级医疗卫生设施	二级医疗卫生设施	一级医疗卫生设施	总计
一类医联体	三级医疗卫生设施	1	3～5	10～15	14～21
二类医联体	二级医疗卫生设施	0	1	3～5	4～6

2）一类医联体空间范围的实证分析

适当的空间距离有利于协作关系的发展与保持。研究医联体的空间范围主要根据现状的数据，计算核心设施与其他设施的空间距离，为研究医联体的空间范围半径提供科学依据。

将一类医联体落实到空间布局中，统计核心设施（渝中区Y43、Y44、Y45、Y46、Y47，沙坪坝区S50、S60）与其他设施的空间直线距离（图3-60～图3-66）。

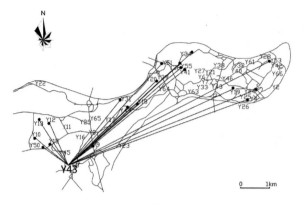

图3-60　Y43空间距离及统计图

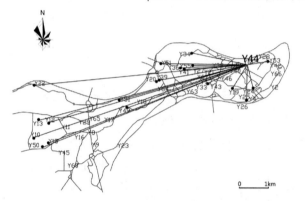

图3-61　Y44空间距离及统计图

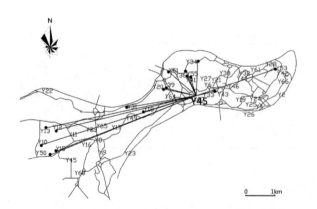

图3-62　Y45空间距离及统计图

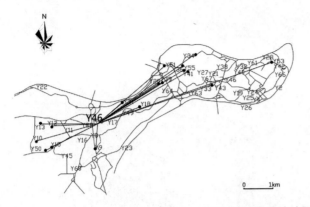
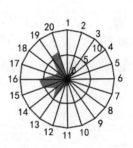

图3-63 Y46空间距离及统计图

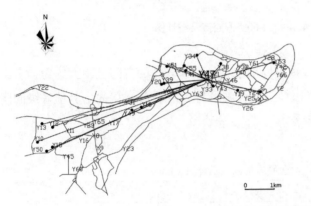

图3-64 Y47空间距离及统计图

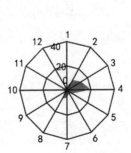

图3-65 S59空间距离及统计图

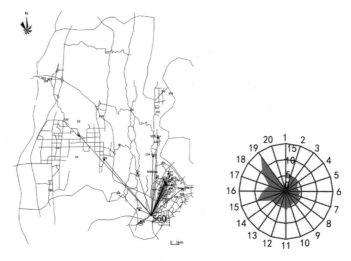

图3-66　S60空间距离及统计图

根据统计结果，分布情况大致可以确定，一类医联体的空间范围大约为一个半径等于4km的圆（表3-47），即三级医疗卫生设施可与其相距4km以内的其他等级的医疗卫生设施共同形成一个一类医联体❶。

一类医联体空间范围计算（km）　　　　表 3-47

	Y43	Y44	Y45	Y46	Y47	S59	S60
空间平均距离	3.97	3.79	2.47	2.48	2.47	5.87	5.43
平均半径	约 4						

3）二类医联体的空间范围

同理，将二类医联体落实到空间布局中，统计渝中区、沙坪坝区、大渡口区二级核心设施与其他设施的空间直线距离（图3-67 ~ 图3-69），计算二类医联体的空间范围。

根据计算，二类医联体的空间范围约等于一个半径为1.5km的圆（表3-48），即二级医疗卫生设施可与其相距1.5km以内的一级医疗卫生设施共同形成一个二类医联体。

二类医联体空间覆盖半径计算（km）　　　　表 3-48

	渝中区	沙坪坝区	大渡口区
空间覆盖范围平均半径	1.12	4.32	1.61
平均半径	约 1.5		

❶　需要指明的是，本章对一类医联体和后文二类医联体的空间范围计算结果，是基于信息有限条件下，重庆特定区域的实证研究结果，具体数值不具有推广性和普遍意义。

4）医联体布置策略

医联体空间布局策略遵循以下三个原则：

其一，以保留的三级医疗卫生设施为中心，划定一类医联体的空间范围。其二，确定新建的三级医疗卫生设施，并划定新建的一类医联体的空间范围。根据沙坪坝区、大渡口区的基本情况，沙坪坝区新建三级医疗卫生设施选址在西永大学片区，该片区医疗卫生设施建设薄弱，是沙坪坝区医疗卫生设施的拓展方向，且用地多元、人口密集；大渡口区的新建三级医疗卫生设施选址在北部，该片区用地多元、人口密集。其三，在一类医联体空间覆盖不完全的地方，配置二类医联体。二类医联体的选址主要考虑人口、用地，并依托现状的二级医疗卫生设施进行选址。

综合以上分析，提出渝中区、沙坪坝区和大渡口区医联体布局构想（图 3-70）。

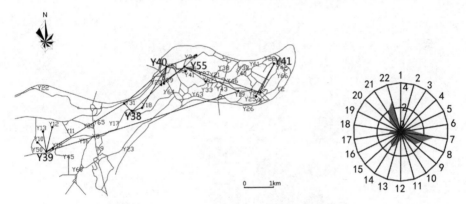

图3-67　渝中区二类医联体空间距离及统计图

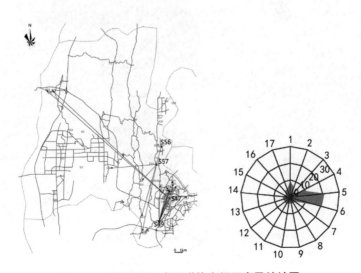

图3-68　沙坪坝区二类医联体空间距离及统计图

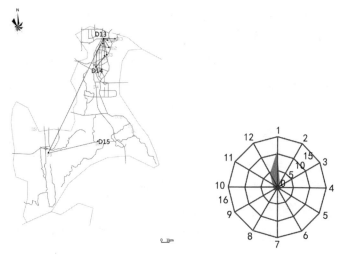

图3-69　大渡口区二类医联体空间距离及统计图

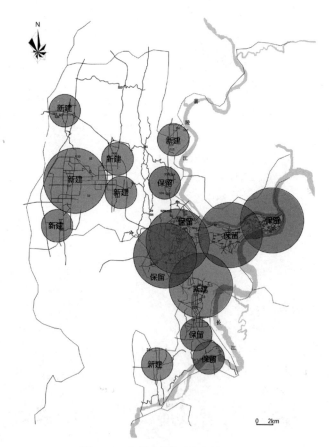

图3-70　空间布局规划示意图

　　需要指出的是，以医联体为基本单元进行布局的规划思路与技术模式，是从医疗卫生设施相互作用和协作关系研究角度所作的探索，用以配合城市用地、人口分布等客观条件，满足老百姓的连续性、异地化就医活动。希望在一定程度上可以弥补医疗卫生设施规划传统布局模式的技术缺陷（图 3-71）。

传统布局模式　　　　　　医疗协作网络　　　　　　医联体布局模式

图3-71　以医联体为单元的布局模式

2. 层级布局优化

1）医疗卫生设施层级结构调整

根据层级划分分析，医疗卫生设施的体系结构应当与功能等级相匹配：形成以三级医疗卫生设施为主导，二级医疗卫生设施为拓展，一级医疗卫生设施为基础的体系结构。三级医疗卫生设施应当少而精，位于体系结构的顶层，统领整个区域的医疗卫生事业发展。二级医疗卫生设施应当厚而实，补充三级医疗卫生设施的服务不足，为一级医疗卫生设施提供技术支撑。一级医疗卫生设施应当多而广，广泛分布于区域内，方便居民就近就医。三级、二级、一级医疗卫生设施构成的医疗卫生体系结构应当如正立的三角形（图3-72），逐层增加设施数量。

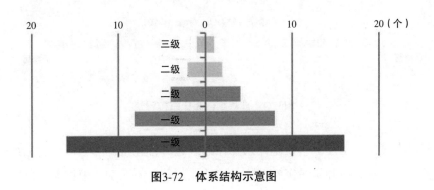

图3-72　体系结构示意图

对比渝中区、沙坪坝区、大渡口区医疗卫生设施的层级划分，提出体系结构建设建议：第一，渝中区有 2 个三级医疗卫生设施处于顶层，3 个三级医疗卫生设施处于第 5 层，说明部分三级医疗卫生设施冗余，不能发挥协作主导作用，处于结构较低层。同时，综合考虑渝中区医疗卫生设施现状建设过量的问题，提出将层级较低的 3 个三级医疗卫生设施外迁（图 3-73）。

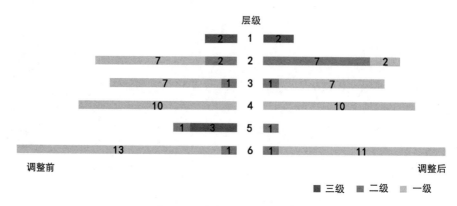

图3-73　渝中区层级结构调整

第二，沙坪坝区医疗卫生设施层级结构较合理，1 个二级医疗卫生设施和 1 个三级医疗卫生设施并列处于第 2 级。二级医疗卫生设施层级结构较高，说明沙坪坝区三级医疗卫生设施不足，三级医疗卫生设施的主导作用需要二级医疗卫生设施承担。提出的具体措施是适当增加 1 个三级医疗卫生设施（图 3-74）。

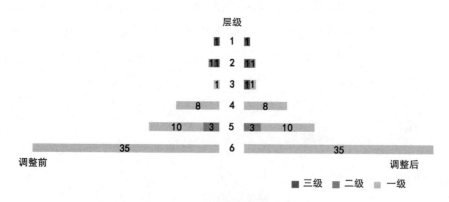

图3-74　沙坪坝区层级结构调整

第三，大渡口区医疗卫生设施体系存在的问题，首先是不完整，缺乏三级医疗卫生设施，其次是现状二级和一级医疗卫生设施功能与等级不匹配。根据大渡口区的层级结构分析来看，应至少建设 1 个三级医疗卫生设施，并合理调整其他医疗卫生设施的层级性（图 3-75）。

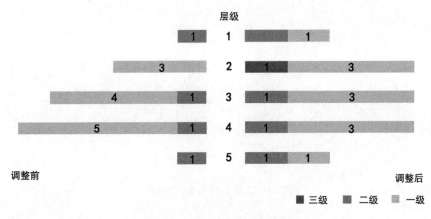

图3-75 大渡口区层级结构调整

2）医疗卫生设施布点规划

以渝中区医疗卫生设施为例，阐述具体的规划布点策略。

一是规划三级医疗卫生设施布点。根据三级设施的层级结构分布及数量控制，确定外迁层级性较低的3个三级医疗卫生设施分别为：Y44—重医第二附属医院、Y45—重庆市第三人民医院、Y47—中山医院（图3-76）。

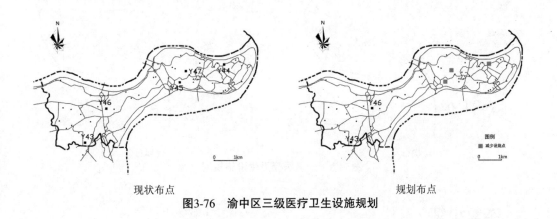

现状布点   规划布点

图3-76 渝中区三级医疗卫生设施规划

二是规划二级医疗卫生设施布点。根据层级结构和规模控制，二级医疗卫生设施需要增加5个。因此，选取5个层级结构较高的一级医疗卫生设施，扩展规模形成二级医疗卫生设施。综合考虑空间均衡性，选取的5个一级医疗卫生设施分别为：Y3—重庆市渝中区七星岗抗建堂社区卫生服务站、Y14—上清寺桂花园社区卫生服务站、Y18—重庆市公安局渝中区分局医务室、Y23—重庆市渝中区第五人民医院、Y35—重庆奥林医院（图3-77）。

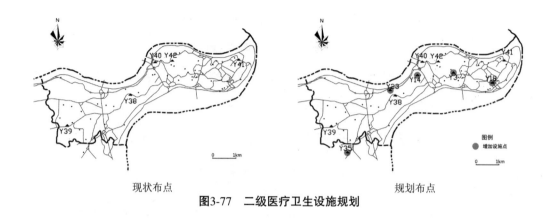

现状布点   规划布点

图3-77　二级医疗卫生设施规划

三是规划一级医疗卫生设施布点。根据层级分析，一级医疗卫生设施需要减少7个，其中5个拓展形成二级医疗卫生设施，还需要减少2个。综合考虑设施层级结构和设施布局均衡性，主要选择层级结构较低、密集程度较高的一级医疗卫生设施，规划减少的2个医疗卫生设施分别为：Y2—重庆市渝中区凉亭子社区卫生服务站、Y20—重庆市渝中区解放西路社区卫生服务站（图3-78）。

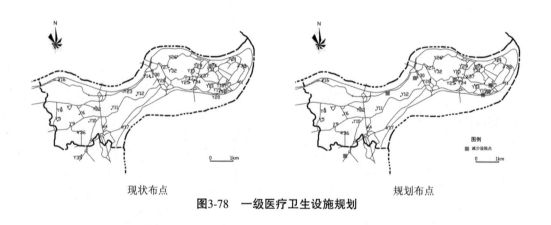

现状布点   规划布点

图3-78　一级医疗卫生设施规划

3.5　本章小结

我国医疗卫生设施的规划研究还处于起步阶段，本章采用社会网络分析法，以居民流动连续就医的需求为出发点，通过定性和定量分析相结合的方式，研究医疗卫生设施的协作关系，基于服务的均等化，指导规划建设的均等化。

本章研究得到了以下几点结论：第一，采用实地调研、深入访谈、问卷调查等方法，获得基础资料，以医疗协作为关系，构建了医疗卫生设施的社会网络模型；第二，通过分析网络模型，深入剖析了重庆市医疗卫生设施存在的结构问题和建设问题，即结构上存在完备性、稳定性不足，层级性较混乱，子群结构重叠，设施角色定位错位等问题，主要影响了医疗卫生设施的服务效率，空间分布集散问题以及个体设施的选址等；第三，提出了医疗卫生设施具体的规划建设策略，包括医联体构建、层级布局优化，以满足就医需求、促进医疗服务发展。

第4章 城镇尺度：四川芦山县城应急避难网络及场所规划 ❶

随着西南地区城镇现代化建设的发展，人类活动对西南地区城镇自然环境的改造活动日益加剧，城镇自然和次生灾害突发事件日益频繁，对城镇造成的损失日益严重，西南城镇应急避难场所建设取得长足进步的同时，也出现了一些灾后应急避难效果不佳等问题，如灾后避难场所之间连通性弱，注重个体建设而忽视相互协作与配合等。

为此，融贯城乡规划学物质空间思维和社会网络分析理论，凝练"城镇防灾减灾中应急避难场所网络演化机制"的科学问题，从应急避难场所内部系统整体角度出发，挖掘应急避难场所系统中避难场所之间的相互作用和关系，以地震灾区芦山县城为例，构建应急避难场所网络模型，分析网络的演化过程和结构稳定性、均衡性、脆弱性等，推导应急避难场所在防灾避难过程中的演化机制。探索应急避难场所的选址布局、层级划分、个体配置原理和方法，推进城镇应急避难场所规划设计原理和方法探索。

4.1 应急避难场所建设现状与问题

4.1.1 应急避难场所的基本含义

1. 应急避难场所类型

灾害发生后，灾民避难行为主要是从一开始的紧急无序避难，到临时有序避难、治疗及安置等工作，最后到灾后城市重建与复兴阶段的临时避难生活[224]。因此，许多国家和地区根据应急避难行为，对应避难场所进行类型划分。如日本根据应急避难场所规模、等级，将其划分为临时集合场所、广域避难场所、避难所三个等级（表4-1）。

日本应急避难场所类型 表4-1

类型	临时集合场所	广域避难场所	避难所
功能	临时停留；等待救援	避难集中场所；保证避难者安全的大规模的防御性场所	为灾后无家可归者提供较长时间安置的场所；可作为灾后重建阶段的收容所

---

❶ 本章在刘杰同志硕士论文研究的基础上改写。

续表

类型	临时集合场所	广域避难场所	避难所
形式	低密度的公共场所；住宅、商业、办公空旷区	大公园、绿地为主	抗震强度高的建筑，如学校、会所等公共建筑
特点	规模大；有一定的配备设施	规模大；有一定的配备设施	室内；抗震强度高

我国对应急避难场所也进行了多种类型的划分（表4-2）。

国内应急避难场所类型 表4-2

依据	类型及组成	注释
避难时序	临时避难场所	避难过程中提供灾民进行临时避难疏散的场所，是紧急避难向固定避难场所转移的过渡区域，主要包括小区公园、街头绿地、广场及抗灾能力较强的公共设施等
	临时收容所	为灾后无家可归者提供临时安置的场所
	中长期收容所	为灾后无家可归者提供较长时间安置的场所
避难方式	紧急避难场所	临时或就近疏散，小区公园、广场、街边绿地、高层建筑中的避难层（间）
	固定避难场所	供避难人员较长时间避难和进行集中性救援，面积较大、人员容置较多的公园、广场、体育场馆、大型人防工程、停车场、空地、绿化隔离带，以及满足防灾避难要求的公共设施等
	中心避难场所	规模较大、功能较全、起避难中心作用的固定避难场所，场所内设抢险救灾部队营地、医疗急救中心和重伤员转运中心等
场所形式	场地型避难场所	公园、绿地、学校操场、广场和大型停车场等开敞空间
	建筑型避难场所	公共场馆、学校、地下空间等公共建筑

2. 应急避难场所规模和规划原则

目前，国内外对应急避难场所的规模和规划原则等研究较多，我国应急避难场所规划一般遵循综合防灾、统筹规划，与城市规划协调，因地制宜，选址安全，平灾结合，与长期防灾协调等六个基本原则。

我国台湾地区的应急避难场所先按照地域或行政级别划分避难场所类型，分为全市防灾避难场所、地区防灾避难场所和邻里防灾避难场所，再确定具体规划设置原则及配置设施（表4-3）。

台湾避难场所设置规划原则 表4-3

类别	名称	设置指标	防灾必要设施及设备
全市防灾避难圈	学校、全市性公园、大型医院、消防队、警察局、仓库、车站	以全市为单位	1. 提供避难居民中长期居住的空间 2. 提供避难居民所需的粮食等生活必需品储存 3. 紧急医疗器材 4. 区域间资料收集，建立防灾资料库，设置情报联络设备

续表

类别	名称	设置指标	防灾必要设施及设备
地区防灾避难圈	中学、社区性公园、地区医院、消防分队、警察分局	步行距离1500～1800m，约3个邻里单元	1. 区域内居民间情报联络及对外联络设备 2. 消防相关器材、药品 3. 紧急医疗器材、药品 4. 进行救灾所需的大型广场、空地 5. 提供临时避难者所需的饮水、粮食与生活必需品的储存（约3～7天）
邻里防灾避难圈	小学、邻里公园、诊所或卫生所、派出所	步行距离500～700m，约一个邻里单元	1. 居民进行灾害因应所需的空间及器材 2. 区域内居民间情报联络及对外联络的设备

国外应急避难场所在规划原则方面略有不同。日本在应急避难场所设置时首先考虑是否有避难设施配置的必要，再根据应急避难场所设置的必要性进行规划建设（表4-4）。

日本避难场所设置规划原则　　　　　　表4-4

避难场所规划原则		具体内容
1	区位性	主要考虑该地区内的街区合理位置及空间的现状，如木造房屋的比例
2	接近性	考虑周边地区至避难场所的可达程度，如出口数量、形式及宽度等
3	有效性	考虑避难场所分布的安全及收容能力，通常以安全有效面积或是人均所占面积为评估指标
4	技能性	此部分为定性描述，主要评估该地区能提供避难者避难活动的程度、避难的方式，指标为日间人口与夜间人口的比值或是有效开放空间（空地、绿地）的计算

资料来源：左进. 山地城市设计防灾控制理论与策略研究 [D]. 重庆：重庆大学，2011.

4.1.2　国内外应急避难场所理论与实践研究

1. 应急避难场所法律法规体系

国外关于应急避难场所建立了完善的法律法规体系。以日本为代表，防灾减灾相关的规划建设、震后运行及管理方面的法律法规，能依法有序地对应急避难进行规划、建设、实施和管理，针对城市公园绿地制定了一系列的法律法规，分为"城市公园和绿地系统"防灾以及"防灾公园"规划建设和管理两个阶段。国内相关法律按照时间和内容进行梳理，可以划分为"减灾规划""防灾减灾规划"以及"防灾减灾配套设施规划"三个阶段（表4-5）。

国内外应急避难场所理论研究　　　　　　表4-5

名称	阶段	时间	法律法规及内容
国外	"城市公园和绿地系统"防灾功能阶段	1950～1990年	日本1956年的《城市公园法》对城市公园防灾避难的各项指标进行详细规定等；1973年的《城市绿地保全法》正式将城市公园划为"防灾系统"的一部分，明确了防灾避难功能；1986年制定的"紧急建设防灾绿地计划"中明确指出城市公园要建设成为具有防灾避难功能的公共空间

名称	阶段	时间	法律法规及内容
国外	"防灾公园"规划建设和管理阶段		日本 1993 年的《城市公园法实施令》首次把城市公园提到了"紧急救灾对策必需的设施"的高度；1996 年《防灾公园计划和设计指导方针》，对防灾公园的功能、布局、设施配置等方面进行了详细阐述和规定
国内	"减灾规划"阶段	1994～2000 年	1995 年的《破坏性地震应急条例》、1997 年的《中华人民共和国防震减灾法》、《北京市破坏性地震应急预案》均针对震后设置应急避难场所和救急物资供应点，提出做好安置和转移灾民工作的要求。1998 年的《中国减灾规划》是我国第一部减灾规划，标志着中国"减灾"规划正式的开端
	"防灾减灾规划"阶段	2001～2002 年	2002 年，我国发布第一部关于防灾减灾规划的纲要《北京中心城地震及其他灾害应急避难场所（室外）规划纲要》；2001 年《北京市实施＜中华人民共和国防震减灾法＞办法》，2002 年完成《北京市城区应急避难场地规划（草案）》
	"防灾减灾配套设施规划"阶段	2003 年至今	2003 年的《城市抗震防灾规划管理规定》；2007 年的《城市抗震防灾规划编制标准》；2008 年的《地震应急避难场所场址及配套设施》和住建部《关于加强城市绿地系统建设提高城市防灾避险能力的意见》（建城〔2008〕171 号）等

2. 应急避难场所建设现状

1）国外建设现状

国外应急避难场所的建设主要分为发展萌芽、初步发展和全面深入三个阶段（表4-6）。

国外应急避难场所建设阶段　　　　表 4-6

名称	阶段	时间	评述
国外	发展萌芽阶段	1670～1760 年	在功能方面"躲避战争、大型自然灾害—方便躲避灾难—暂时避难安置—功能配置齐全"，在形态方面"道路拓宽调直—防灾公园—绿地系统规划—防灾避难场所规划"，应急避难场所规模、配置都日渐成熟，但还是主要停留在应急避难场所功能和形态的发展方面
	初步发展阶段	1800～1925 年	
	全面深入阶段	1999 年至今	

西方国家应急避难场所的建设最初主要是为应对战争和重大自然灾害对城市造成的巨大破坏，保障居民的生命安全。在应急避难场所建设过程中，17 世纪意大利卡塔尼亚城针对战争和火灾，采取拓宽调直道路、建设大型广场[225]的做法，得到很多国家的借鉴和效仿[226]。而真正意义上的应急避难场所起源于 1871 年芝加哥的大火，芝加哥震后规划建设的公园系统[227]成为后来防灾型绿地系统的先驱[228]，也影响了日本关东大地震震后第一个防灾型绿地系统的建立，随后各国和地区针对灾害的情况和特点，制定了相关法律，提出建立避难场所和紧急避难疏散的各项措施[229]。20 世纪，美国开始建设应急避难场所和临时避难场所，并建立具有震前预防、灾时抵御、灾后重建功能的"防灾型社区"。欧洲城市建设了大量的民防掩蔽工程，并兼顾民众平时应急避险的问题，民

防掩蔽工程改造后可以成为应急避难场所[230]。

2）国内建设现状

我国应急避难场所的建设发展主要经历了以下几个阶段。第一阶段，灾后救援。1949 年新中国成立后，防灾减灾还仅仅是停留在灾后救援行动上。第二阶段，开始对灾害进行检测预报、灾害预防以及灾前防御等，1966 年开始建设局部和室外应急避难场所，用于灾前防御。第三阶段，进行有组织的疏散，1976 年唐山地震后，救灾指挥部有组织地将市民疏散到公园、广场、绿地等开敞空间躲避二次灾害的发生。以上阶段应急避难场所未经科学、规范化的规划建设[229]，缺少基本设施的配置。第四阶段，2003 年北京元大都城垣遗址公园应急避难场所的建设，标志着中国第一个应急避难场所的建立。随后，国内各省市针对应急避难场所进行规划建设❶。但是，还有很多城市应急避难场所规模和数量远远没有满足城镇居民的应急避难需求，并且应急避难设施配置不够完善，灾后居民的基本生活也难以得到保障。

3. 应急避难场所规划技术方法

目前，国内外应急避难场所在区位选择、空间布局、效能、规划建设理论及避难疏散道路规划建设等研究过程中，利用了大量技术方法。国内很多学者利用层次分析法（AHP）对避难场所的适应能力进行综合评价[231～237]；俞孔坚等利用 GIS 加权距离分析法对绿地的可达性进行分析[238]；钟茂华利用 Petri 网模型对重大事件应急联动系统的性能进行分析[239]；李刚等人利用加权方法，以固定避难场所覆盖半径为权重，在 GIS 平台上对固定避难场所服务范围进行了空间划分，确定固定应急避难场所合理的空间影响范围，为城市避难场所建设和规划提供了简便方法[240]；周晓猛等建立网络优化模型对应急避难场所选址进行优化[241]；陈志芬利用数据包络分析从规划建设和运营维护两方面对不同层次的应急避难场所进行效率评价[242]；蒋蓉等利用 GIS 网络空间分析建立 L-A 模型对避难场所的应急能力进行评估[243]；刘少丽等利用 GIS 网络分析功能对应急避难场所空间布局的合理性进行了分析[244]。

4. 研究评述

长期以来，应急避难场所的规划建设主要采用应急避难场所的"覆盖范围"定布局和"人均面积"定规模的技术模式，推动城镇防灾减灾规划建设发展。需要指出的是，这种技术模式立足于应急避难场所个体标准化的"覆盖范围"和"人均面积"来实现城乡空间形态上的全覆盖，而较少考虑到应急避难场所之间的相互关系，难以满足灾后应急避难行为的连续性需求和效率提高。在研究方法上，逐渐由定性向定量研究转变，

---

❶ 2004 年西安市长延堡街道办事处完成了其所辖 18 个社区应急避难场所的规划；2005 年，深圳市龙岗区开展了城市应急避难场所规划，杭州市第一个应急疏散避难场所建立；2008 年，上海将区县和街道的避难所建设统一纳入《上海市中心城应急避难场所布局规划》，并建成了上海首个地震应急避难场所，同年，重庆编制了应急避难场所规划。

主要采用了 GIS、层次分析法、DEA、加权 Voronoi 图方法、Petri 网模型等分析技术与方法，从不同角度分析研究避难场所的现状问题、规划建设和运营保护。分析范围集中在避难场所的物质形态和供求关系分析，对避难场所系统相互之间的关系分析较少。

4.1.3　西南城镇应急避难场所建设现状问题

1. 形式多样化，规模少

西南城镇由于地形地貌复杂，山脉蜿蜒、河谷纵横、山水交互，紧缺的建设用地、经济技术等限制，既给城市带来许多优越有利的条件，也给城市规划与建设带来了许多困难复杂的因素。

由于地形条件复杂多变，用地往往被山脉、江河、冲沟、丘谷所分割，高差起伏较大，城镇的布局结构在很大程度上受到自然条件的制约，在布局结构方面呈现多种形态，应急避难系统因受城镇用地布局结构影响，为了适应地形的需要，其呈现出多种布局形式，而不同的布局为城镇应急避难带来了不同的问题及防灾难度[245]。

很多应急避难场所是在原有的公共空间或公共服务设施基础上进行改造或临时搭建，没有基本的应急避难设施配置，只能满足破坏程度较小的，难以承受和满足重大突发灾害事件的应急避难需求。

2. 技术难度大，平原化趋势明显

西南城镇在防灾减灾规划中对应急避难场所的规划建设采用平原城镇"覆盖范围"定布局和"人均面积"定规模的技术模式，不注重西南城镇特殊的地形环境建设适应性问题，不仅增大了应急避难场所建设的难度，而且降低了防灾避难的安全性。平原化的技术模式难以解决西南城镇特殊的应急避难需求，并且造成资源浪费和环境破坏。

3. 布局分散，系统性弱

由于受到地形高差的限制，城镇交通组织与土地利用和城镇空间布局结构有紧密联系。西南城镇由于山地、丘陵、河谷的存在，联系各个城镇功能区域的车行道路相对单一，而且受地形限制，往往迂回曲折，影响连通性，这在一定程度上使西南城镇应急避难场所建设受到限制，系统性比较弱。如在 2008 年四川汶川发生的 8.0 级地震，造成了 69227 人遇难，361822 人受伤，20790 人失踪，紧急转移安置 1500.6341 万人，累计受灾人数 4561.2765 万人。大量受灾群众短时间内涌进城镇避难，只有部分受灾群众能到避难场所进行避难，绝大多数受灾群众只能在街道两侧、小区内空地、广场等搭设的彩条布简易避震棚中避难，而且非常密集、无序，有的甚至找不到合适的空地（图 4-1）。

图4-1　"汶川大地震"四川绵阳一中临时避难点

4.2　应急避难场所模型构建

4.2.1　芦山县应急避难现状

1. 芦山县城"4·20地震"现状

芦山县（图4-2）位于四川盆地西缘，雅安市东北部，青衣江上游，占地面积1364.42km²。县城距雅安市区33km，距成都市区169km，境内飞仙关峡口系川藏公路第一咽喉。芦山县地处邛崃山脉中南段支脉地带，境内有高山、中山、低山、河谷台地，地质条件复杂，且位于龙门山断裂带，县城位于地震中易发区，面临多重灾害隐患（表4-7），因此防震减灾的工作任务尤为艰巨。芦山县城芦阳镇被芦山河一分为二，用地较为平坦。根据建设情况可以分为芦山河西侧的老城区和芦山河东侧的新城区（图4-3）。

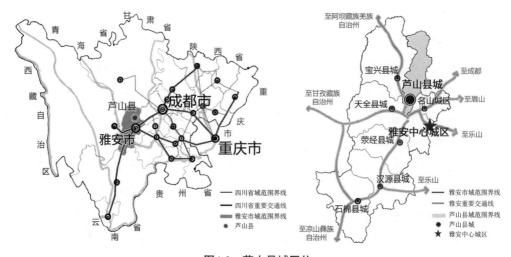

图4-2　芦山县城区位

芦山县芦阳镇地震灾害隐患点分布情况表 表4-7

城镇	总数（处）	滑坡（处）	崩塌（处）	泥石流（处）	不稳定斜坡（处）	地面塌陷（处）	面积/km²	面积密度（处/10km²）
芦山县	21	11	7	0	3	0	38.13	5.51

资料来源：根据"四川省'4·20'芦山地震灾区雅安市芦山县地质灾害易发程度分区"整理。

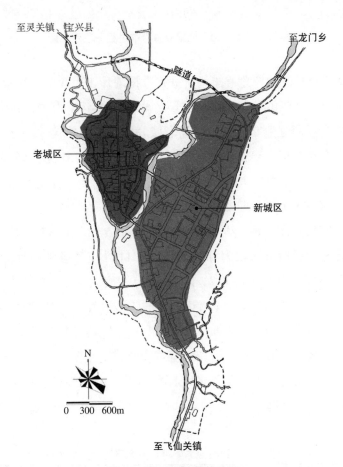

图4-3 芦山县城现状分区

2013年4月20日，四川省雅安市芦山县发生7.0级地震，地震导致芦山县9乡镇的12.5万人整体受灾，其中需紧急转移安置12.28万人，初步统计共造成196人死亡，直接经济损失655.7亿元，严重破坏了人们的基本生活。人们无法正常生活，应急避难场所成为震后为人们提供基本生活的过渡性场所。

2. 应急避难过程

"4·20"地震发生后，调研发现芦山县城应急避难过程分成较为明显的震前阶段、灾中的震后"0～3天"、震后"4～15天"、震后"16～30天"、震后"30～60天"及灾后重建等三个阶段6个时段（图4-4）。

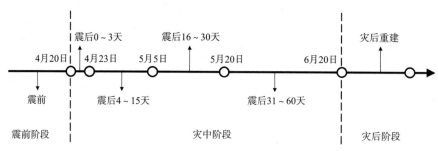

图4-4 "4·20"地震应急避难过程分段示意图

对芦山县城6个时段的应急避难场所进行数据统计（表4-8）。"震前"阶段现状有6个应急避难场所，以芦山县城主要的公园、学校和体育馆为主，其中老城区有北城遗址公园和姜城广场两处避难场所，距离老城区人口密集处较远，分布不合理。新城区有迎宾广场、金花广场、芦山中学和体育馆四处避难场所，主要分布在新城区的东北侧，分布不合理，疏散距离较大，短时间不能起到紧急避难的作用（图4-5、附表4-A）；"震后0～3天"有43个应急避难场所，避难点较多，分布较密集，尤其是老城区应急避难场所分布密集（图4-6、表4-9）；"震后4～15天"有37个应急避难场所，相对上一阶段应急避难场所分布较为分散，老城区11处应急避难场所，新城区16处应急避难场所，分布较为合理（图4-7、附表4-B）；"震后16～30天"有29个应急避难场所，新老城区分布数量相对比较平均（图4-8、附表4-C）；"震后31～60天"有23个应急避难场所（图4-9、附表4-D）；"灾后重建"规划有19个应急避难场所（图4-10、附表4-E），其中老城区有9处应急避难场所，新城区有10处应急避难场所，但是新城区避难场所主要分布在新城区的北部和南部，居民点密集的地方并没有布置应急避难场所，分布较不合理。

芦山县城6个时段应急避难场所调研资料数据统计　　　　　　表4-8

阶段划分	应急避难场所个数（个）	避难总人口（人）	编号
震前	6	—	Y01、Y02、Y03、Y6、Y18、Y27
震后（0～3天）	43	32700	Y1～Y43
震后（4～15天）	36	31950	Y2、Y3、Y4、Y6～Y15、Y17～Y27、Y29、Y30、Y32～Y36、Y38～Y43
震后（16～30天）	29	23510	Y2、Y3、Y4、Y6～Y10、Y12、Y14、Y18、Y21、Y23～Y27、Y29、Y30、Y32～Y36、Y39～Y43
震后（31天后）	24	9000	Y2、Y6、Y7、Y8、Y12、Y14、Y18、Y21、Y23～Y27、Y29、Y30、Y33、Y34、Y39～Y43
灾后重建	19	—	Y1、Y3、Y5、Y6、Y7、Y18、Y21、Y22、Y23、Y24、Y27、Y33、Y40、Y01、Y02、Y03、Y04、Y05、Y06

芦山县城"震后 0 ~ 3 天"应急避难场所调研资料数据整理　　　表 4-9

社区名称	编号	安置点位置	形式	避难人口（人）
城东社区（合计：4050 人左右）	Y13	芦阳幼儿园	学校	300
	Y22	老广场（芦阳小学）	学校 / 室外	280
	Y9	粮食局	建筑	370
	Y15	烟草公司	建筑	300
	Y14	种子公司	建筑	2600
	Y16	红军广场	室外	200
城西社区（3500 人左右）	Y8	沙坝小区地税局	建筑	900
	Y2	沙坝小区沙坝中学后面	室外	800
	Y11	安居小区国税局	建筑	300
	Y33	西水坝集中点（零星）	室外	500
	Y24	潘家河集中安置点（零星）	室外	600
城南社区（共计：5900 人左右）	Y21	广福苑	室外	800
	Y23	中心广场	室外	2500
	Y29	文化馆	建筑	1500
	Y3	芦山中学（芦山高中）	学校	400
	Y32	工行宿舍楼	建筑	400
	Y20	水果市场	室外	300
城北社区（共计：5700 人左右）	Y25	芦阳中学	学校	3200
	Y26	老县医院	建筑	450
	Y12	供销社	建筑	1300
	Y38	县政府大院	建筑 + 室外	300
	Y1	向阳坝	室外	100
	Y4	城北路	室外	350
先锋社区（共计：5500 人左右）	Y40	老沫东	室外	500
	Y35	派出所	建筑	400
	Y6	芦邛广场	室外	1000
	Y41	步行街	室外	800
	Y39	职业中学	学校	600
	Y43	污水处理厂	建筑	800

续表

社区名称	编号	安置点位置	形式	避难人口（人）
先锋社区（共计：5500人左右）	Y42	磷肥厂	建筑	600
	Y34	县车队	室外+建筑	300
	Y37	花岗石厂	建筑+室外	100
	Y36	芦阳二小	学校	400
新城区（共计：6830人）	Y10	吕春坝	室外	450
	Y18	乐家坝（芦山中学）	学校	1200
	Y27	乐家坝（体育馆）	建筑	2400
	Y19	乐家坝（水井坎）	室外	230
	Y17	乐家坝（原乐坝生产队）	室外	210
	Y7	赵家坝（芦阳三小）	学校	500
	Y5	赵家坝（原赵家坝小区）	室外	150
	Y28	李家坎（零星）	室外	40
	Y31	李家坎（马伙）	室外	200
	Y30	李家坎（临时安置点）	室外	1250

资料来源：根据雅安市芦山县民政局提供的资料整理。

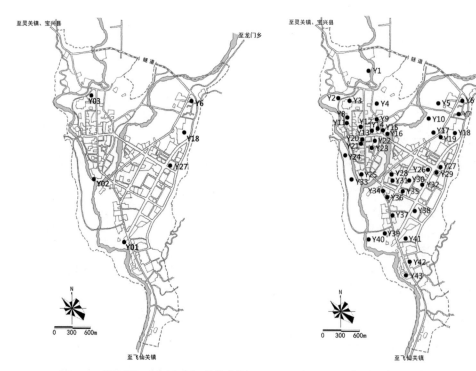

图4-5 "震前"应急避难场所分布图　　　图4-6 "震后0～3天"应急避难场所分布图

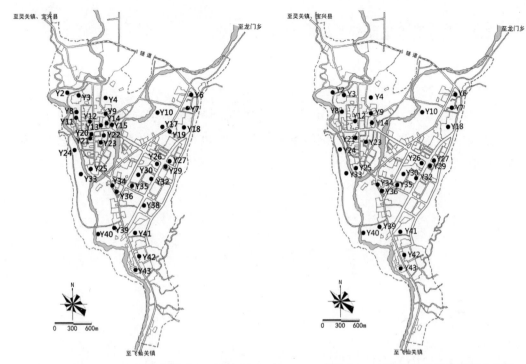

图4-7　"震后4～15天"应急避难场所分布图　　图4-8　"震后16～30天"应急避难场所分布图

图4-9　"震后31～60天"应急避难场所分布图

图4-10　"灾后重建"应急避难场所分布图

4.2.2 应急避难场所网络模型推导

1. "2- 模"网络语义模型

1）"2- 模"网络模型中的"点"

应急避难活动中，最典型的避难行为是从居住地快速疏散至避难点。因此，芦山县城应急避难网络构建采用"2- 模"网络建模方法。"2- 模"中的一"模"是应急避难场所，而另一"模"则是居民点（区）（图 4-11）。

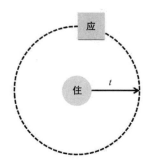

图4-11　应急避难场所与居民点之间的关系表达

2）"2- 模"网络模型中的"线"

根据居住点在一定时间内是否有应急避难场所，确定应急避难场所与居住点之间的关系。若居住点一定时间内到达的范围内有应急避难场所，则应急避难场所与居住点之间有关系，即存在"线"，反之，应急避难场所与居住点之间没有关系，即不存在"线"（图 4-12）。若同一个居民点一定时间内到达的范围内存在两个及以上的应急避难场所，则说明应急避难场所因共同服务居住点而存在关系，同一个居民点一定的时间内到达的范围有 n 个避难场所，则其中一个避难场所与 n-1 个避难场所存在关系，记为相应的数值。

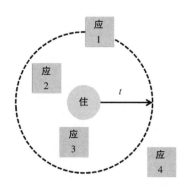

图4-12　应急避难场所与居民点之间"2-模"数据模型转换

正常生活中，人们步行速度在 60 ～ 100m/min，稍微加速能达到 120 ～ 125m/min，在紧急情况下，人们步行速度能达到 150 ～ 180m/min。根据应急避难需求，灾难发生之后灾民步行速度能达到 150 ～ 180m/min。考虑灾民在地震发生以后的 3min 之内必须到达应急避难场所，初步确定灾民在 3min 之内行进的距离约在 500m。换句话说，一个居民区的疏散人群 3min 或 500m 范围内能到达的应急避难场所，则认为该居民区和应急避难场所有关系。

2. 资料收集与整理

1）应急避难场所数据收集

通过现场调研和资料整理，基本还原了"震前"时段、"震后 0 ～ 3 天"时段、"震后 4 ～ 15 天"时段、"震后 16 ～ 30 天"时段、"震后 31 ～ 60 天"时段和"灾后重建"时段应急避难场所的规模、空间布局、编号等数据（见表 4-9 和附表 4-A ～附表 4-E）。

2）居民点数据收集

选取芦山县城居民点作为"2- 模"数据模型的另外一种"点"。通过对研究靶区进行现场调研，获取研究靶区居民点的分布情况，为网络模型构建做准备，并对居民点进行编号（图 4-13、表 4-10）。

图4-13　芦山县城居民点空间分布图

芦山县城居民点编号

表 4-10

社区名称	居民点数量（个）	编号
城东社区	3	R14、R20、R24
城西社区	10	R3、R6、R10、R12、R17、R31、R33、R42、R43、R52
城南社区	6	R23、R25、R26、R30、R32、R34
城北社区	9	R1、R2、R4、R5、R7、R11、R13、R18、R19
先锋社区	17	R27、R35、R36、R39、R40、R41、R44、R45、R46、R47、R48、R49、R50、R51、R53、R54、R55
新城区	10	R8、R9、R15、R16、R21、R28、R29、R37、R38
合计	55	—

3）数据整理

通过对研究靶区不同时段的应急避难场所的空间分布及居民点布局的现场调研，获取研究靶区内应急避难场所系统和居民点之间的空间布局关系并进行数据整理统计。

根据"2-模"语义模型，以居民点为中心，向外辐射 500m，统计该辐射范围与各个时段应急避难场所的关系（图 4-14 ~ 图 4-20）。

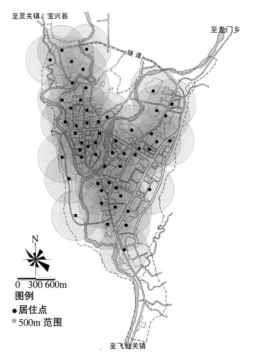

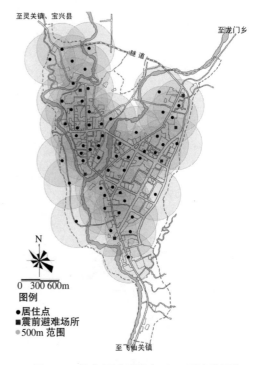

图4-14　芦山县城居民点500m到达范围图　　　图4-15　芦山县城居民点500m到达范围与
　　　　　　　　　　　　　　　　　　　　　　　　　　　　"震前"应急避难场所关系图

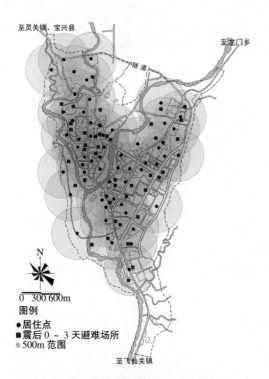

图4-16 芦山县城居民点500m到达范围与
"震后0~3天"应急避难场所关系图

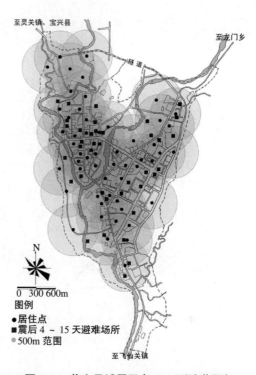

图4-17 芦山县城居民点500m到达范围与
"震后4~15天"应急避难场所关系图

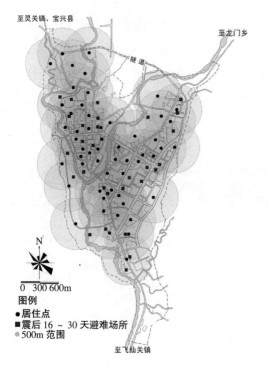

图4-18 芦山县城居民点500m到达范围与
"震后16~30天"应急避难场所关系图

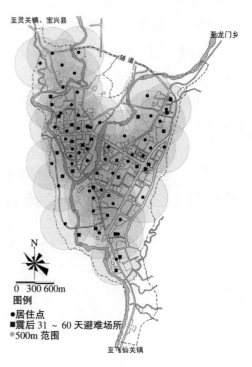

图4-19 芦山县城居民点500m到达范围与
"震后31~60天"应急避难场所关系图

181

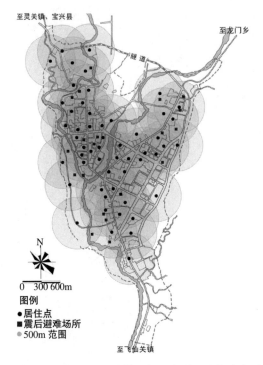

图4-20　芦山县城居民点500m到达范围与"灾后重建"应急避难场所关系

3. "2-模"数据转换

　　根据以上收集的关系数据，构建网络关系矩阵。以四川省芦山县城"震后 0～3 天"的应急避难为例，根据居民点 500m 到达范围与应急避难场所之间的关系，确定两者之间有无包含关系，由此构建居民点与应急避难场所之间的关系矩阵，通过 Excel 统计后，转换为 Pajek 可识别的"2-模"数据格式（表4-11）。其他时段相关"2-模"数据详见附表 4-F～附表 4-J。

"震后 0～3 天"居住点可达范围与应急避难场所之间"2-模"关系数据表　表 4-11

居住点	辐射范围内应急避难场所	居住点	辐射范围内应急避难场所
R1	Y1	R29	Y17、Y18、Y19、Y29
R2	—	R30	Y13、Y20、Y21、Y22、Y23、Y24、Y25、Y33
R3	—	R31	Y24、Y25、Y33
R4	Y1	R32	Y20、Y21、Y22、Y23、Y24、Y25、Y33
R5	Y1	R33	Y20、Y21、Y22、Y23、Y24、Y25、Y33
R6	Y1、Y2、Y3	R34	Y21、Y22、Y23、Y25、Y28、Y31、Y34
R7	Y1、Y3、Y4、Y2	R35	Y23、Y28、Y30、Y31
R8	Y5、Y6、Y10	R36	Y26、Y28、Y30、Y31、Y32

续表

居住点	辐射范围内应急避难场所	居住点	辐射范围内应急避难场所
R9	Y5、Y6、Y10、Y17、Y18	R37	Y17、Y26、Y27、Y29、Y30、Y32
R10	Y2、Y3、Y11	R38	Y17、Y18、Y19、Y26、Y27、Y29、Y30、Y32
R11	Y2、Y3、Y4、Y8、Y9、Y11、Y12、Y13、Y14	R39	Y26、Y27、Y28、Y29、Y30、Y32
R12	Y2、Y3、Y8、Y11、Y12、Y13、Y20	R40	Y25、Y28、Y30、Y31、Y34、Y35、Y36
R13	Y3、Y4、Y8、Y9、Y11、Y12、Y13、Y14、Y15、Y16、Y20、Y21、Y22	R41	Y26、Y28、Y30、Y31、Y32、Y34、Y35、Y36
R14	Y4、Y9、Y13、Y14、Y15、Y16、Y22	R42	Y24、Y25、Y33
R15	Y5、Y6、Y7、Y10、Y17、Y18、Y19	R43	Y25、Y28、Y31、Y33、Y34、Y35、Y36、Y37
R16	Y5、Y6、Y7、Y10、Y17、Y18、Y19	R44	Y28、Y30、Y31、Y32、Y34、Y35、Y36、Y37
R17	Y3、Y8、Y11、Y12、Y20、Y21、Y24	R45	Y31、Y34、Y35、Y36、Y37
R18	Y8、Y9、Y11、Y12、Y13、Y14、Y20、Y21、Y22、Y23、Y24	R46	Y28、Y30、Y31、Y32、Y34、Y35、Y36、Y37、Y38
R19	Y4、Y8、Y9、Y11、Y12、Y13、Y14、Y15、Y16、Y20、Y21、Y22、Y23	R47	Y29、Y32、Y38
R20	Y4、Y9、Y12、Y13、Y14、Y15、Y16、Y20、Y21、Y22、Y23	R48	Y30、Y31、Y32、Y34、Y35、Y36、Y37、Y38
R21	Y10、Y17、Y19	R49	Y34、Y36、Y37、Y38、Y39、Y40
R22	Y10、Y17、Y18、Y19、Y26、Y27	R50	Y35、Y36、Y37、Y38、Y39、Y40、Y41
R23	Y8、Y11、Y12、Y13、Y14、Y20、Y21、Y22、Y23、Y24	R51	Y37、Y38、Y39、Y41
R24	Y9、Y12、Y13、Y14、Y15、Y16、Y20、Y21、Y22、Y23	R52	Y40
R25	Y12、Y13、Y20、Y21、Y22、Y23、Y24、Y25、Y33	R53	Y37、Y39、Y40、Y41
R26	Y12、Y13、Y14、Y15、Y16、Y20、Y21、Y22、Y23、Y25、Y28	R54	Y37、Y38、Y39、Y41、Y42
R27	Y15、Y16、Y22、Y23、Y28、Y30	R55	Y41、Y42、Y43
R28	Y17、Y18、Y19、Y26、Y27、Y29		

　　根据以上收集和整理的"2-模"关系数据，可划分为2个"1-模"关系数据阵，分别为居住点与居住点之间的关系数据阵、应急避难场所与应急避难场所之间的关系数据阵。将"2-模"关系数据导入Pajek，转换为两个"1-模"关系数据。根据本研究内容与方向，在此只研究应急避难场所与应急避难场所之间的关系数据阵。

"震后 0 ~ 3 天"共有 43 个应急避难场所点,转换后应急避难场所"1- 模"数据为 43×43 的方形邻接阵,由于数量过大,在此举例转换"1- 模"后应急避难场所 Y1 ~ Y10 的 10 个点之间的方形"邻接阵"(表 4-12)。

"震后 0 ~ 3 天"应急避难场所"1- 模"邻接阵(Y1 ~ Y10)　　　　表 4-12

	Y1	Y2	Y3	Y4	Y5	Y6	Y7	Y8	Y9	Y10
Y1	—	2	2	1	0	0	0	0	0	0
Y2	2	—	2	2	0	0	0	2	1	0
Y3	2	5	—	3	0	0	0	4	2	0
Y4	1	2	3	—	0	0	0	3	5	0
Y5	0	0	0	0	—	4	2	0	0	4
Y6	0	0	0	0	4	—	2	0	0	4
Y7	0	0	0	0	2	2	—	0	0	2
Y8	0	2	4	3	0	0	0	—	4	0
Y9	0	1	2	5	0	0	0	4	—	0
Y10	0	0	0	0	4	4	2	0	0	—

4.2.3　模型构建

1. "震前"时段网络模型构建

四川省雅安市芦山县城"震前"时段应急避难场所网络模型整体呈散状分布,震前现状仅存在 6 个应急避难场所,并且之间关系极弱,大部分以孤立点的形式存在,仅有 Y18(芦山中学)与 Y6 和 Y27 之间存在一个关系。整体上并不构成网络,关系极不均衡(图 4-21)。

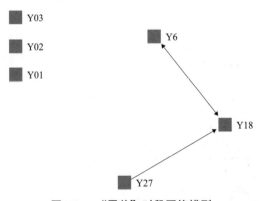

图4-21　"震前"时段网络模型

2. "震后 0 ~ 3 天"时段网络模型构建

"震后 0 ~ 3 天"应急避难场所网络模型整体呈多段式环状分布,应急避难场所之间的联系比较紧密，显示出应急避难场所共同服务的居民点比较多，并且空间地理位置比较接近，联系密切的应急避难场所大多分布在同一个社区或者邻近社区，如图中Y4、Y12、Y13、Y20联系紧密，四点分布在城南、城东、城西、城北社区，因为这几个点位于老城区，建筑密度大，居住密集。如图中Y1、Y6、Y43联系较弱，是因为这几个点所在社区空间地理位置较远，因此应急避难场所之间的联系较弱。整体网络不存在核心的应急避难场所，关系比较均衡（图4-22）。

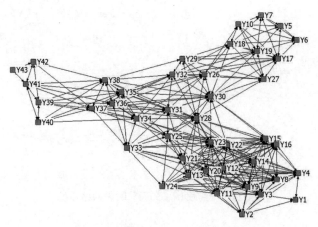

图4-22 "震后0～3天"时段网络模型

3. "震后4～15天"时段网络模型构建

"震后4～15天"应急避难场所网络模型整体呈多段式分散团状分布，应急避难场所之间的联系较"震后0～3天"应急避难场所之间的联系来说相对疏松，显示出较高的中心性，网络没有孤立点，整体网络关系比较均衡（图4-23）。

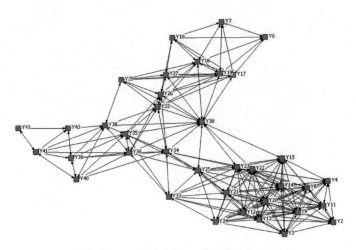

图4-23 "震后4～15天"时段网络模型

4. "震后16 ~ 30天"时段网络模型构建

"震后16 ~ 30天"应急避难场所网络模型整体呈分散团状分布,应急避难场所之间的联系比较均衡,空间地理位置比较接近的点联系密切,空间地理位置较远的应急避难场所之间的联系较弱,不存在核心的应急避难场所,整体网络关系比较均衡(图4-24)。

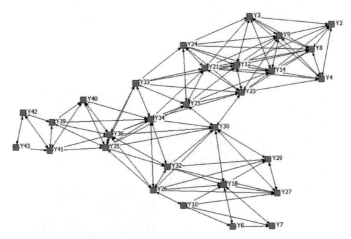

图4-24　"震后16～30天"时段网络模型

5. "震后31 ~ 60天"时段网络模型构建

"震后31 ~ 60天"应急避难场所网络模型整体呈分段式环状分布。由于现状河流的分割,表现出同社区或相邻社区的关系,地理位置较远的点关系较弱,并且Y34、Y30具有较高的中心性,是几段环状网络连接的核心点。说明两点与其他应急避难场所存在共同服务的居民点,若去掉,则几个社区之间没有避难方面的交流。因此,该网络均衡性较弱,不稳定(图4-25)。

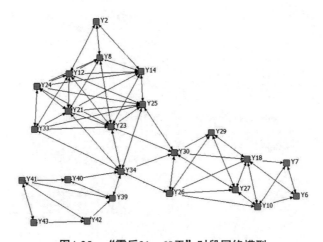

图4-25　"震后31～60天"时段网络模型

6."灾后重建"时段网络模型构建

"灾后重建"应急避难场所网络模型整体呈分段式团状分布。分为两个独立的网络结构。由于现状河流的分割，空间距离较远，因此表现出每个社区与社区之间联系性不高，像新城区的Y5、Y6、Y7、Y18、Y27、Y06自成一个小网络组团，与网络中另外一个网络结构没有联系；而另一个网络组团中存在Y4、Y02、Y22切点。因此，网络整体不稳定（图4-26）。

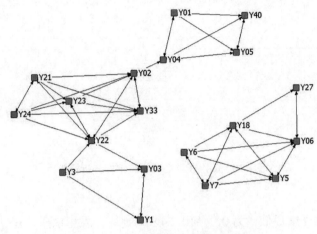

图4-26 "灾后重建"时段网络模型

4.3 应急避难场所网络结构分析

应急避难场所网络模型分析包括网络结构的整体、局部和个体三个层面。整体特征分析针对网络完备度、网络层级边关联度等特征，运用网络密度、Lambda集合分析等指标进行分析；局部特征分析针对网络的子群结构均衡度、等级等特征划分子群结构，运用K-核进行分析；个体特征分析针对网络的均衡性和脆弱性，运用度数中心性、中间中心性及切点等指标进行分析。最后，根据计算的指标对网络结构特征进行总结，以指导下一步规划建设（图4-27）。

4.3.1 网络结构整体特征分析

网络结构整体分析包含网络完备性和网络稳定性两个方面。网络完备性通过对网络密度、聚集系数、平均距离进行分析计算；网络稳定性运用Lambda集合对网络的层级边关联度（层级性）进行分析。

1.完备性分析

1）网络密度

"震后4～15天"时段应急避难场所的网络密度最高，为0.3093，"震前"时段应

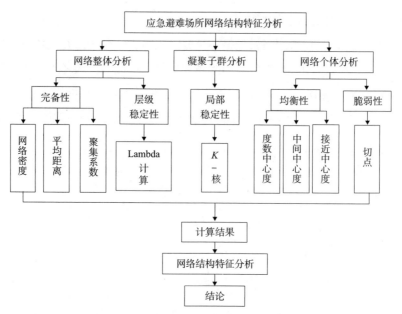

图4-27　应急避难场所网络结构分析框架

急避难场所的网络密度最低，为 0，芦山"4·20 地震"发生以后，在"震后 4～15 天"时段短期固定避难安排较之前更完善。随着震后恢复，各个时段的应急避难场所减少，网络完备程度降低。"灾后重建"时段的应急避难场所的网络完备度相比"震中"4 个时段较差，因此"灾后重建"时段应急避难场所网络完备度有待提高。"震前"时段完备程度极弱，不能满足应急避难需求（图 4-28）。

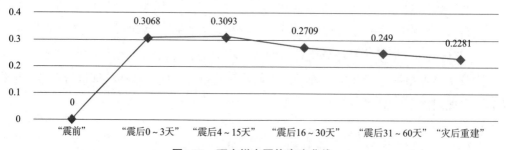

图4-28　研究样本网络密度曲线

2）平均距离

"灾后重建"应急避难场所之间的平均距离最小，为 2.065，"震后 31～60 天"的平均距离最大，为 2.628，相差不大，表明网络联系程度水平相当（图 4-29）。

3）聚集系数

"灾后重建"时段的应急避难场所的聚集系数最高，为 0.864，"震后 31～60 天"

188

的聚集系数最低，为 0.729，中间时段呈现降低趋势。"灾后重建"网络结构最紧凑，"震后 31 ~ 60 天"的网络结构最不紧凑（图 4-30）。

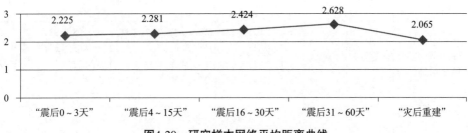

图4-29　研究样本网络平均距离曲线

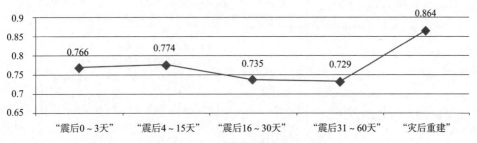

图4-30　研究样本网络聚集系数曲线

4）分析结论

综合分析，网络整体完备程度最高为"灾后重建"时段和"震后 4 ~ 15 天"时段的应急避难场所，网络整体完备程度最低为"震前"时段的应急避难场所（表 4-13）。

网络完备程度综合排序　　　　　　　　　　　　　　　　　　表 4-13

指标排序 时段	网络密度	聚集系数	平均距离	综合排序
"震前"	—	—	—	5
"震后 0 ~ 3 天"	2	3	2	2
"震后 4 ~ 15 天"	1	2	3	1
"震后 16 ~ 30 天"	3	4	4	3
"震后 31 ~ 60 天"	4	5	5	4
"灾后重建"	5	1	1	2

2. 层级稳定性分析

"Lambda 集合"用于比较各个时段防灾避难网络结构的整体稳定性。通过计算得知各时段防灾避难网络的边关联度分布与相应的比例（表 4-14）。

应急避难场所网络层级边关联度 表 4-14

研究样本	边关联度级别	最小边关联度	网络层级边关联度对应数值	网络层级边关联度对应比例（%）	结构整体稳定性（%）
"震前"应急避难场所（多值）	2	0	3, 3	50, 50	0
"震后0~3天"应急避难场所（二值）	30	2	1, 1, 1, 1, 1, 3, 3, 2, 2, 1, 1, 1, 2, 2, 1, 2, 1, 1, 2, 1, 1, 1, 4, 1, 1, 1, 1, 1, 1, 1	2.33, 2.33, 2.33, 2.33, 2.33, 6.98, 6.98, 4.65, 4.65, 2.33, 2.33, 2.33, 4.65, 4.65, 2.33, 4.65, 2.33, 2.33, 4.65, 2.33, 2.33, 2.33, 9.30, 2.33, 2.33, 2.33, 2.33, 2.33, 2.33, 2.33	6.97
"震后4~15天"应急避难场所（多值）	31	2	2, 1, 1, 1, 1, 1, 1, 1, 1, 1, 1, 1, 1, 2, 1, 1, 1, 2, 1, 2, 1, 3, 1, 1, 0, 1, 2, 1, 1, 1, 1	5.40, 2.70, 2.70, 2.70, 2.70, 2.70, 2.70, 2.70, 2.70, 2.70, 2.70, 2.70, 2.70, 5.40, 2.70, 2.70, 2.70, 5.40, 2.70, 5.40, 2.70, 8.11, 2.70, 2.70, 0, 2.70, 5.40, 2.70, 2.70, 2.70, 2.70	5.40
"震后16~30天"应急避难场所（多值）	20	2	1, 1, 3, 2, 1, 2, 0, 1, 1, 1, 1, 1, 1, 1, 4, 2, 2, 1, 1, 2	3.45, 3.45, 10.34, 6.90, 3.45, 6.90, 0, 3.45, 3.45, 3.45, 3.45, 3.45, 3.45, 3.45, 13.79, 6.90, 6.90, 3.45, 3.45, 6.90	10.34
"震后31~60天"应急避难场所（多值）	18	2	1, 1, 1, 1, 2, 2, 1, 2, 1, 1, 2, 1, 1, 1, 1, 2	4.35, 4.35, 4.35, 4.35, 8.70, 8.70, 4.35, 8.70, 4.35, 4.35, 8.70, 4.35, 4.35, 4.35, 4.35, 4.35, 4.35, 8.70	4.35
"灾后重建"应急避难场所（多值）	14	3	1, 2, 1, 4, 1, 3, 2, 1, 1, 1, 2	5.26, 10.53, 5.26, 21.05, 5.26, 15.79, 10.53, 5.26, 5.26, 5.26, 10.53	15.79

1）"震前"时段

由图4-31可知，"震前"时段应急避难场所的社会网络有2个级别的边关联度。其中，最大边关联度为1。最低级边关联度与最高级边关联度比例分别为50%和50%，差值为0。其中，网络中存在多个孤立点，因此网络结构不完整，网络不稳定。

```
                   Y  Y Y Y Y
                   0  Y 1 2 0 0
                   3  6 8 7 2 1

         Lambda    1  2 3 4 5 6
         ------    -  - - - - -
              1    .  X X X X X . .
              0    X X X X X X X X X X X X
```

图4-31 "震前"网络边关联度分布

2）"震后0~3天"时段

由图4-32可知，"震后0~3天"时段应急避难场所的社会网络有17个级别的边关联度。其中，最小边关联度为2，最大边关联度为111。最低级边关联度与最高级边关联度比例分别为2.33%和9.30%，差值为6.97%。其中，最小边关联度比例较小，最高级与一级边关联度差值不大，网络层级稳定性较好。

3）"震后 4 ~ 15 天"时段

由图 4-33 可知，"震后 4 ~ 15 天"时段应急避难场所的社会网络有 31 个级别的边关联度。其中，最小边关联度为 2，最大边关联度为 105。最低级边关联度与最高级边关联度比例分别为 0% 和 5.40%，差值为 5.40%。其中，最小边关联度比例较小，最高级与一级边关联度差值不大，网络层级稳定性较好。

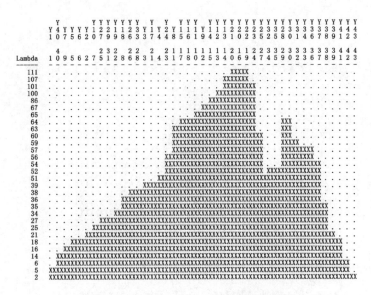

图4-32　"震后0~3天"网络边关联度分布

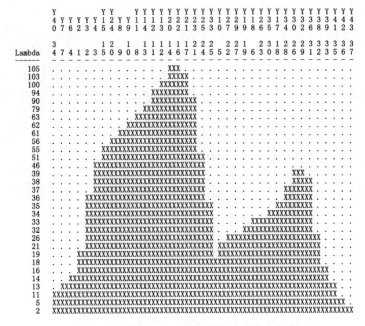

图4-33　"震后4~15天"网络边关联度分布

4）"震后 16 ～ 30 天"时段

由图 4-34 可知，"震后 16 ～ 30 天"时段应急避难场所的社会网络有 20 个级别的边关联度。其中，最小边关联度为 2，最大边关联度为 54。最低级边关联度与最高级边关联度比例分别为 0% 和 10.34%，差值为 10.34%。其中，最小边关联度比例较小，最高级与一级边关联度差值不大，网络层级稳定性较好。

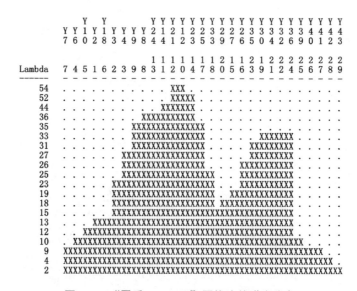

图4-34　"震后16～30天"网络边关联度分布

5）"震后 31 ～ 60 天"时段

由图 4-35 可知，"震后 31 ～ 60 天"时段规划应急避难场所的社会网络有 17 个级

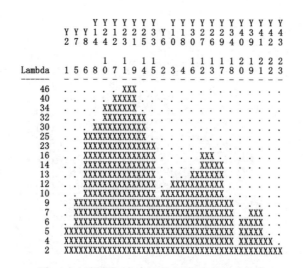

图4-35　"震后31～60天"网络边关联度分布

别的边关联度。其中，最小边关联度为 2，最大边关联度为 20。最低级边关联度与最高级边关联度比例分别为 4.35% 和 8.70%，差值为 4.35%。其中，最小边关联度比例较小，最高级与一级边关联度差值不大，网络层级稳定性较好。

6）"灾后重建"时段

由图 4-36 可知，"灾后重建"时段应急避难场所的社会网络有 11 个级别的边关联度。其中，最小边关联度为 3，最大边关联度为 33。最低级边关联度与最高级边关联度比例分别为 5.26% 和 21.05%，差值为 15.79%。其中，因最小边关联度比例较小，最高级与一级边关联度差值较大，网络层级稳定性较弱。

```
                       Y  Y    Y   Y Y Y Y Y Y Y Y Y Y Y
           Y  Y  Y  1  0  2 Y 0 Y 2 2 2 2 0 3 0 0 0 4 0
           5  6  7  8  6  7 1 3 3 4 2 1 3 2 3 4 5 0 1
                       1        1   1 1 1 1 1 1 1 1
Lambda     4  5  6  7  9  3 1 2 3 1 8 0 2 4 5 6 7 8 9
───────    ─  ─  ─  ─  ─  ─ ─ ─ ─ ─ ─ ─ ─ ─ ─ ─ ─ ─ ─
    33     .  .  .  .  .  . . . . X X X . . . . . . .
    31     .  .  .  .  .  . . . . X X X X X . . . . .
    30     .  .  .  .  .  . . . . X X X X X X . . . .
    19     .  .  .  .  .  . . . . X X X X X X X X . .
    14     .  .  .  X  X  X . . . X X X X X X X X . .
    13     X  X  X  X  X  X . . . X X X X X X X X . .
    12     X  X  X  X  X  X . . . X X X X X X X X X .
     9     X  X  X  X  X  X . X X X X X X X X X X X X X X X .
     8     X  X  X  X  X  X . X X X X X X X X X X X X X X X .
     5     X  X  X  X  X  X  X X X X X X X X X X X X X X X X .
     3     X  X  X  X  X  X  X X X X X X X X X X X X X X X X X
     2     X  X  X  X  X  X  X X X X X X X X X X X X X X X X X
     1     X  X  X  X  X  X  X X X X X X X X X X X X X X X X X
     0     X  X  X  X  X  X  X X X X X X X X X X X X X X X X X
```

图4-36 "灾后重建"网络边关联度分布

7）分析结论

网络的稳定程度与边关联度之差成反比。震前存在多个孤立点，网络结构不完整。"震后 31～60 天"应急避难场所网络结构整体的稳定性最强，"灾后重建"时段应急避难场所的网络整体结构稳定程度相对较弱（图 4-37）。

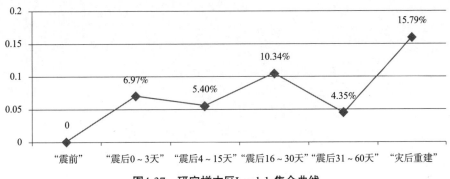

图4-37 研究样本区Lambda集合曲线

4.3.2 网络结构局部特征分析

采用"K- 核"指标分析网络局部特征，对网络中存在的子结构进行分析，了解网络的整体结构是如何由子群结构组成的。对不同时段的应急避难场所的网络结构进行"K- 核"的计算，并对每个网络的"3- 核"比例进行计算 ❶（表 4-15）。

芦山县城应急避难场所"3- 核"网络   表 4-15

研究样本	"K- 核"分区数	"K- 核"分区结果比例	3- 核比例
"震前"应急避难场所	1	"1- 核": 3/6	0
"震后 0 ~ 3 天"应急避难场所	10	"2- 核": 43/43; "3- 核": 42/43; "4- 核": 41/43; "6- 核": 40/43; "7- 核": 33/43; "8- 核": 27/43; "9- 核": 19/43; "10- 核": 17/43; "11- 核": 15/43; "12- 核": 14/43	97.67%
"震后 4 ~ 15 天"应急避难场所	8	"2- 核": 37/37; "3- 核": 36/37; "5- 核": 35/37; "6- 核": 29/37; "7- 核": 28/37; "8- 核": 17/37; "9- 核": 1637; "11- 核": 14/37	97.30%
"震后 16 ~ 30 天"应急避难场所	6	"2- 核": 29/29; "3- 核": 27/29; "4- 核": 24/29; "5- 核": 21/29; "6- 核": 10/29; "7- 核": 9/29	93.09%
"震后 31 ~ 60 天"应急避难场所（多值）	4	"2- 核": 23/23; "3- 核": 18/23; "4- 核": 14/23; "5- 核": 8/23	78.26%
"灾后重建"应急避难场所（多值）	4	"2- 核": 19/19; "3- 核": 15/19; "4- 核": 11/19; "5- 核": 6/19	78.95%

1）"震前"时段

由图 4-38 可知，"震前"应急避难场所的网络结构中，"K- 核"最大值为 1，比例为 50%，"3- 核"比例为 0，K 值较小，不存在"3- 核"成分，极不稳定。

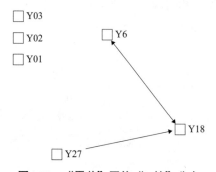

图4-38   "震前"网络"3-核"分布

---

❶ 在六个时段的凝聚子群分子中每个阶段的"2- 核"均为 100%，各阶段的"3- 核"占比呈现差异，因此比较"3- 核"来对比各个阶段的网络凝聚力系数。

2）"震后 0 ~ 3 天"时段

由图 4-39、表 4-16 可知，四川省雅安市芦山县应急避难场所的网络结构中，"K- 核"最大值为 12，比例为 32.56%，"3- 核"比例为 97.67%，K 值较大，"3- 核"成分较多，稳定性较好。

"K- 核"层级最高的 14 个应急避难场所，均位于河西的老城区，其中，6 个应急避难场所位于城东社区，2 个位于城西社区，4 个位于城南社区，2 个位于城北社区。这些应急避难场所之间联系较为密切，不仅是在空间距离上较近，而且共同服务的居住区较多。说明老城区应急避难场所分布较多，避难空间布置较完善。但也可以看出，14 个应急避难场所中仅有 Y14（种子公司容纳避难人数 2600 人）、Y23（中心广场容纳 2500 人）、Y12（供销社容纳 1200 人）、Y8（地税局小区容纳 900 人）、Y21（广福苑容纳人数为 800 人）5 个应急避难场所规模较大，其他 9 个应急避难场所均为容纳人口在 500 人以下的临时设置的难民安置点或面积较小的公共建筑。一些规模较大且质量较高的应急避难场所如 Y29（文化馆）、Y27（体育馆）等"K- 核"数值较低，相对来说联系性较弱。

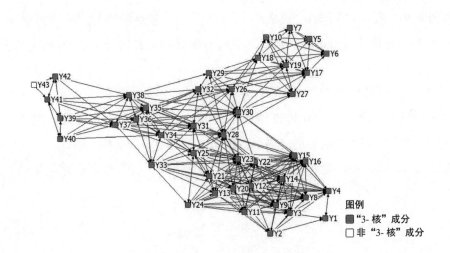

图例
■ "3- 核"成分
□ 非 "3- 核"成分

图4-39 "震后0 ~ 3天"网络"K-核"分布

"震后 0 ~ 3 天"网络"K- 核"分级　　　　　　　表 4-16

分级	类型	应急避难场所	比例（%）
1级	12 核	Y3、Y4、Y14、Y20、Y15、Y16、Y22、Y11、Y8、Y9、Y12、Y13、Y21、Y23	32.56
	11 核	Y24、Y3、Y4、Y14、Y20、Y15、Y16、Y22、Y11、Y8、Y9、Y12、Y13、Y21、Y23	34.88
	10 核	Y25、Y28、Y24、Y3、Y4、Y14、Y20、Y15、Y16、Y22、Y11、Y8、Y9、Y12、Y13、Y21、Y23	39.53
	9 核	Y2、Y33、Y25、Y28、Y24、Y3、Y4、Y14、Y20、Y15、Y16、Y22、Y11、Y8、Y9、Y12、Y13、Y21、Y23	44.18

续表

分级	类型	应急避难场所	比例（%）
2级	8核	Y30、Y31、Y34、Y32、Y35、Y36、Y37、Y38、Y2、Y33、Y25、Y28、Y24、Y3、Y4、Y14、Y20、Y15、Y16、Y22、Y11、Y8、Y9、Y12、Y13、Y21、Y23	62.78
	7核	Y18、Y17、Y19、Y27、Y26、Y29、Y30、Y31、Y34、Y32、Y35、Y36、Y37、Y38、Y2、Y33、Y25、Y28、Y24、Y3、Y4、Y14、Y20、Y15、Y16、Y22、Y11、Y8、Y9、Y12、Y13、Y21、Y23	76.73
3级	6核	Y5、Y6、Y10、Y7、Y39、Y40、Y41、Y18、Y17、Y19、Y27、Y26、Y29、Y30、Y31、Y34、Y32、Y35、Y36、Y37、Y38、Y2、Y33、Y25、Y28、Y24、Y3、Y4、Y14、Y20、Y15、Y16、Y22、Y11、Y8、Y9、Y12、Y13、Y21、Y23	93.01
	4核	Y42、Y5、Y6、Y10、Y7、Y39、Y40、Y41、Y18、Y17、Y19、Y27、Y26、Y29、Y30、Y31、Y34、Y32、Y35、Y36、Y37、Y38、Y2、Y33、Y25、Y28、Y24、Y3、Y4、Y14、Y20、Y15、Y16、Y22、Y11、Y8、Y9、Y12、Y13、Y21、Y23	95.34
	3核	Y1、Y42、Y5、Y6、Y10、Y7、Y39、Y40、Y41、Y18、Y17、Y19、Y27、Y26、Y29、Y30、Y31、Y34、Y32、Y35、Y36、Y37、Y38、Y2、Y33、Y25、Y28、Y24、Y3、Y4、Y14、Y20、Y15、Y16、Y22、Y11、Y8、Y9、Y12、Y13、Y21、Y23	97.67
	2核	Y43、Y1、Y42、Y5、Y6、Y10、Y7、Y39、Y40、Y41、Y18、Y17、Y19、Y27、Y26、Y29、Y30、Y31、Y34、Y32、Y35、Y36、Y37、Y38、Y2、Y33、Y25、Y28、Y24、Y3、Y4、Y14、Y20、Y15、Y16、Y22、Y11、Y8、Y9、Y12、Y13、Y21、Y23	100

3）"震后 4 ～ 15 天"时段

由图 4-40、表 4-17 可知，"震后 4 ～ 15 天"应急避难场所的网络结构中，"K-核"最大值为 11，比例为 37.84%，"3- 核"比例为 97.30%，K 值较大，"3- 核"成分较多，稳定性较好。

"K- 核"层级最高为 11 核，包含 14 个应急避难场所。相对"震后 0 ～ 3 天"最高层级的避难场所变化不大。第 1、2 级的比例增大，网络稳定程度增加。但第一层级的应急避难场所全部集中在河西的老城区，新城区最高层级为 7 核，因此，老城区的局部稳定程度比新城区的高，随着新城区的建设，人口增加，应急避难场所应增加。

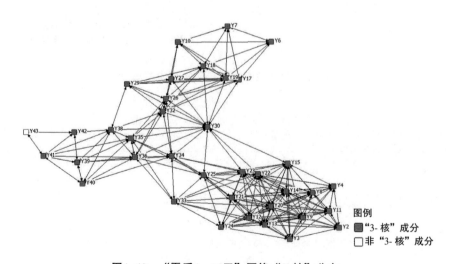

图4- 40 "震后4～15天"网络"K-核"分布

"震后 4 ~ 15 天"网络"K- 核"分级　　　　　　　　　表 4-17

分级	类型	应急避难场所	比例（%）
1级	11核	Y3、Y4、Y14、Y20、Y15、Y22、Y11、Y8、Y9、Y12、Y13、Y21、Y24、Y23	37.84
	9核	Y2、Y25、Y3、Y4、Y14、Y20、Y15、Y22、Y11、Y8、Y9、Y12、Y13、Y21、Y24、Y23	43.25
	8核	Y33、Y2、Y25、Y3、Y4、Y14、Y20、Y15、Y22、Y11、Y8、Y9、Y12、Y13、Y21、Y24、Y23	45.95
2级	7核	Y18、Y17、Y19、Y27、Y26、Y30、Y29、Y34、Y32、Y35、Y36、Y33、Y2、Y25、Y3、Y4、Y14、Y20、Y15、Y22、Y11、Y8、Y9、Y12、Y13、Y21、Y24、Y23	75.67
	6核	Y38、Y18、Y17、Y19、Y27、Y26、Y30、Y29、Y34、Y32、Y35、Y36、Y33、Y2、Y25、Y3、Y4、Y14、Y20、Y15、Y22、Y11、Y8、Y9、Y12、Y13、Y21、Y24、Y23	78.38
3级	5核	Y6、Y10、Y7、Y39、Y40、Y41、Y38、Y18、Y17、Y19、Y27、Y26、Y30、Y29、Y34、Y32、Y35、Y36、Y33、Y2、Y25、Y3、Y4、Y14、Y20、Y15、Y22、Y11、Y8、Y9、Y12、Y13、Y21、Y24、Y23	94.59
	3核	Y42、Y6、Y10、Y7、Y39、Y40、Y41、Y38、Y18、Y17、Y19、Y27、Y26、Y30、Y29、Y34、Y32、Y35、Y36、Y33、Y2、Y25、Y3、Y4、Y14、Y20、Y15、Y22、Y11、Y8、Y9、Y12、Y13、Y21、Y24、Y23	97.30
	2核	Y43、Y42、Y6、Y10、Y7、Y39、Y40、Y41、Y38、Y18、Y17、Y19、Y27、Y26、Y30、Y29、Y34、Y32、Y35、Y36、Y33、Y2、Y25、Y3、Y4、Y14、Y20、Y15、Y22、Y11、Y8、Y9、Y12、Y13、Y21、Y24、Y23	100

4）"震后 16 ~ 30 天"时段

由图 4-41、表 4-18 可知，"震后 16 ~ 30 天"应急避难场所的网络结构中，"K- 核"最大值为 7，比例为 31.03%，"3- 核"比例为 93.09%，K 值不大，"3- 核"成分较多，稳定性一般。

"K- 核"层级最高为 7 核，包含 9 个应急避难场所，其中 6 个应急避难场所容纳人数在 600 人以上，最高层级的应急避难场所质量提高（见表 4-18）。2 级的比例增大，K 值减小，网络稳定程度减弱。

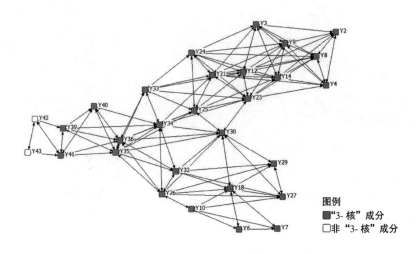

图4-41　"震后16 ~ 30天"网络"K-核"分布

"震后16～30天"网络"K-核"分级 表4-18

分级	类型	应急避难场所	比例（%）
1级	7核	Y3、Y4、Y14、Y21、Y24、Y23、Y8、Y9、Y12	31.03
	6核	Y2、Y3、Y4、Y14、Y21、Y24、Y23、Y8、Y9、Y12	34.48
	5核	Y18、Y27、Y26、Y25、Y33、Y30、Y29、Y34、Y32、Y35、Y36、Y2、Y3、Y4、Y14、Y21、Y24、Y23、Y8、Y9、Y12	72.41
2级	4核	Y39、Y40、Y41、Y18、Y27、Y26、Y25、Y33、Y30、Y29、Y34、Y32、Y35、Y36、Y2、Y3、Y4、Y14、Y21、Y24、Y23、Y8、Y9、Y12	82.75
	3核	Y6、Y7、Y10、Y39、Y40、Y41、Y18、Y27、Y26、Y25、Y33、Y30、Y29、Y34、Y32、Y35、Y36、Y2、Y3、Y4、Y14、Y21、Y24、Y23、Y8、Y9、Y12	93.09
	2核	Y42、Y43、Y6、Y7、Y10、Y39、Y40、Y41、Y18、Y27、Y26、Y25、Y33、Y30、Y29、Y34、Y32、Y35、Y36、Y2、Y3、Y4、Y14、Y21、Y24、Y23、Y8、Y9、Y12	100

5）"震后31～60天"时段

如图4-42、表4-19可知，"震后31～60天"应急避难场所的网络结构中，"K-核"最大值为5，比例为34.78%，"3-核"比例为78.26%，K值较小，"3-核"成分较少，稳定性较差。

K值最大值降低，K值层级减少。"K-核"层级最高为5核，包含Y24、Y8、Y12、Y14、Y21、Y33、Y23、Y25，8个应急避难场所，8个应急避难场所的容纳人数都在600人以上，最高层级的应急避难场所质量提高，最大K值较低，网络不够成熟，网络稳定程度减弱。

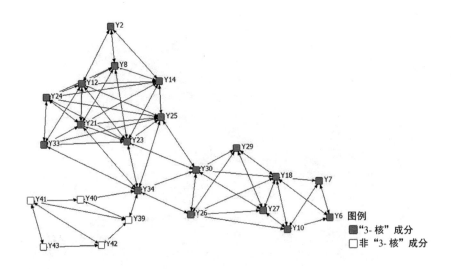

图4-42 "震后31～60天"网络"K-核"分布

"震后 31 ~ 60 天"网络"K- 核"分级 表 4-19

分级	类型	应急避难场所	比例（%）
1级	5核	Y24、Y8、Y12、Y14、Y21、Y33、Y23、Y25	34.78
2级	4核	Y18、Y27、Y26、Y30、Y29、Y34、Y24、Y8、Y12、Y14、Y21、Y33、Y23、Y25	60.87
	3核	Y2、Y6、Y7、Y10、Y18、Y27、Y26、Y30、Y29、Y34、Y24、Y8、Y12、Y14、Y21、Y33、Y23、Y25	78.26
	2核	Y43、Y42、Y41、Y40、Y39、Y2、Y6、Y7、Y10、Y18、Y27、Y26、Y30、Y29、Y34、Y24、Y8、Y12、Y14、Y21、Y33、Y23、Y25	100

6）"灾后重建"时段

如图 4-43、表 4-20 可知，"灾后重建"时段规划应急避难场所的网络结构中，"K-核"最大值为 5，比例为 31.58%，"3- 核"比例为 78.95%，K 值较小，"3- 核"成分较少，稳定性较差。

K 值最大值降低，K 值层级减少。"K- 核"层级最高为 5 核，包含 Y02、Y21、Y22、Y23、Y24、Y33，6 个应急避难场所，最大 K 值较低，网络不够成熟，网络稳定程度减弱。

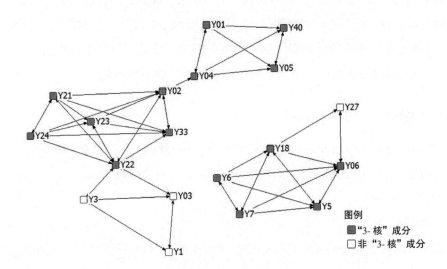

图4-43 "灾后重建"网络"K-核"分布

"灾后重建"网络"K- 核"分级 表 4-20

分级	类型	应急避难场所	比例（%）
1级	5核	Y02、Y21、Y22、Y23、Y24、Y33	31.58
2级	4核	Y5、Y6、Y7、Y18、Y06、Y02、Y21、Y22、Y23、Y24、Y33	57.90
	3核	Y01、Y04、Y05、Y40、Y5、Y6、Y7、Y18、Y06、Y02、Y21、Y22、Y23、Y24、Y33	78.95
	2核	Y1、Y3、Y03、Y27、Y01、Y04、Y05、Y40、Y5、Y6、Y7、Y18、Y06、Y02、Y21、Y22、Y23、Y24、Y33	100

7）分析结论

从芦山县城不同时段的应急避难网络模型"3-核"比例曲线可以看出"震后0～3天"时段应急避难场所的比例最大，为97.67%。"灾后重建"时段应急避难场所的局部应急避难场所联系性较弱，网络结构不稳定（图4-44）。

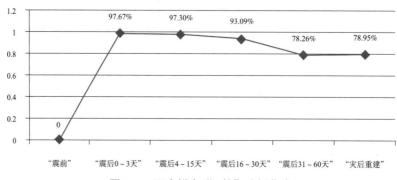

图4-44　研究样本"3-核"比例曲线

根据芦山县城应急避难场所不同时段的"K-核"计算，可以看出，老城区应急避难场所有较高的"K-核"层级，而新城应急避难场所相比老城区应急避难场所的 K 值较低，可见，老城区应急避难场所局部网络较稳定，场所数量较多且联系性较强，新城区应急避难场所网络局部较老城区不稳定，场所数量较少且联系性不强。

4.3.3　网络结构个体特征分析

网络个体特征的分析是对网络中的节点进行中心性分析，发现特殊节点并分析相关特征，包括网络结构的度数中心度、中间中心度、接近中心度。

1. 度数中心度

1）"震前"时段

"震前"时段应急避难场所的度数中心度最高的为 Y18，计算结果如表 4-21 和图 4-45 所示。

"震前"网络度数中心度计算结果（主要设施点）　　　　表 4-21

编号	应急避难场所名称	避难场所形式	避难人数（人）	绝对度数中心度	相对度数中心度	度数中心度指标
Y18	芦山中学	学校	1200	1	10	—
Y27	体育馆	建筑	2400	0	0	—
Y6	金花广场/芦邛广场	室外	1000	0	0	—
Y03	北城遗址公园	室外	—	0	0	—
Y02	姜城广场（综合馆）	室外+建筑	—	0	0	—
Y01	迎宾广场	室外	—	0	0	—
度数中心势				10.00%		

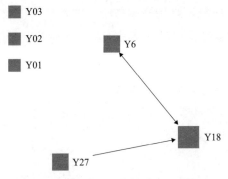

图4-45　"震前"网络度数中心度图示

2）"震后 0 ～ 3 天"时段

"震后 0 ～ 3 天"时段应急避难场所的度数中心度如表 4-22 所示，老城区处于中心度较高的核心地位，说明与其他应急避难场所之间共同服务的居住区比较多，与其他应急避难场所之间的联系较多，新城区整体中心度偏低，在芦山县城应急避难场所内部中心性差异较大，核心节点在空间上呈聚集分布的特征，具有一定的"核心—边缘"特性。

"震后 0 ～ 3 天"网络度数中心度（主要设施点）　　　　　　表 4-22

编号	应急避难场所名称	避难场所形式	避难人数(人)	绝对度数中心度	相对度数中心度	度数中心度指标
Y22	老广场(芦阳小学)	学校	280	116	23.016	0.054
Y20	水果市场	室外	300	111	22.024	0.051
Y21	广福苑	建筑	800	111	22.024	0.051
Y13	芦阳幼儿园	学校	300	107	21.230	0.049
Y23	中心广场	室外	2500	101	20.040	0.047
Y12	供销社	建筑	1300	100	19.841	0.046
Y14	种子公司	建筑	2600	86	17.063	0.040
Y28	李家坎（零星）	室外	40	68	13.492	0.031
度数中心势			13.68%			

从整体上看，芦山县城应急避难场所网络度数中心势为 0.14，其中以 Y22、Y20、Y21、Y13、Y23、Y12 的中心性为最高，其余应急避难场所的度数中心性依次降低。

从各个应急避难场所节点的特征来看，综合考虑节点"相对中心度"数值（附表 4-K、图 4-46），并对其按照相对中心度对应急避难场所进行等级划分（表 4-23），可以发现芦山县应急避难场所"中心性"的特征。

整体上，老城区应急避难场所网络中心性明显高于新城区，尤其是以城东和城南社区的网络优势最为明显。应急避难场所度数中心度较高的代表与其他的联系比较强烈，灾害救助物资以及灾民转移被选择的概率较大，因此应该有较好的震后救助设施建设和配置，但是从图表中可以看出，在应急避难场所度数中心度较高的点只有 Y23 中心广场和 Y12 供销社、Y14 种子公司具有较大规模。

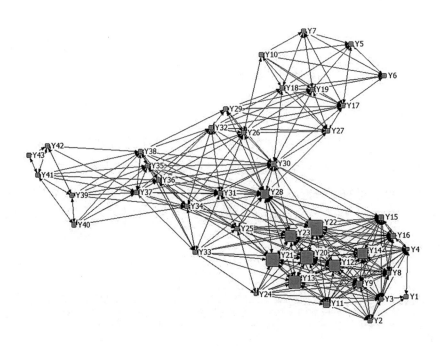

图4-46 "震后0～3天"网络度数中心度图示

基于"震后 0～3 天"网络相对中心度的避难场所等级划分 表 4-23

类型	应急避难场所名称
第一层级	Y22 老广场（芦阳小学）、Y20 水果市场、Y21 广福苑、Y13 芦阳幼儿园、Y23 中心广场、Y12 供销社、Y14 种子公司
第二层级	Y28 李家坎（零星）、Y9 乐家坝（水井坎）、Y11 安居小区国税局、Y30 李家坎（临时安置点）、Y16 红军广场、Y15 烟草公司、Y8 沙坝小区地税局、Y25 芦阳中学、Y31 李家坎（马伙）、Y34 县车队、Y36 芦阳二小、Y24 潘家河集中安置点（零星）、Y37 花岗石厂、Y32 工行宿舍楼、Y35 派出所、Y4 城北路
第三层级	其他应急避难场所

3）"震后 4～15 天"时段

整体的网络中心势为 0.15，其中以 Y20、Y22、Y21、Y13、Y12、Y23 的中心性为最高，其余应急避难场所的度数中心性依次降低。还是主要以老城区的城东社区和城南社区的度数中心度为最高，对于整个网络影响较大（表4-24）。节点"相对中心度"数值计算结果见附表 4-L（图 4-47）。

"震后4~15天"网络度数中心度计算结果（主要设施点）　　　　表4-24

编号	应急避难场所名称	避难场所形式	避难人数(人)	绝对度数中心度	标准化度数中心度	度数中心度指标
Y20	水果市场	室外	300	105	24.306	0.063
Y22	老广场(芦阳小学)	学校	280	105	24.306	0.063
Y21	广福苑	建筑	800	103	23.843	0.062
Y13	芦阳幼儿园	学校	300	100	23.148	0.060
Y12	供销社	建筑	1300	94	21.759	0.057
Y23	中心广场	室外	2500	90	20.833	0.054
Y14	种子公司	建筑	2600	79	18.287	0.048
Y11	安居小区国税局	建筑	300	63	14.583	0.038
度数中心势				14.70%		

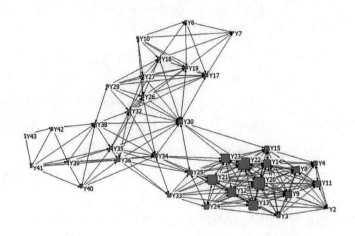

图4-47　"震后4~15天"网络度数中心度图示

4）"震后16~30天"时段

整体的网络中心势为0.137，其中以Y21、Y12、Y23、Y14的中心性为最高，其余应急避难场所的度数中心性依次降低（表4-25）。节点"相对中心度"数值计算结果见附表4-M（图4-48）。

"震后16~30天"网络度数中心度计算结果（主要设施点）　　　　表4-25

编号	应急避难场所名称	避难场所形式	避难人数(人)	绝对度数中心度	标准化度数中心度	度数中心度指标
Y21	广福苑	建筑	800	60.000	19.481	0.079
Y12	供销社	建筑	1300	54.000	17.532	0.071
Y23	中心广场	室外	2500	52.000	16.883	0.068
Y14	种子公司	建筑	2600	44.000	14.286	0.058
Y30	李家坎(临时安置点)	室外	1250	38.000	12.338	0.050

续表

编号	应急避难场所名称	避难场所形式	避难人数（人）	绝对度数中心度	标准化度数中心度	度数中心度指标
Y8	沙坝小区地税局	建筑	900	36.000	11.688	0.047
Y24	潘家河集中安置点（零星）	室外	600	36.000	11.688	0.047
Y25	芦阳中学	学校	3200	36.000	11.688	0.047
度数中心势			11.74%			

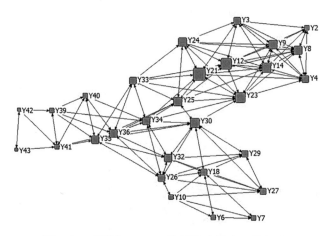

图4-48 "震后16～30天"网络度数中心度图示

5）"震后31 ～ 60 天"时段

整体的网络中心势为0.137，其中以Y21、Y23、Y12、Y24的中心性为最高，其余应急避难场所的度数中心性依次降低。主要的应急避难场所中心度计算结果见表4-26。节点"相对中心度"数值计算结果见附表4-N（图4-49）。

"震后31 ～ 60天"网络度数中心度计算结果（主要设施点）　　　表 4-26

编号	应急避难场所名称	避难场所形式	避难人数(人)	绝对度数中心度	标准化度数中心度	度数中心度指标
Y21	广福苑	建筑	800	50.000	20.661	0.111
Y23	中心广场	室外	2500	46.000	19.008	0.102
Y12	供销社	建筑	1300	40.000	16.529	0.089
Y24	潘家河集中安置点（零星）	室外	600	34.000	14.050	0.076
Y25	芦阳中学	学校	3200	32.000	13.223	0.071
Y14	种子公司	建筑	2600	30.000	12.397	0.067
Y8	沙坝小区地税局	建筑	900	25.000	10.331	0.056
Y33	西水坝集中点（零星）	室外	500	23.000	9.504	0.051
度数中心势			13.77%			

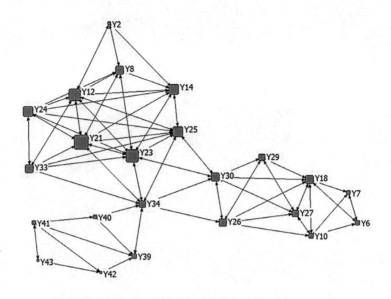

图4-49　"震后31～60天"网络度数中心度图示

6）"灾后重建"时段

整体的网络中心势为 18.48%，其中以 Y02、Y22、Y04 的中心性为最高（表 4-27）。节点"相对中心度"见图 4-50。

"灾后重建"度数中心度计算结果（主要设施点）　表 4-27

编号	应急避难场所名称	避难场所形式	避难人数（人）	绝对度数中心度	标准化度数中心度	度数中心度指标
Y02	汉姜古城	建筑	6000	32.000	20.915	0.111
Y22	芦阳小学	学校	3000	27.000	17.674	0.102
Y04	芦山第二小学（规划）	学校	3000	27.000	17.674	0.089
Y03	北城墙遗址公园	室外	4000	5.000	3.268	0.076
Y3	芦阳中学（初中）	学校	3000	5.000	3.268	0.071
Y18	芦山中学	学校	10000	1.500	0.980	0.067
Y06	公园	室外	13000	1.500	0.980	0.056
度数中心势			18.48%			

7）分析结论

对应急避难场所的"相对中心度"进行对比分析可知，"灾后重建"时段应急避难场所的度数中心势最高，"震前"时段的应急避难场所均衡性最低（图 4-51）。

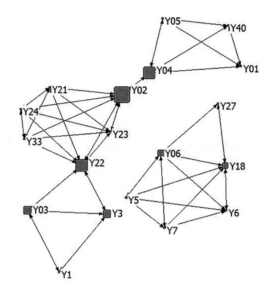

图4-50 "灾后重建"网络度数中心度图示

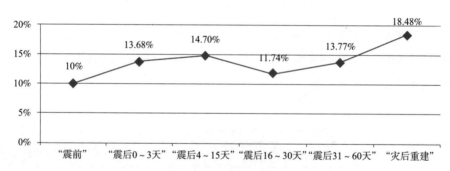

图4-51 研究样本社会网络度数中心势曲线

2. 中间中心度

1)"震前"时段

如表 4-28、图 4-52 所示,对"震前"时段应急避难场所的中间中心度进行分析,网络结构中 1/2 的应急避难场所为孤立点,网络极不均衡。

"震前"中间中心度计算结果(主要设施点)　　　　　　表 4-28

编号	应急避难场所名称	形式	避难人数（人）	绝对中间中心度	标准中间中心度
Y18	乐家坝（芦山中学）	室外	1200	1	10
Y03	北城遗址公园	室外	—	0	0
Y6	金花广场 / 芦邛广场	室外	1000	0	0
Y27	乐家坝（体育馆）	室外 / 学校	2400	0	0
Y02	姜城广场（综合馆）	室外	—	0	0

续表

编号	应急避难场所名称	形式	避难人数（人）	绝对中间中心度	标准中间中心度
Y01	迎宾广场	室外	6000（规划）	0	0
网络整体中间中心势			10%		

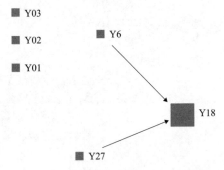

图4-52　"震前"网络中间中心度图示

2）"震后 0 ~ 3 天"时段

如表 4-29、图 4-53 所示，"震后 0 ~ 3 天"时段应急避难场所的网络结构中 Y30、Y28 点的中间中心度较大，Y1、Y3、Y5、Y6、Y7、Y43 点的中间中心度为 0。整体中间中心势为 16.14%，中间性趋势较低。

"震后 0 ~ 3 天"中间中心度计算结果（主要设施点）　　表 4-29

编号	应急避难场所名称	形式	避难人数（人）	绝对中间中心度	标准中间中心度
Y30	李家坎（临时安置点）	室外	1250	161.460	18.753
Y28	李家坎（零星）	室外	40	131.428	15.265
Y34	县车队	室外	300	50.095	5.818
Y22	老广场（芦阳小学）	室外 / 学校	280	49.340	5.731
Y37	花岗石厂	室外	100	47.469	5.513
Y25	芦阳中学	学校	3200	43.615	5.066
Y26	老县医院	建筑	450	42.980	4.992
Y23	中心广场	室外	2500	38.591	4.482
网络整体中间中心势			16.14%		

3）"震后 4 ~ 15 天"时段

如表 4-30、图 4-54 所示，"震后 4 ~ 15 天"时段应急避难场所的网络结构中 Y30、Y34 点的中间中心度较大，Y2、Y6、Y7、Y43 点的中间中心度为 0。整体中间中心势为 25.10%，中间性趋势较"震后 0 ~ 3 天"时段有所升高。

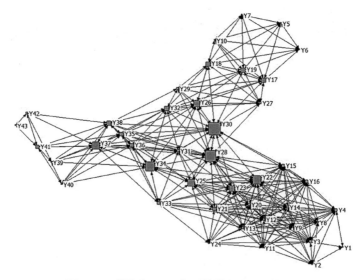

图4-53 "震后0～3天"网络中间中心度图示

"震后4～15天"中间中心度计算结果（主要设施点） 表 4-30

编号	应急避难场所名称	形式	避难人数（人）	绝对中间中心度	标准中间中心度
Y30	李家坎（临时安置点）	室外	1250	176.917	28.082
Y34	县车队	室外	300	80.248	12.738
Y22	老广场（芦阳小学）	室外 / 学校	280	59.198	9.397
Y25	芦阳中学	学校	3200	55.388	8.792
Y23	中心广场	室外	2500	49.336	7.831
Y38	县政府大院	建筑	300	41.291	6.554
Y36	芦阳二小	学校	Y36	40.336	6.403
Y35	派出所	建筑	Y35	40.336	6.403
网络整体中间中心势					25.10%

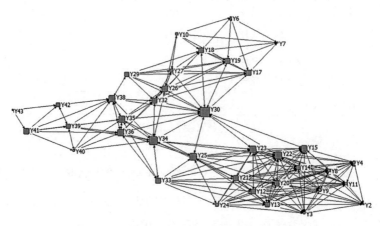

图4-54 "震后4～15天"网络中间中心度图示

4）"震后 16～30 天"时段

如表 4-31、图 4-55 所示，"震后 16～30 天"时段应急避难场所的网络结构中 Y30、Y34 点的中间中心度较大，Y2、Y6、Y7、Y29、Y43 点的中间中心度为 0。整体中间中心势为 15.98%，中间性趋势较低。

编号	应急避难场所名称	形式	避难人数（人）	绝对中间中心度	标准中间中心度
				"震后 16～30 天"中间中心度计算结果（主要设施点）　表 4-31	
Y30	李家坎（临时安置点）	室外	1250	78.256	20.703
Y34	县车队	室外	300	65.714	17.385
Y23	中心广场	室外	2500	61.459	16.259
Y18	乐家坝（芦山中学）	学校	1200	45.760	12.106
Y25	芦阳中学	学校	3200	44.801	11.852
Y36	芦阳二小	学校	400	39.876	10.549
Y35	派出所	建筑	400	39.876	10.549
Y26	老县医院	建筑	450	37.113	9.818
网络整体中间中心势					15.98%

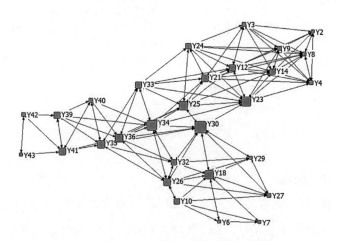

图4-55　"震后16～30天"网络中间中心度图示

5）"震后 31～60 天"时段

如表 4-32、图 4-56 所示，"震后 31～60 天"时段应急避难场所的网络结构中依然是 Y30、Y34 点的中间中心度较大，Y2、Y6、Y7、Y29、Y43 点的中间中心度为 0。整体中间中心势为 37.93%，中间性趋势最高，网络均衡性最强。

"震后 31 ~ 60 天"中间中心度计算结果（主要设施点）　　　表 4-32

编号	应急避难场所名称	形式	避难人数（人）	绝对中间中心度	标准中间中心度
Y34	县车队	室外	300	101.718	44.034
Y30	李家坎（临时安置点）	室外	1250	62.249	26.948
Y39	职业中学	学校	600	39.500	17.100
Y23	中心广场	室外	2500	36.923	15.984
Y18	乐家坝（芦山中学）	学校	1200	45.760	12.106
Y26	老县医院	建筑	450	32.706	14.158
Y25	芦阳中学	学校	3200	23.830	10.316
Y40	老沫东	室外	500	15.000	6.494
网络整体中间中心势					37.93%

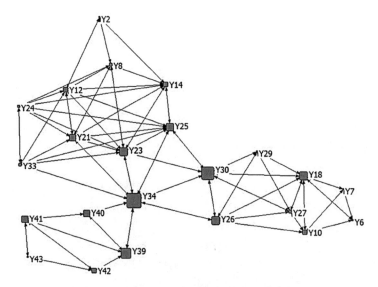

图4-56　"震后31~60天"网络中间中心度图示

6）"灾后重建"时段

如表 4-33、图 4-57 所示，"灾后重建"时段应急避难场所的网络结构中 Y02、Y22、Y04 点的中间中心度较大，Y03、Y3、Y18、Y06 点的中间中心度较小，其他点的中间中心度为 0。整体中间中心势为 18.48%。

"灾后重建"中间中心度计算结果（主要设施点）　　　表 4-33

编号	应急避难场所名称	形式	避难人数（人）	绝对中间中心度	标准中间中心度
Y02	汉姜古城	室外	6000	32	20.915
Y22	芦阳小学	学校	3000	27	17.647
Y04	芦山第二小学（规划）	学校	3000	27	17.647

续表

编号	应急避难场所名称	形式	避难人数（人）	绝对中间中心度	标准中间中心度
Y03	北城墙遗址公园	室外	4000	5	3.268
Y3	芦阳中学（初中）	学校	3000	5	3.268
Y18	芦山中学	学校	10000	1.5	0.980
Y06	公园	室外	13000	1.5	0.980
网络整体中间中心势					18.48%

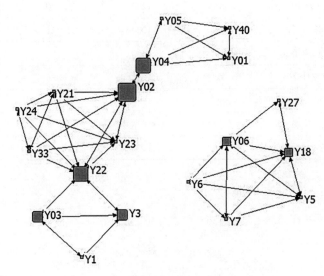

图4-57　"灾后重建"网络中间中心度图示

7）分析结论

应急避难场所在不同时段的中心势不同，"震后 31 ~ 60 天"时段应急避难场所的均衡性最高，"震前"时段应急避难场所的均衡性最低。而"灾后重建"时段应急避难场所的均衡性不高（图 4-58）。

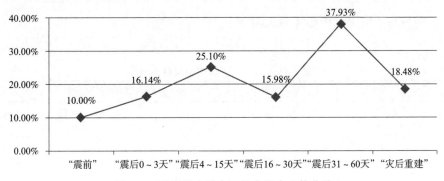

图4-58　研究样本社会网络中间中心势曲线

3. 接近中心度

1)"震前"时段

如表4-34、图4-59所示，Y18、Y6、Y27存在接近中心度，其他三点不存在接近中心度，因此网络不存在接近中心势。

"震前"接近中心度计算结果（主要设施点） 表4-34

编号	应急避难场所名称	形式	避难人数（人）	绝对接近中心度	标准接近中心度
Y18	乐家坝（芦山中学）	室外	1200	20	25
Y6	金花广场/芦邛广场	室外	1000	21	23.810
Y27	乐家坝（体育馆）	室外/学校	2400	21	23.810
Y03	北城遗址公园	室外	—	—	—
Y02	姜城广场（综合馆）	室外	—	—	—
Y01	迎宾广场	室外	6000（规划）	—	—
网络整体中间中心势				—	

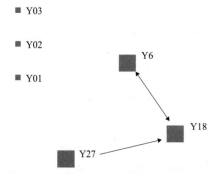

图4-59 "震前"网络接近中心度图示

2)"震后0～3天"时段

如表4-35、图4-60所示，Y28、Y30、Y25、Y22、Y23接近中心度最小，接近中心势最大，网络的平均接近中心势为33.05%。

"震后0～3天"接近中心度计算结果 表4-35

编号	应急避难场所名称	形式	避难人数（人）	绝对接近中心度	标准接近中心度
Y28	李家坎（零星）	室外	40	67	62.687
Y30	李家坎（临时安置点）	室外	1250	68	61.765
Y25	芦阳中学（芦山高中）	学校	400	72	58.333
Y22	老广场（芦阳小学）	学校	280	72	58.333

续表

编号	应急避难场所名称	形式	避难人数（人）	绝对接近中心度	标准接近中心度
Y23	中心广场	室外	2500	73	57.534
Y34	县车队	室外	300	74	56.757
Y31	李家坎（马伙）	室外	200	76	55.263
Y15	烟草公司	建筑	300	78	53.846
Y16	红军广场	室外	200	78	53.846
Y21	广福苑	建筑	800	79	53.165
接近中心势		33.05%			

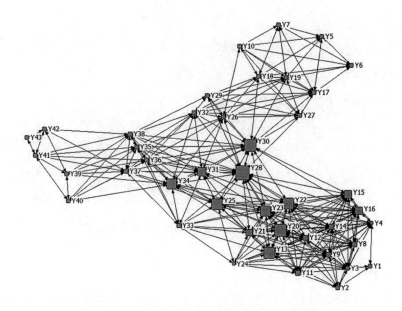

图4-60 "震后0~3天"网络接近中心度图示

3）"震后4~15天"时段

如表4-36、图4-61所示，Y30、Y22、Y34、Y25、Y23接近中心度最小，接近中心势最大，网络的平均接近中心势为33.05%。

"震后4~15天"接近中心度计算结果 表4-36

编号	应急避难场所名称	形式	避难人数(人)	绝对接近中心度	标准接近中心度
Y30	李家坎（临时安置点）	室外	1250	59.000	61.017
Y22	老广场（芦阳小学）	学校	280	62.000	58.065
Y34	县车队	室外	300	63.000	57.143
Y25	芦阳中学（芦山高中）	学校	400	63.000	57.143
Y23	中心广场	室外	2500	63.000	57.143

续表

编号	应急避难场所名称	形式	避难人数(人)	绝对接近中心度	标准接近中心度
Y15	烟草公司	建筑	300	67.000	53.731
Y36	芦阳二小	学校	400	69.000	52.174
Y35	派出所	建筑	400	69.000	52.174
接近中心势				32.82%	

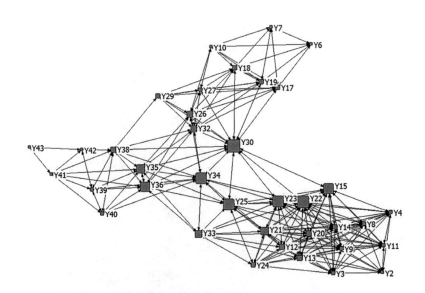

图4-61　"震后4～15天"网络接近中心度图示

4）"震后16～30天"时段

如表4-37、图4-62所示，Y30、Y36、Y34、Y25、Y23接近中心度最小，接近中心势最大，网络的平均接近中心势为33.05%。

"震后16～30天"接近中心度计算结果　　　　　表4-37

编号	应急避难场所名称	形式	避难人数（人）	绝对接近中心度	标准接近中心度
Y34	县车队	室外	300	49.000	57.143
Y30	李家坎（临时安置点）	室外	1250	50.000	56.000
Y25	芦阳中学（芦山高中）	学校	400	51.000	54.902
Y23	中心广场	室外	2500	52.000	53.846
Y36	芦阳二小	学校	400	53.000	52.830
Y35	派出所	建筑	400	53.000	52.830
Y21	广福苑	建筑	800	57.000	49.123
Y33	西水坝集中点（零星）	室外	500	58.000	48.276
中心势				30.21%	

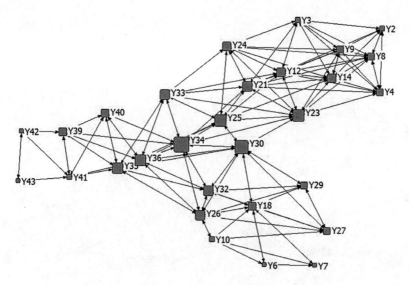

图4-62 "震后16～30天"网络接近中心度图示

5）"震后31～60天"时段

如表4-38、图4-63所示，Y34、Y23、Y30、Y25 接近中心度最小，接近中心势最大，网络的平均接近中心势为33.05%。

"震后31～60天"接近中心度计算结果 表 4-38

编号	应急避难场所名称	形式	避难人数（人）	绝对接近中心度	标准接近中心度
Y34	县车队	室外	300	40.000	55.000
Y23	中心广场	室外	2500	42.000	52.381
Y30	李家坎（临时安置点）	室外	1250	42.000	52.381
Y25	芦阳中学（芦山高中）	学校	400	43.000	51.163
Y21	广福苑	建筑	800	57.000	49.123
Y26	老县医院	建筑	450	48.000	45.833
Y33	西水坝集中点（零星）	室外	500	50.000	44.000
Y39	职业中学	学校	600	54.0001	40.74
中心势				32.69%	

6）"灾后重建"时段

如表4-39、图4-64所示，Y02、Y22、Y23、Y24、Y21、Y33 接近中心度最小，接近中心势最大，但因为网络并没有完全联系，存在孤立的局部网络，因此网络不存在平均接近中心势。

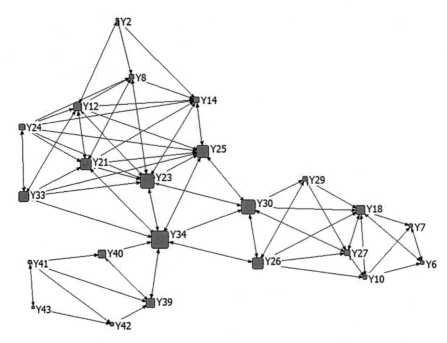

图4-63   "震后31～60天"网络接近中心度图示

"灾后重建"接近中心度计算结果（主要设施点）   表 4-39

编号	应急避难场所名称	形式	避难人数（人）	绝对接近中心度	标准接近中心度
Y02	汉姜古城	室外	6000	133	13.534
Y22	芦阳小学	学校	3000	134	13.433
Y23	中心广场	室外	3000	137	13.139
Y24	潘家河集中安置点（零星）	室外	600	137	13.139
Y21	广场（广福苑）	室外	2500	137	13.139
Y33	西水坝集中点（零星）	室外	600	137	13.139
Y04	芦山第二小学（规划）	学校	3000	138	13.043
Y3	芦阳中学（初中）	学校	3000	142	12.676
Y03	北城墙遗址公园	室外	4000	142	12.676
Y01	迎宾广场	室外	6000	147	12.245
Y40	老沫东	室外	500	147	12.245
Y05	芦山第二中学	学校	10000	147	12.245
Y1	向阳坝	室外	—	152	11.842
网络整体中间中心势				—	

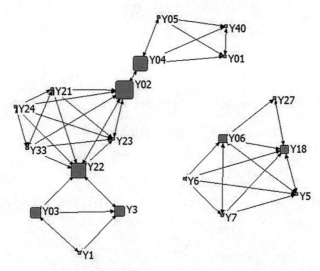

图4-64 "灾后重建"网络接近中心度图示

7）分析结论

"震后 0 ~ 3 天"时段的应急避难场所接近中心性最高，应急避难场所的差异性较大，"震后 16 ~ 30 天"时段应急避难场所的接近中心势最低，避难场所之间的差异性最小。震前和震后存在孤立点和独立的局部网络，因此不存在接近中心势（图4-65）。

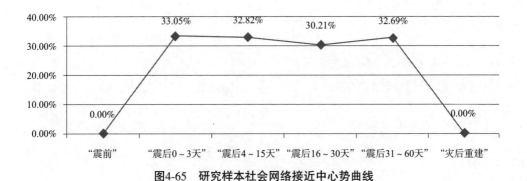

图4-65 研究样本社会网络接近中心势曲线

4. 切点分析

1）"震前"时段

由图 4-66 与计算可知，"震前"网络结构中，切点数目为 1 个（Y18），网络仅存在 6 个应急避难场所，而仅有 Y18、Y6、Y27 之间存在联系，而去掉 Y18，网络就会被分散成独立的点，网络极其脆弱。

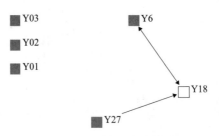

图4-66 "震前"网络切点图示

2）"震后0 ~ 3天"时段

由图 4-67 与计算可知，芦山"震后0 ~ 3天"网络结构中，无切点，脆弱程度较低。

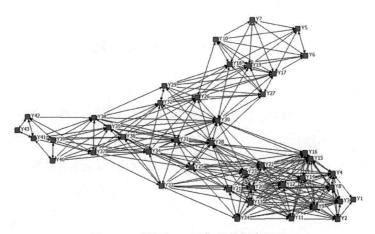

图4-67 "震后0~3天"网络切点图示

3）"震后4 ~ 15天"时段

由图 4-68 与计算可知，"震后4 ~ 15天"网络结构中，无切点，脆弱程度较低。

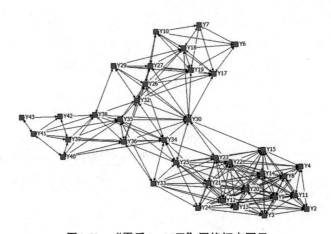

图4-68 "震后4~15天"网络切点图示

4）"震后 16 ～ 30 天"时段

由图 4-69 与计算可知，"震后 16 ～ 30 天"网络结构中，无切点，脆弱程度较低。

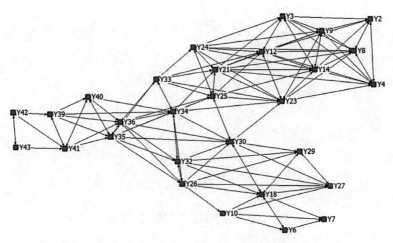

图4-69　"震后4～15天"网络切点图示

5）"震后 31 ～ 60 天"时段

由图 4-70 与计算可知，"震后 31 ～ 60 天"网络结构中，切点数目为 1 个，为 Y34，见图 4-68，脆弱程度较高。

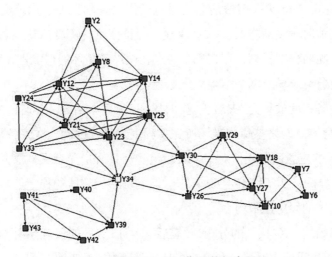

图4-70　"震后31～60天"网络切点图示

6）"灾后重建"时段

由图 4-71 与计算可知，"灾后重建"网络结构中，切点数目为 3 个，分别为 Y04、Y02、Y22，网络结构脆弱。

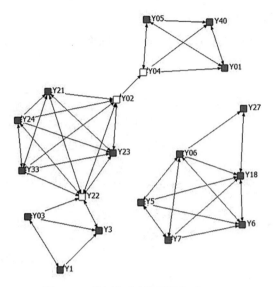

图4-71 "灾后重建"网络切点图示

4.3.4 网络特征总结

基于对"震前"、"灾中"、"灾后"三个阶段六个时段应急避难场所网络结构，从整体到局部再到个体的分析，归纳总结应急避难场所的网络特征和问题。

1. 应急避难场所网络结构特征总结

"震前"时段的应急避难场所数量少且分布零散，不存在完整网络，不能满足应急避难需求；"震后4～15天"时段应急避难场所网络在均衡度、稳定度、完备度等方面达到最高，而其他时段逐渐降低；"灾后重建"时段网络均衡度达到最高，而完备程度和稳定程度较低，脆弱程度较高，存在三个切点，网络遭破坏的可能性比较大。

2. 同时段应急避难场所网络结构对比总结

网络整体完备程度最高为"灾后重建"时段和"震后4～15天"时段的应急避难场所，"震前"时段应急避难网络整体避难场所完备程度最低，因此，在完备程度方面，"震后4～15天"时段的应急避难场所对于"灾后重建"具有指导意义。根据对网络层级边关联度的Lambda分析，"震后31～60天"时段网络结构整体的稳定性最强，"灾后重建"时段网络结构整体的稳定性最弱。

根据对网络结构"K-核"的分析，"震后4～15天"时段应急避难场所网络结构的稳定性最强，"灾后重建"时段应急避难场所的局部联系性较弱，网络结构不稳定。

对网络度数中心势进行对比分析可知，"灾后重建"时段应急避难场所的度数中心势最高，"震前"时段应急避难场所的均衡性最低；对网络中间中心势进行对比分析可知，"震后16～30天"时段应急避难场所的中间中心势最高，"震前"时段应急避难场所的均衡性最低，"灾后重建"时段网络的均衡性不高；对网络接近中间势进行对比分析可知，

"震后 0 ～ 3 天"时段差异性最大，"震后 16 ～ 30 天"时段差异性最小。

根据对应急避难场所网络结构测度的分析，对网络的完备程度、整体稳定性、局部稳定性进行排序（表 4-40）。

芦山县城应急避难场所整体网络分析排序表 表 4-40

网络测定	整体网络完备程度	整体网络稳定程度	局部稳定程度	个体均衡程度			个体脆弱程度
分析指标	网络密度、平均距离、聚集系数	Lambda 集合	K- 核	度数中心势	中间中心势	接近中心势	切点
"震前"	6	6	6	6	6	—	2
"震后 0 ～ 3 天"	2	3	2	4	4	4	1
"震后 4 ～ 15 天"	1	2	1	2	2	3	1
"震后 16 ～ 30 天"	4	4	3	5	5	1	1
"震后 31 ～ 60 天"	5	1	4	3	1	2	2
"灾后重建"	2	5	5	1	3	—	3

4.4 应急避难场所规划策略

应急避难场所的规划建设策略及建议，主要从两个层面展开：第一，通过提高网络结构的稳定性、降低脆弱性和提升均衡性，来优化与完善网络结构；第二，以网络的整体特征、局部特征和个体特征的优化控制为科学依据，指导芦山县城灾后重建应急避难场所物质形态的空间布局规划，包括应急避难场所的规模预测、类型与层级、布局结构等方面。

4.4.1 网络结构控制

1. 提高网络稳定性

1）提升关键节点的稳定性

在 6 个时段中，应急避难场所 Y15、Y21、Y22、Y23、Y25、Y30 的度数中心度、中间中心度、接近中心度均较高，处于网络的绝对核心地位，其在应急避难过程中起着主导作用，对网络有最重要的影响力和控制力。应急避难场所 Y26、Y34、Y35、Y36 的中间中心度、接近中心度均较高，在应急避难过程中起到联络作用，与网络中的重要避难场所联系紧密，同时垄断了局部网络的信息传递。应急避难场所 Y12、Y13、Y14、Y24 的度数中心度、接近中心度均较高，这些节点深深嵌入网络中，与网络中的其他点很接近，同时其他点之间亦有联系。这些节点在应急避难场所网络中占有各不相同的重

221

要作用，因此在指导应急避难场所灾后重建的过程中，首先应考虑这些点的规划与布局，以加强这些关键节点的稳定性。

2）提升网络整体的稳定性

对网络整体的稳定性主要是通过调整网络结构形态、调节网络中一级边关联度、增大 K 值，提高 K - 核成分。以稳定性最弱的"震后 31 ～ 60 天"时段应急避难场所网络结构的调整为例，可增大网络 K - 值，提高"K - 核"比例：

第一，在"震后 31 ～ 60 天"时段的"K - 核"分析可以看出，Y24、Y8、Y12、Y14、Y21、Y33、Y23、Y25 的"K - 核"较高，但最大 K 值仅为 5，比例为 34.78%，可以通过加强"5- 核"成分的点与其他点之间的联系，增大 K 值。第二，增加非"K - 核"节点的避难场所与"K - 核"节点的联系，增大非"K - 核"节点的 K 值，提高"K - 核"比例，增强网络的稳定程度。如可加大规模配置较高的应急避难场所与 K 值相同或较高的点的联系，或加大"K - 核"较低的节点 Y2、Y6、Y27、Y29、Y30、Y41、Y43 与"K - 核"较高的节点 Y24、Y8、Y12、Y14、Y21、Y33、Y23、Y25 的联系，提高规模配置较高的应急避难场所的 K 值，增大网络的"K - 核"成分比例，提高网络整体稳定性（图 4-72）。

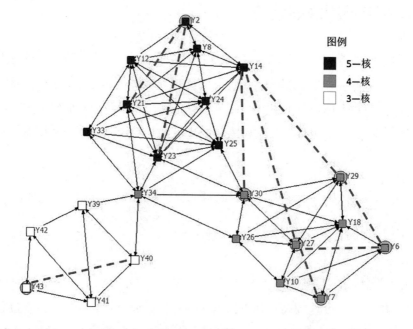

图4-72 "震后31～60天"应急避难场所网络"K-核"规划图示

2.降低网络脆弱性

在应急避难场所网络结构中，可以通过减少网络结构中的切点数目，降低切点比例，以达到降低网络脆弱性的目的，使整体网络更加稳定。"震后 31 ～ 60 天"应急避难场所网络结构中存在 1 个切点，是"震中"四个时段中唯一一个具有切点的，为降低网络脆弱性，可加强 Y39、Y40 等非切点之间的关系，从而消除 Y34 切点（图 4-73）。

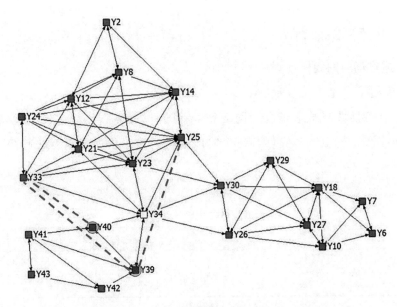

图4-73　"震后31～60天"时段应急避难场所网络切点规划图示

3. 提升网络均衡性

提高网络均衡性，主要是通过合理构建网络层级。对网络结构进行合理的层级结构划分，可以提高网络信息传递效率，方便震后管理等。

以"震后4～15天"时段应急避难场所网络为例进行结构层级的梳理。首先，对网络结构中层级较低的点进行梳理（表4-41），提高与其他节点的网络联系，从而提高这些低层级节点的网络层级。其次，对于本不应该占据高层级位置的节点，可以通过加强这些节点周围其他节点的相互联系降低其重要性，以达到降低这些高层级节点网络层级的目的。

层级较低与较高的应急避难场所节点　　　　表 4-41

	低层级节点	高层级节点
"震后 4～15 天"	Y6、Y10、Y7、Y39、Y40、Y41、Y42、Y43	Y3、Y4、Y14、Y20、Y15、Y22、Y11、Y8、Y9、Y12、Y13、Y21、Y24、Y23

通过对"震后 4～15 天"时段应急避难场所网络和"灾后重建"时段应急避难场所网络的层级进行梳理，将"震后 4～15 天"时段的低层级节点 Y6、Y10、Y7、Y39、Y40、Y41、Y42、Y43 与其他应急避难场所节点进行联系，提高这些点的网络层级。对

于网络结构中层级较高的节点 Y3、Y4、Y14、Y20、Y15、Y22、Y11、Y8、Y9、Y12、Y13、Y21、Y24、Y23，需加强这些节点周围其他应急避难场所之间的联系，以降低这些节点的网络层级。

4.4.2 物质形态规划

1. 应急避难场所的规模预测

1）规模预测

根据对芦山县城应急避难场所网络 6 个不同时段的综合分析，在规模数量方面，发现了"震前"、"灾中"、"灾后"三个阶段的应急避难场所数量变化趋势（表 4-42、图 4-74）。

芦山县城应急避难场所规模比较表　　　　表 4-42

时段	"震前"	"震后 0 ~ 3 天"	"震后 4 ~ 15 天"	"震后 16 ~ 30 天"	"震后 31 ~ 60 天"	"灾后重建"
规模	6	43	36	30	24	19
综合排名	6	2	1	5	3	4

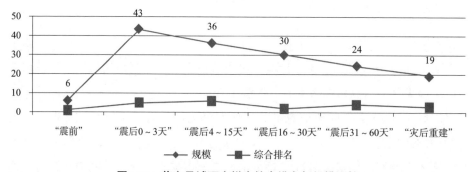

图4-74　芦山县城研究样本综合排名与规模比较

可以看出，应急避难场所数量在"震后 0 ~ 3 天"时段为最大规模，随后规模降低至"灾后重建"时段的 19 个。"震后 4 ~ 15 天"时段综合排名最高，随后逐渐降低。综合来看，应急避难场所的规模在"震后 0 ~ 3 天"时段到"震后 4 ~ 15 天"时段最为合理，其取值范围约在"35 ~ 40 个"之间。在此基础上，结合芦山县城避难人口与应急避难场所规模数量，以"震后 0 ~ 3 天"时段到"震后 4 ~ 15 天"时段为标准，综合测算出应急避难场所的避难人口合理数量在 700 ~ 800 人左右。另一方面也证明，"灾后重建"时段的 19 个应急避难场所并不能满足应急避难的最高需求，规模数量有待提高。

2）"灾后重建"时段规模调整

结合应急避难场所合理规模为 35 ~ 40 个的预测，根据每个时段应急避难场所的网络结构分析，选取在网络中地位较高的点作为"灾后重建"时段应该增加的应急避难场所节点，分别是 Y10、Y30、Y17、Y39、Y34、Y35、Y36、Y2、Y11、Y8、Y13、Y14、Y15、Y9、Y29、Y32、Y20、Y4、Y12、Y26 等 20 个场所节点，增加节点之后网络节点总共为 39 个点（图4-75）。

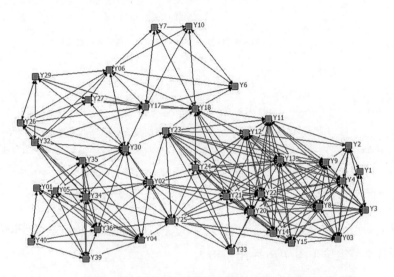

图4-75　芦山县城应急避难场所灾后重建远期规划网络结构模型

2.类型与层级

1）类型

根据网络中心度测算指标，确定应急避难场所节点在网络中的地位及作用，从而对不同应急避难场所进行类型划分。度数中心度较高的点均深深嵌入了网络中，中间中心度较高的点可以控制信息的传播路径，接近中心度较高的点可以快速地接近网络中其他的点。对三种中心度进行综合考虑，并对点的相关角色定位和类型进行划分（表4-43），并参考《城市抗震防灾规划标准》GB 50413 中的避震疏散场所划分，在此将应急避难场所分为临时应急避难场所、固定应急避难场所、中心应急避难场所。

中心性组合与类型划分　　　　　　　　　　　　　　　　　　　　表 4-43

度数中心度	中间中心度	接近中心度	数学表达式	功能含义	角色定位	应急避难场所类型划分
高	高	高	1，1，1	居于网络的绝对核心地位，在应急避难场所系统中处于核心地位，是重要的直接避难场所，对其他避难场所所有最重要的影响力和控制力	主导者	中心应急避难场所
高	低	高	1，0，1	在应急避难场所系统中存在多个相近的场所，同时与其他场所之间存在联系	深入者	固定应急避难场所

续表

度数中心度	中间中心度	接近中心度	数学表达式	功能含义	角色定位	应急避难场所类型划分
高	高	低	1，1，0	在系统中距离重要节点比较远，但是是局部的中心，是其他场所之间关系构建的中介	枢纽者	固定应急避难场所
高	低	低	1，0，0	与网络核心节点距离较远，在局部的系统中起重要的联系作用	局部深入者	临时应急避难场所
低	高	高	0，1，1	与系统中重要的场所保持联系，是局部网络与其他网络联系的重要场所	联络者	固定应急避难场所
低	低	高	0，0，1	与系统中重要的场所保持联系，通过与其他点联系，能快速地联系到其他场所	探索者	临时应急避难场所
低	高	低	0，1，0	部分场所联系的必经场所	中间人	临时应急避难场所
低	低	低	0，0，0	居于避难系统的边缘，对系统的影响最小	边缘人	临时应急避难场所

　　根据以上对应急避难场所的类型划分，并依据6个时段应急避难场所网络的个体特征，对其进行类型定位（图4-76～图4-81）。

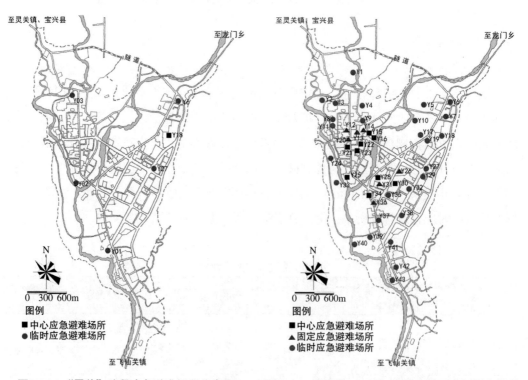

图4-76　"震前"阶段应急避难场所分类图　　图4-77　"震后0~3天"阶段应急避难场所分类图

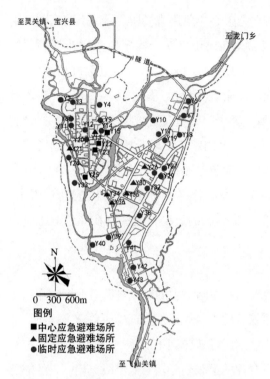

图4-78 "震后4～15天"阶段应急避难场所分类图

图4-79 "震后16～30天"阶段应急避难场所分类图

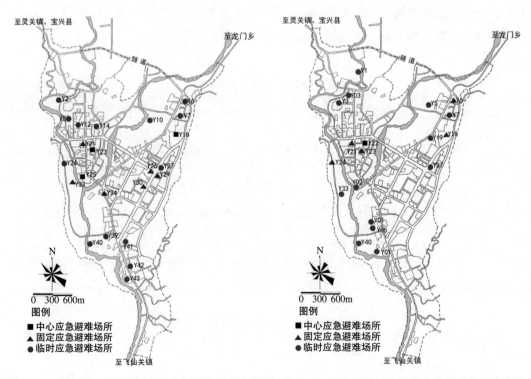

图4-80 "震后31～60天"阶段应急避难场所分类图　图4-81 "灾后重建"阶段应急避难场所分类图

"震前"时段只有新城区乐家坝的芦山中学为中心应急避难场所，网络不够完善（附表 4-O）；"震中 0 ~ 3 天"时段有 9 个中心应急避难场所，7 个固定应急避难场所，27 个临时应急避难场所（附表 4-P）；"震后 4 ~ 15 天"时段有 4 个中心应急避难场所，7 个固定应急避难场所，26 个临时应急避难场所（附表 4-Q）；"震后 16 ~ 30 天"时段有 4 个中心应急避难场所，7 个固定应急避难场所，18 个临时应急避难场所（附表 4-R）；"震后 31 ~ 60 天"时段有 3 个中心应急避难场所，6 个固定应急避难场所，14 个临时应急避难场所（附表 4-S）；"灾后重建"时段有 1 个中心应急避难场所，6 个固定应急避难场所，12 个临时应急避难场所（附表 4-T）。从以上各个时段应急避难场所的类型划分可以看出，Y21、Y22、Y23、Y25、Y30 经常是中心应急避难场所的类型，这些点在应急避难过程中起到重要的主导作用。

2）层级划分

应急避难场所层级划分：首先确定应急避难场所在网络中的层级与震后发挥的作用及规模是否能够与实际情况相匹配，否则就应该筛选层级与规模不合理的应急避难场所，如层级低但实际作用大和规模大或层级高但实际作用小和规模小的场所（表 4-44），在等级或规模上进行调整，最终对应急避难场所进行合理的层级划分。对低层级、规模大的应急避难场所进行层级的提高，可以采用连接等级较高的应急避难场所，加强与其他避难场所的联系，提高防灾避难的效率和能力，达到提高应急避难场所层级的目的。对于层级高、规模过小的应急避难场所，采取在震后合理安排避难时序的做法，可供临时或紧急避难，尽量不承担长期避难任务，并加强周边应急避难场所的联系（表 4-45、图 4-82）。

层级结构不合理的应急避难场所　　　　　　　　表 4-44

	层级低，规模大	层级过高，规模过小
"灾后重建"时段规划	Y27、Y05、Y18、Y06、Y6、Y7	Y33、Y24、Y4、Y11、Y8、Y9、Y13、Y2
备注	Y27—新城区的体育馆，规模在 10000 人左右；Y05—新城区的芦山第二中学，规模在 10000 人左右；Y18—新城区的芦山中学，规模在 10000 人左右；Y06—新城区的公园，规模在 13000 人左右；Y6—新城区的芦邛广场，规划规模在 6000 人左右；Y7—新城区的赵家坝（芦阳三小），规划规模在 3000 人左右。 Y33—老城区的西水坝集中点（零星），规模在 500 人左右；Y24—老城区的潘家河集中安置点（零星），规模在 600 人左右；Y4—老城区的城北路，规模在 350 人左右；Y11—老城区的安居小区国税局；Y8—老城区的沙坝小区地税局，规模在 900 人左右；Y9—老城区的粮食局；Y13—老城区的芦阳幼儿园，规模在 300 人左右；Y2—老城区的沙坝小区沙坝中学后面，规模在 800 人左右	

灾后重建应急避难场所节点完善规划　　　　　　　　表 4-45

等级	一级	二级	三级	总计
老城区	Y02、Y03、Y25、Y21、Y23、Y22、Y03、Y14	Y12、Y26、Y29、Y13、Y15、Y8、Y2、Y33、Y24	Y4、Y1、Y32、Y20、Y9、Y11	23 个

续表

等级	一级	二级	三级	总计
新城区	Y01、Y04、Y05、Y27、Y18、Y06、Y7、Y6	Y34、Y35、Y36、Y30	Y39、Y40、Y10、Y17	16个
总计	16个	13个	10个	39个

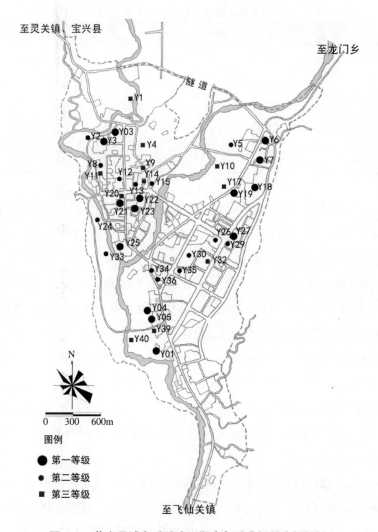

图4-82　芦山县城灾后重建远期应急避难场所分级规划

3. 布局结构

应急避难场所的布局形态上，新城区空间布局较为疏散，老城区空间布局较为紧凑。老城区因空间较狭小，在规划或建设应急避难场所时规模小、距离近，而新城区因空间较多，因此应急避难场所规模大、距离较远。对于两种不同的应急避难场所布局特点，其所构成的应急避难场所网络之间的结构特征就有所不同，老城区的应急避难场所网络密度较大，完备度较高，整体紧密程度较高，局部稳定性较强，K 值较大，脆弱程度较低；

新城区应急避难场所网络密度较低，完备度较低，局部稳定程度较弱。

通过对现场的调研可以看出 6 个时段应急避难场所在各个社区的数量及分布情况（表 4-46）。

芦山县城应急避难场所分布个数统计　　　　　　　　表 4-46

	老城区	新城区
"震前"	2	4
"震后 0～3 天"	23	20
"震后 4～15 天"	21	16
"震后 16～30 天"	15	14
"震后 31～60 天"	11	12
"灾后重建"	9	10

结合对各个时段应急避难场所网络结构的分析，根据前文研究在增加 20 个应急避难场所的基础上，对"灾后重建"时段应急避难场所进行空间布局规划，从而在灾害发生之后为人们提供迅速避难的应急避难场所。

"灾后重建"时段城东社区仅规划了 3000 人的 Y22 芦阳小学，应急避难场所不够，结合芦山县城用地现状，并结合周边便捷的道路交通等增加 Y13 芦阳幼儿园、Y14 种子公司、Y15 烟草公司、Y9 粮食局作为应急避难场所；城西社区 Y2 沙坝小区、Y11 国税局、Y8 地税局作为应急避难场所；城南社区增加 Y20 水果市场作为补充；城北社区加上 Y4 规划城北路东侧公园、Y12 供销社、Y26 老县医院（新城区）作为应急避难场所的补充；新城区规划增加 Y39 职业中学、Y34 县车队、Y35 派出所、Y36 芦阳二小共四个应急避难场所；并配置 Y10 李家坎（临时安置点）以及吕春坝、Y17 乐家坝（原乐坝生产队）作为应急避难场所补充。

对"灾后重建"时段应急避难场所规划建设调整后，城北社区规划建设 7 个应急避难场所，城南社区规划建设 5 个，城西社区规划建设 5 个，城东社区规划建设 6 个，老城区布局了 23 个；新城区共规划建设 16 个应急避难场所（图 4-83、表 4-47）。

灾后重建应急避难场所节点完善规划　　　　　　　　表 4-47

社区	应急避难场所	场所个数
老城区	Y02、Y03、Y25、Y12、Y26、Y4、Y1、Y21、Y23、Y29、Y32、Y20、Y22、Y3、Y14、Y13、Y15、Y9、Y8、Y2、Y33、Y24、Y11	23 个
新城区	Y01、Y04、Y05、Y34、Y35、Y36、Y39、Y40、Y27、Y18、Y06、Y7、Y6、Y30、Y10、Y17	16 个
总计		39 个

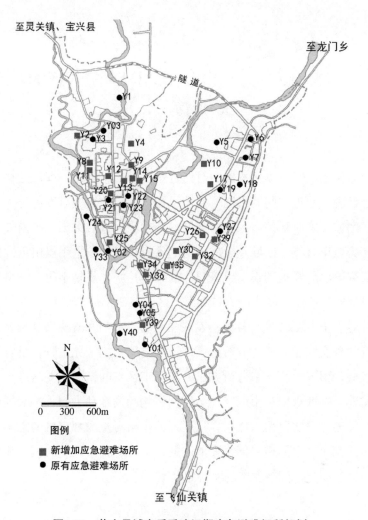

图4-83　芦山县城灾后重建远期应急避难场所规划

4.5　本章小结

　　本章融贯城乡规划学物质空间思维和社会网络分析理论,对芦山县"灾前""灾中""灾后"三个阶段6个不同时段的应急避难场所系统进行网络构建及分析,挖掘并总结了以下结论:一是应急避难场所数量影响网络结构特征。随着应急避难场所数量的变化,应急避难场所网络结构特征也随之出现变化,如网络整体方面的网络密度、网络平均距离、聚集系数、层级边关联度,网络局部的聚集系数、个体的中心度、中心势以及切点数量,均随着应急避难场所网络数量的变化出现不同的变化情况。二是从应急避难场所内部系统整体角度出发,挖掘灾害发生后应急避难场所系统演变规律,为指导应急避难场所规模布局提供依据。三是依据网络结构特征,指导应急避难场所物质空间形态规划,对"灾后重建"应急避难场所规模预测、选址布局、层级划分等提出了相关设计策略。

第5章 区域尺度：重庆都市区空间结构网络化发展探索 ❶

在经济全球化、区域一体化发展的时代背景下，信息传递、人口迁移、货物流通等在一定程度上摆脱了地理空间的限制，实现了跨区域流动，城市发展对于城际联系的依赖日渐增强，区域发展对于都市区空间格局的塑造作用日益突出。国内外学者从城市本体研究逐步转为城市群体、区域及全球更大的研究尺度，技术手段由定性研究逐渐走向定量研究，研究方法涉及地理学、经济学、社会学、城乡规划学等多学科领域，由传统的空间组合研究转向产业、就业、人口等都市区内在变化机制研究。

因此，针对重庆主城区 ❷ 与各区县发展联系弱，空间和资源高度聚合，限制都市区整体机能发挥的现实问题，通过分析重庆都市区空间结构演化过程，结合国内外都市区发展理论与经验，引入社会网络分析方法，对都市区空间格局的要素进行语义的转化及网络模型的构建，提取重庆都市区空间结构网络化的内在动力与外部表征研究对象，综合分析企业与交通"虚实"两张网络，从联系的视角对重庆都市区的空间格局结构进行诊断，发现重庆都市区空间格局网络发展的问题，提炼都市区空间网络化发展的一般规律，探索都市区空间结构网络发展的实现路径。

5.1 重庆都市区空间结构网络化发展趋势

5.1.1 空间结构演化的理论认识

1. 空间结构演化理论

国内外学者从不同视角对都市区的发展阶段划分提出了不同的论断。

对于都市区的发展过程，弗里德曼基于"核心—边缘"理论将大都市的发展过程分为工业化前的分散城市阶段、工业化初期的城市聚集阶段、工业化成熟阶段、连绵都市区形成阶段 [246]；克拉森根据城市人口动态变化将其分成城市化、郊区化、逆城市化和再

---

❶ 本章在肖亮同志硕士论文研究的基础上改写。

❷ 2013年中共重庆市委四届三次全会，将重庆全域划分为都市功能核心区、都市功能拓展区、城市发展新区、渝东北生态涵养发展区、渝东南生态保护发展区五个功能区域；其中，都市功能核心区、都市功能拓展区是原主城区；再加上都市功能核心区、都市功能拓展区、城市发展新区是原"一圈地区"；渝东北生态涵养发展区、渝东南生态保护发展区是原"两翼地区"。

城市化四个演化阶段[247]；富田和晓基于离心扩大理论将其分为集心型、集心扩大型、初期离心型、离心型和离心扩大型五阶段[248]；吴一洲以杭嘉湖绍地区为例，从经济影响、资源配置的角度将都市区形成发展分为非都市区发展期、都市区初级阶段、都市区中级阶段及都市区高级阶段四个时期（图5-1）[249]。对于都市区的空间结构演化，比尔•斯科特以美国都市区为靶区，根据其经济、地理及社会空间等要素的演化规律将都市区空间结构的演进分为单中心（中心城市主导）、多中心（中心城市与郊区竞争）及网络化等三个阶段[250]；胡序威根据城镇空间组合形态演化的规律将其分为城市独立发展阶段、单中心都市圈形成阶段、多中心都市形成阶段和成熟的大都市圈（带）阶段等四阶段[251]。

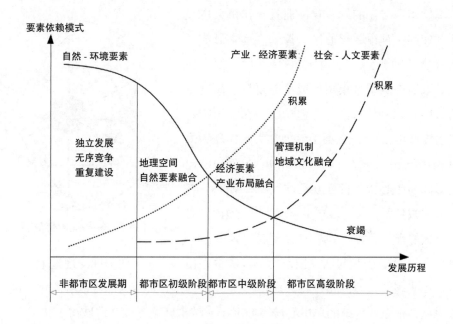

图5-1　都市区演化阶段划分

（资料来源：吴一洲，陈前虎，韩昊英，罗文斌. 都市成长区城镇空间多元组织模式研究[J]. 地理科学进展，2009，1：103-110）

总体而言，都市区发展阶段均体现了城镇化过程的动态性、多阶段性等特性，也在空间结构上展现出由单中心至多中心及至网络化（区域化）的发展脉络，都市区多中心与网络化阶段成为了都市区发展走向成熟的两个重要发展阶段。

1）单中心圈层集中

增长极核理论、中心地理论等早期区域发展理论直接影响单中心城市空间结构的形成。1950年佩鲁首次提出增长极理论，认为经济增长的主要动力是技术进步与创新，其增长点或增长极通过不同的渠道向外扩散，推动整个城市空间单中心式发展[252]。随着核心城市规模的扩张，城市基础设施、经济产业要素向外辐射和完善，城市极核与城市

圈层内非极核城市逐渐形成更大规模的环状圈层式
发展结构。单中心圈层集中的城市空间结构体现了
城镇化初期，以经济增长、城市快速扩张为主的空
间形态（图5-2）。

2）多中心组团发散

多中心都市区的形成历程与西方城市郊区化密
切相关，郊区化过程形成了卫星城、边缘城市等郊
区中心，奠定了西方都市区多中心的空间结构（图
5-3）。20世纪60年代，西方国家出现大规模的郊
区化，不仅体现居住的郊区化，而且工作机会也逐
步向郊区转移，都市区核心区、近郊、远郊形成了
明显的社会空间分异。20世纪80年代后，都市区
核心区扩散后在其郊区集聚形成功能复合、高度专
业化的次中心，兼具居住与就业功能，在美国被定
义为"边缘城市"[253]，在英国、加拿大则体现为郊
区的巨型区域购物中心（Megamall）。在亚洲也出
现了类似的与中心城市良性互动的区域，McGee将
其定义为"城乡融合体"（Desakota）[254]，国内学者
李国平将这种现象理解为"城市网络"或"城市（乡）

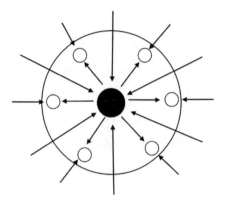

图5-2　单中心圈层结构示意图

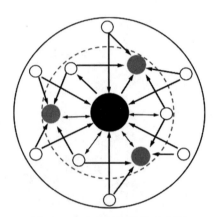

图5-3　多中心组团结构示意图

网络化"效应[255]，但是与西方城市的郊区次中心相比，在集中程度与规模上均存在一定
的差距。在我国北京、广州等特大城市已显现多中心空间结构，城镇群体化、区域化发
展趋势明显，正在从传统的单中心城市向多中心城市区域（或区域城市）转变。

3）网络化有机整合

在信息化与全球化的背景下，城市结构的网络化发展成为城市空间新的发展模式，
相较于多中心城市，网络化城市区域影响力更大、多中心空间集聚、网络化的空间联系、
职能中心的专业化与分工等特征更为显著，被认为是一种有效率和竞争力的空间经济组
织形式❶，网络化阶段是都市区发展更为成熟的阶段，体现出"城市区域"的特征，即强
调中心城市与周边城镇的联系[256]，是覆盖中心城市及其腹地的互动发展的一体化区域。

"多中心，网络化"都市区在空间发展模式上体现为由传统基于中心地理论的等级
序位模式转向多中心、扁平化的网络化布局模式（图5-4）；在空间研究范式上则体现为

---

❶　网络化都市区仍然属于理论推导的层面，更多的是一种趋势判断，在国内外并无成熟的案例，也缺乏评价的标准。
本研究对于网络化都市区的研究，更多的是吸收其关于城市区域化、多中心化等城市发展的价值取向以及在此之下
的实现方式。

图5-4 网络化结构示意图

"地方空间"转向基于连接关系的"流动空间"；在空间增长方式上，由"城市蔓延"向"精明增长"转变[257]。

多中心和网络化是都市区发展的成熟阶段，是都市区空间格局发展的两大趋势，由于两者形成于不同的时代背景，导致其在发展机制、规律、模式等方面有所差异。都市区多中心与网络化的发展机制相似且具有承接性，区域交通、通信等基础设施支撑起都市区发展的"骨架"，以企业、公司等为载体的产业链构成都市区联系的"纽带"。

2. 空间结构演化案例

纽约都市区、巴黎都市区、东京都市区是世界排名前三的都市区，它们在空间尺度、功能组织、产业分工、空间结构、交通支撑等方面的规律性总结值得借鉴。

1）东京都市区

以东京站为圆心、20km为半径划定的"东京23区"始终为东京发展研究的核心（图5-5），即为通常所说的东京都市区[258]，占地面积为622km²。

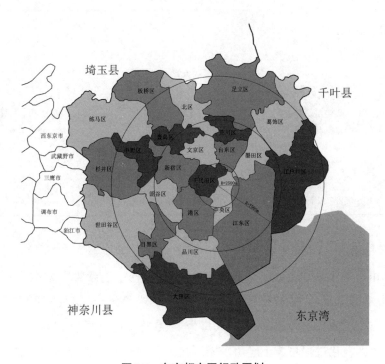

图5-5 东京都市区行政区划

（资料来源：刘贤腾. 东京的轨道交通发展与大都市区空间结构的变迁[J]. 城市轨道交通研究，2010，13（11）：6-12）

从 20 世纪 50 年代直至 20 世纪末，日本政府进行了五次东京都市区规划，大致可以分为单中心圈层扩张阶段、多核多心发展阶段、分散性网络结构发展阶段三个阶段 [259]（表 5-1 ）。

东京都市区阶段性发展特征　　　　　　　　　　表 5-1

发展阶段	都市区雏形期	都市区扩张期	都市区成熟期
空间结构	单中心圈层结构	多心多核结构	分散型网络结构
核心特征	"设绿环，建新城"	"分主次，多层级"	"功能协调，区域联系"
具体内容	1958 年版首都圈规划确立卫星城规划方案，在东京外围近郊区设立绿带，绿带外围建设"城镇开发区"。1968 年版首都圈规划，规划范围扩张至"一都七县"，大规模改造中心城区及外围区域，加强交通、教育、医疗等基础设施建设	1976 年版首都圈规划提出分散东京城市功能，形成多层级、分工明确的城市群。1985 年国土厅提出改造都市区"一极集中"为"多心多核"结构，各核心有相对独立的腹地。建设快速交通设施使都市区郊区化的趋势明显、全面扩张	1999 年版首都圈规划构建"分散型网络结构"，继续分散城市核心区压力，改变过去的放射形结构。通过产业发展及基础设施等手段重组都市区功能结构，都市区城市间协调发展、联系增强，形成区域间网络化结构
阶段结果	缩小圈内各城市的差距，形成了由圈内核心与非核心城市组成的地域圈层结构	中心城市制造业向外转移、空间向外扩张，都市区分工体系逐渐完善、各城市间联系增强，并出现多个增长点	改变了东京都单极依存的结构，形成了区域间的网络化结构，实现了圈内经济与社会相互协调发展的区域整体 [260]
图示	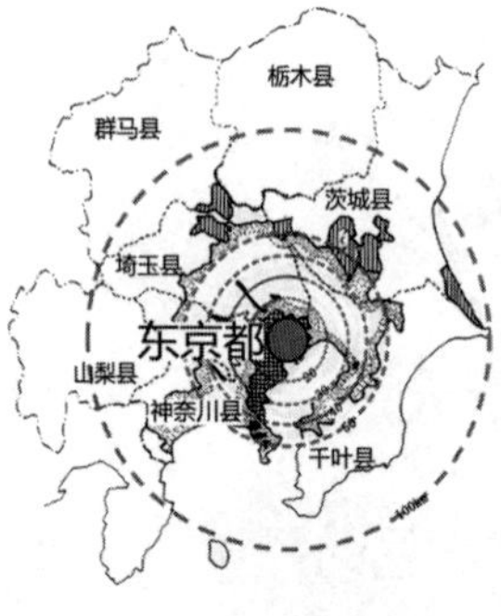 1958 年东京都市区	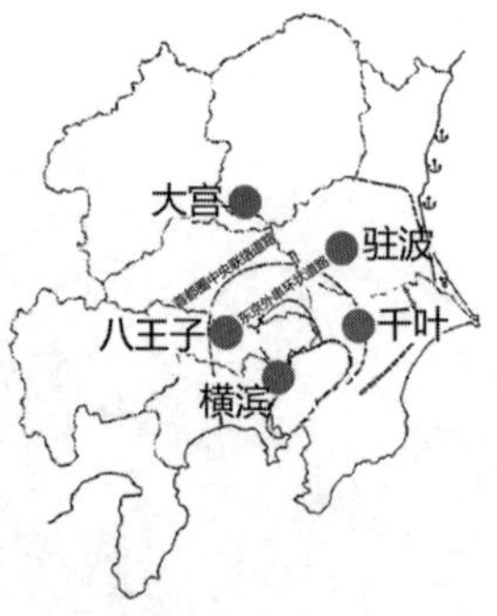 1986 年东京都市区	 成熟期东京都市区

2）巴黎都市区

巴黎都市区位于法国北部，包含了巴黎市和埃松、上塞纳、塞纳—马恩、塞纳—圣德尼、瓦尔德马恩、瓦尔德瓦兹和伊夫林等 7 省部分地区（图 5-6），全区面积 12072km²，占全国面积比为 2.2%，总人口为 1100 万，占全国的 18.8%。[261]

巴黎都市区演化过程总体上经历了圈层化卫星城发展、轴带结构发展、区域多中心格局发展三个阶段（表 5-2 ）。

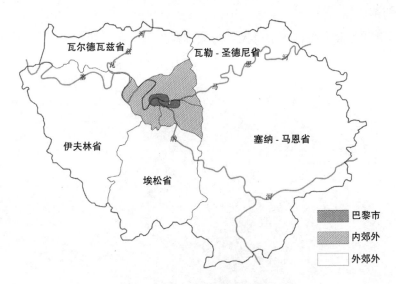

图5-6 巴黎大都市圈行政区划

(资料来源:卢多维克·阿尔贝,高璟. 从未实现的多中心城市区域:巴黎聚集区、巴黎盆地和法国的空间规划战略[J]. 国际城市规划,2008,1:52-57)

巴黎都市区阶段性发展特征   表 5-2

发展阶段	都市区发展初期	都市区发展中期	都市区成熟期
空间结构	圈层化卫星城	轴带结构	区域多中心格局
核心特征	"极核培育"	"交通轴线"	"多层次区域协调"
具体内容	1960年版巴黎地区总体规划,针对主要城市聚集区的无序蔓延,采取的手段主要为空间的梳理而非新城的建设,重点集中在城市增长极核的培育及航空、轨道交通及快速交通系统等交通网络的建设	1965年版巴黎地区总体规划从就业、居住、交通体系等角度对都市区空间格局进行规定。1976年规划修编时对环状加放射的交通格局、轴线—多中心式的空间格局及地区化、多样化的建设原则进行了规定,较好地延续了1965年版规划	围绕"多中心的巴黎地区"目标、可持续发展原则,1994年从全球、欧洲及法国等层面重新审视都市区的功能与定位,制定了发展的目标与战略,重点集中在环境保护、空间格局、交通系统三方面,是对1976年版的延续与修正[262]
阶段结果	在巴黎近郊区划定4个近郊城市极核,与巴黎主城区组成巴黎都市区早期"多中心"结构	沿交通发展轴线布置8座新城,新城作为中间层次的都市区中心以容纳就业	形成了核心区、近郊开发区及新城、新城市化地区、农村地区的纽带城市等4个不同层次的空间格局
图示	"圈层化卫星城"发展	"轴带多结构"发展	"区域多中心"发展

3）纽约都市区

纽约都市区包含了纽约州全部及部分康涅狄格州、新泽西州地区，又被称作"三州大都市地区"，共计31个县（图5-7），总面积为33483km²。

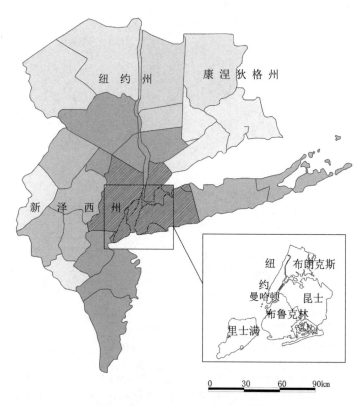

图5-7 纽约都市区规划行政区划

（资料来源：武廷海. 纽约大都市地区规划的历史与现状——纽约区域规划协会的探索[J]. 国外城市规划，2000，2: 3-7, 43）

1921年至今，纽约区域规划协会（RPA）先后对纽约都市区进行了3次区域规划的编制。总体上，纽约都市区演化过程经历了三个阶段：第一次区域规划单中心扩散发展阶段、第二次区域规划多中心圈层结构发展阶段与第三次区域规划多中心圈层优化发展阶段（表5-3）。

纽约都市区阶段性发展特征 表5-3

发展阶段	1926年第一次区域规划	1968年第二次区域规划	1996年第三次区域规划
空间结构	单中心扩散发展	多中心圈层结构	多中心圈层优化
核心特征	"功能疏解"	"大都市区改造"	"可持续大都市"

续表

发展阶段	1926年第一次区域规划	1968年第二次区域规划	1996年第三次区域规划
具体内容	规划的核心是"再中心化"，克服城市视野的规划局限性，加强CBD作为办公中心的客观需求，疏解与重新整理纽约中心区城市功能❶	从建设新中心、住宅分区、公共服务水平、功能结构与分工体系、公共基础设施五方面提出了规划五原则❷	规划主题为《一个处在危险中的地区》，提出经济（Economy）、公平（Equity）、环境（Environment）为主体的3E规划策略，从五个指标❸整合3E的规划目标
阶段结果	物质层面构建了公路网、铁路网等骨干交通网络，奠定了纽约大都市区的空间格局架构	解决二战后由于城市郊区化发展带来的无序蔓延及低密度建设导致的社会网络隔离以及城市整体性的缺乏	一定程度上提高城市竞争力，使区域的可持续发展的理念深入人心

3. 理论与实践案例的综合判断

理论研究表明，都市区的空间发展模式分为单中心、多中心、网络化三个阶段。其中，多中心与网络化阶段属于都市区发展的相对成熟阶段，体现出较强的开放性特征。相较于传统城市发展，两者更依赖于信息、交通、人流、经济等流动要素的支撑，强调城市之间的互动关系所带来的区域发展。所不同的是，网络化阶段在体现多中心结构特征的同时，更加注重各中心间功能、产业等要素的联系，体现出较强的"区域化"特征。

案例研究发现，国外都市区发展虽呈现出不同的空间形态，但是网络化趋势主线较为清晰：都市区空间格局大都沿着"圈层发展—轴向发展—联系加密—都市区网络"的发展路线，大致围绕产业网络化与交通网络化的组织进行。通过进行产业空间的专业化分离以及快速交通网络的构建，最终实现成熟的网络化大都市，即产业发展网络与区域交通空间网络实现良性的耦合关系（表5-4）。

东京、巴黎、纽约都市区案例研究总结 表5-4

名称	范围	发展脉络	发展动力
东京都市区	东京23区	圈层结构发展	东京城市经济的外溢和功能的向外辐射；对基础教育、基础产业和交通设施等进行培育
		多极多核结构	以市场为导向，内部发展与外部扩张结合；高速公路以及轨道交通技术等基础设施的建设；中心城市制造业外移、分工体系逐步完善
		分散型网络结构	各节点城市协调发展，城区建设、交通体系的建立以及生态环境保护的整治等方面的联系增强
巴黎都市区	巴黎市与周边6省	圈层+卫星城	在城郊划定了4个近郊城市极核，与巴黎共同组成"多中心巴黎"

❶ 具体内容为：通过环路系统的建设来梳理整体空间格局结构；将居住、办公及工业布局等功能从中心城市中疏散出去，沿主要交通枢纽进行重新布局；同时对城市内部开敞空间进行重新梳理，增加城市的吸引力。
❷ 五原则为：建设具有高水平公共服务功能及充分的就业岗位的新的城市中心；完善住宅分区政策，提高住宅品质；改善老城区公共服务水平，提高其吸引力；完善大都市区功能结构及分工体系；通过公共交通运输等配套基础设施的完善提高城市中心的使用效率。
❸ 五个指标分别为：植被（greensward）、中心（centers）、机动性（mobility）、劳动力（workforce）、管理（governance）。

续表

名称	范围	发展脉络	发展动力
巴黎都市区	巴黎市与周边6省	轴带结构	对就业岗位、新建住宅、开放空间以及交通系统在整个地区的空间布局做出了具体规定：提出将8座新城沿交通干线布局，形成若干发展轴线
		多中心格局	重新审视了巴黎地区的地位和功能，着力从自然环境保护、城市空间整合和运输系统建设三个方面进行
纽约都市区	纽约州以及康涅狄格州、新泽西州的一部分，共31个县	功能疏散	环路系统构建都市景观；办公就业从中心城市疏散出去；工业布置在沿主要交通枢纽的郊区工业园；居住向整个地区扩散
		多中心圈层结构都市区改造	建立新的城市中心；引入新住宅分区政策；老城市提高服务设施水平；配套公共交通运输规划
		可持续都市区	在经济目标之外，凸现公平、环境的重要地位，实现城市与区域可持续发展

将实践案例与重庆都市区对比可知，重庆都市区处于都市区发展的初级阶段，未来朝着多中心及至网络化的方向发展，重点从区域产业联系及区域交通条件的改善上来疏解主城区的功能，实现重庆都市区可持续的发展具有可行性的发展方向。

5.1.2 重庆都市区空间结构发展历程

重庆都市区空间结构的发展与多种因素有关。

一方面，与西方大城市多中心组团形成的内在机制不同，重庆都市区空间形态有着自然天成的内涵。其布局结构既不完全同于一般大城市或特大城市地区卫星城镇的布局模式，也不同于大中城市聚集地区的形态结构，而是在重庆城市特定的自然地理环境、历史沿革和现状社会经济条件的基础上形成的。"多中心、组团式"的城市空间结构，既顺应了重庆城市发展的自然条件特征，又是一种可持续的城市发展形态。

另一方面，从重庆都市区空间格局的历史演绎与历版总体规划的回顾来看，都市区空间格局的变化与行政区划、城市职能、经济产业发展以及基础设施的发展有着较大的联系，其中产业功能的发展对重庆大都市区空间格局的影响最为突出。作为重庆都市区空间格局变迁最为直接的动力，产业发展对重庆都市空间格局的塑造起关键作用，在功能上经历由简单的军事统治—商业中心—开埠时的港口—国民政府陪都—国家直辖市—三线时期工业重镇—直辖市（中国重要中心城市、长江上游经济中心）等阶段；都市区空间格局上呈现从集中到分散再到集中，从简单到复杂的总体趋势。

1. 空间结构的发展历程

借助哈格特[263]、刘再兴[264]、曾菊新[265]等国内外学者的研究方法，主要从点、线、面等三个层次对重庆都市区空间格局进行研究。根据社会经济发展的特征，重庆都市区的发展阶段分为都市区雏形期（陪都时期至新中国成立前）、都市区发展期（新中国成立后至直辖前）、都市区繁荣期(1997年至今)；都市区空间格局呈现"单核心多片区"—"大分散、小集中、梅花点状"—"多中心、组团式、网络化"的发展脉络，整体呈现出"多中心、多组团"的布局模式。

1）"单核心多片区"空间格局

1937年抗战爆发后重庆成为中国战时陪都，重庆一跃成为战时全国的政治、经济、军事、文化中心，城市空间开始跳跃式大发展，城市迅速膨胀、人口激增、建成区范围逐渐扩大。城市用地沿两江及交通干道向市区外围扩展，空间上形成了以渝中商业区为中心城区，以及以沙坪坝为主的教育区，沿江的山坳和缓坡上的工业区等多功能片区；同时在两江半岛市区周围，形成若干卫星城镇。城市形态呈现出"单核心—多功能—多片区"的结构形态，初步奠定了现代重庆城市用地的组团式布局格局。

抗日战争结束后，为解决陪都时期城市布局混乱、人口密度过大等问题，1946年编制《陪都十年建设计划草案》，规划了12个卫星市、18个卫星镇与12个预设卫星市镇，提出人口向郊区以及各卫星市镇有计划疏散（图5-8）。

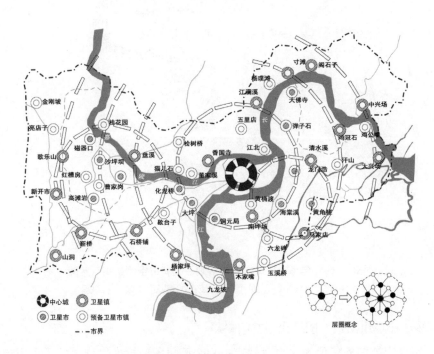

图5-8 陪都卫星市镇分布及分析

（资料来源：根据《陪都十年建设计划草案》等资料整理）

2）"大分散、小集中、梅花点状"空间格局

新中国成立后的40年间重庆依然按照"大工业"的思路进行城市发展，1953年起大学院系调整和高校集中区的设立，使得重庆市主城区周边出现新城建设。组团数量有所减小，但面积有了较大的增加。1960年的《重庆城市初步规划》将重庆城市空间结构定位为"大分散、小集中、梅花点状"，提出九个片区、四个卫星城的规划设想，奠定

了重庆多中心组团的基础结构（图5-9）。

1964年"三线建设"时期，城市建设主要沿两江三线 ❶ 展开，渝中半岛西侧的大坪、沙坪坝、大渡口和九龙坡发展迅速，形成连续的建设斑块，嘉陵江南岸等山地区域也出现不同规模的斑块。

1983年的《重庆市城市总体规划》，根据已形成的城市形态布局，采取"严格控制城市规模，设立14规划单元、一中心四副中心"的规划方式，首次提出"多中心、组团式"的空间结构。

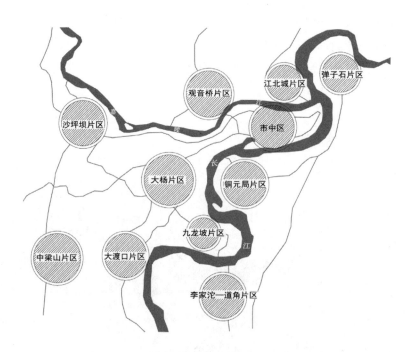

图5-9　1960年《重庆城市初步规划》的城市空间结构示意图

（资料来源：根据《重庆城市初步规划》（1960年）等资料整理）

3）"多中心、组团式、网络化"空间格局

1997年重庆被国务院设为中央直辖市；1998年国务院批准修订后的《重庆市总体规划（1996—2020年）》，划分"主城—都市圈—市域 ❷❸"三个空间层次，其中，主城和外围组团共同构成都市圈范围。主城用地结构分为三片区、十二组团，并跨过中梁山和铜锣山两山屏障，建立十一个外围组团。规划要求重庆都市区沿用"多中心、组团式"的布局结构，

❶ 长江、嘉陵江及成渝、襄渝、川黔铁路线。

❷ 主城：东起铜锣山，西至中梁山，北起井口、人和、唐家沱，南至小南海、钓鱼嘴、道角，面积约600km²，是城市化水平较高、城市人口相对集中的地区；都市圈：东起迎龙、南彭，西至缙云山、白市驿，北起北碚、两路、鱼嘴，南至西彭、一品，面积约2500 km²；市域：重庆直辖市行政辖区范围，面积8.23万 km²。

❸ 随着城市规模的不断扩大，1998年版总规的"主城"和"都市圈"含义都已发生变化。

242

并在主城区外围建新城，强调扩大组团规模和强化组团间联系。2007 年的《重庆市城市总体规划（2007—2020 年）》提出主城区"多中心、组团式"的布局结构，主城及十一个外围组团组成都市圈结构，形成市域"一心、多极、网络式"的结构体系（表 5-5）。

重庆区域规划日益繁荣，都市区的概念也日益明确。《重庆市市域城镇体系规划（2003—2020 年）》与《重庆市城市总体规划（2007—2020 年）》中，增加了关于"重庆都市区"的划定，与经济区划中的都市发达经济圈地理范围一致，即都市区九区全部行政区范围。2007 年重庆提出"一圈两翼"❶ 的区域空间发展战略，其中"一小时经济圈"❷依托长江水系和铁路、高速公路、机场等一体化综合交通网络，形成网络型、开放式的区域空间结构和城镇布局体系。2013 年在"一圈两翼"区域发展战略基础上，重庆提出五大功能区划分❸，提出大都市区的概念。大都市区是由中心城市和外围地区共同组成并以中心城市为核心的新的城市空间形态，包括都市功能核心区、都市功能拓展区、城市发展新区[266]。本章都市区的研究，即指大都市区整体范围（图 5-10）。

各版总规对重庆城市空间结构的规划　　　　　　　　　　　　表 5-5

总规	城市结构	片区划分
1960 年版《重庆城市初步规划》	大分散、小集中、梅花点状	9 个片区
1983 年版《重庆市城市总体规划》	有机分散、分片集中的"多中心、组团式"	14 个组团
1997 年版《重庆市总体规划（1996—2020 年）》	多中心、组团式	主城区 12 个组团、外围 11 个组团
2007 年版《重庆市城市总体规划(2007—2020 年)》	一城五片，多中心、组团式	21 个组团和 8 个功能区

2. 空间结构的网络要素演变

重庆都市区城镇节点的发展最早发源于渝中半岛，随后沿着嘉陵江、长江等河流以及交通干道蔓延。从孤立封闭的点状城镇，逐渐发展到离散的结构直至成片的组团式布局，但城镇节点空间分布仍不均衡、等级差距较大、极化连片发展趋势明显。城镇间联系的演变主要包括联系类型和联系强度的双重变化。在实体联系层面上，由最早的水运、陆运，转变成公路、高速路、铁路等成系统的综合运输网络，同时联系通道密集程度增加；在抽象联系层面上，体现为社会经济连线强度的加大及内容的丰富，社会经济上由最初的政治统治关系逐渐转变为基于市场经济的公司、资金、产业等新的形式，联系上也随着实体联系加强以及"退二进三"等产业政策逐渐增强（表 5-6）。

---

❶ 构建"一圈两翼"的区域空间结构，即以都市区为中心的一小时经济圈，以万州为中心的三峡库区核心地带为渝东北翼，以黔江为中心的乌江流域和武陵山区为渝东南翼。

❷ 一小时经济圈包括都市区及涪陵、江津、合川、永川、长寿、綦江、大足、潼南、荣昌、铜梁、璧山、南川、万盛、双桥等 23 个区县，面积 2.87 万 km²。

❸ 2013 年 9 月 13 日至 14 日，中共重庆市委四届三次全会研究部署了重庆市功能区域划分和行政体制改革工作，综合考虑人口、资源、环境、经济、社会、文化等因素，重庆将划分为都市功能核心区、都市功能拓展区、城市发展新区、渝东北生态涵养发展区、渝东南生态保护发展区五个功能区域。

图5-10　重庆都市区多中心、组团式、网络化空间格局示意图

重庆都市区空间结构网络要素演变　　　　　　　　　　　　　　　表 5-6

	陪都时期至新中国成立前	新中国成立后到直辖前	直辖后至今
城镇节点特征	以两江半岛为中心节点,沿长江、嘉陵江若干城镇为次中心节点。城镇功能单一、规模小,沿江河松散式发展	以渝中为中心节点,以沙坪坝、南岸以及江北等为次中心节点。城镇功能逐步完善,规模扩大,数量增加,沿着江河水系、交通要道分布,城镇间等级差距明显,空间集聚不平衡	以都市功能核心区内城镇为中心节点,城市功能扩展区各城镇为次中心节点。城镇职能分工更加明确,城镇间等级差距缩小,空间分布呈现不规则圈层分布,并有连片发展趋势
城镇关系特征	政治联系强、经济联系逐步发展,但不成体系	联系方式趋于多样化,局部联系加密,层级分布明显	互联网、产业互动等综合联系方式初显,联系均衡性加强,层级差距逐步减小,网络状发展出现端倪
都市区网络特征	城镇间封闭式网络,区域网络未形成	城镇间联系趋于开放化,行政、经济"点轴化"网络形成	开放的市场经济联系及信息联系方式出现,经济、互联网等综合网络构成"点轴—簇团"网络

5.2　都市区空间结构网络模型构建

5.2.1　整体思路

1.网络化发展

结合国外成熟的都市区演化理论和案例研究,分析重庆都市区空间结构演变历程,提出重庆都市区网络化发展的趋势和现实问题,并明确都市区网络化发展重要的内在动力和时空表征,即:以企业网络为代表的虚拟网络作为都市区网络化的内在动力;以交通网络为主体的实体网络作为都市区网络化的时空表征。

选取企业联系与交通联系作为都市区空间格局网络化的研究载体，借用社会网络分析方法（SNA）的基本原理，从联系的视角分别构建了基于企业联系与基于交通联系的都市区空间格局网络，耦合分析企业与交通"虚实"两张网络，分析都市区网络指标，总结重庆都市区的空间网络化发展的一般规律，推动都市区由单一属性研究走向综合多关系研究、由本地化发展走向区域化发展，并探索重庆都市区空间结构网络化的实现路径。

2. 典型要素的选取

选择重庆百强企业、上市公司及其子公司、关联公司构成的企业网络与重庆道路交通网络作为都市区空间格局网络化的研究载体。

1）企业网络是都市区空间格局的关键动力

首先，企业之间的产业联系对都市区空间格局网络的维系和发展起着较大的作用[267]，企业主要通过其内部、外部经济要素的流动以及对城镇体系的作用来间接影响都市区空间格局。企业作为市场经济中最为活跃的主体，企业网络是通过嵌入到都市区内部及外部的空间结构之中得以发展的，而都市区空间结构则是由各组成部分通过不同的行动联系在一起的，企业网络在区域的空间尺度上将不同的城市联系在一起构成都市区空间结构，都市区空间结构中最为重要的流动是企业内部以及外部网络的资金、信息、技术等要素的运转，以此对都市区的空间格局产生影响。

其次，根据企业的不同组织关系产生了不同的都市区空间组织模式。Camagni 从企业空间组织逻辑来理解区域城市网络的变动，他认为企业空间行为存在地域逻辑、竞争逻辑和网络逻辑三种逻辑。其中，地域逻辑以中心地蜂窝状六边形形式来组织，企业主要通过产品的生产来控制市场区域；依照竞争逻辑，企业的市场区域并不局限在一个地域之内，企业的战略转向控制市场份额；依照网络逻辑，网络和创新成为企业的关键功能，控制创新性资产以及它们的时间轨迹成为企业的主要目标。这三种逻辑在地理空间上引发了不同的效应，由此形成不同的空间组织模式[268]（表 5-7）。

企业组织的逻辑关系对都市区空间格局的影响　　表 5-7

组织逻辑	地域性	竞争性	网络性
原则	支配	竞争力	合作
结构	相互嵌套式的克里斯塔勒等级	专业化	城市网络
部门	农业、政府及传统的第三产业	工业：产业区及专业化部门	高端第三产业
效率	规模经济	垂直/水平整合	网络外部性
城市间合作目标	无	城市间的劳动分工	经济、技术和基础设施合作
特征网络	等级式的垂直网络	互补性网络	协同网络、创新网络

资料来源：李娜. 长三角城市群空间演化与特征 [J]. 华东经济管理，2010（2）：33-36.

2）重庆是典型的工业城市，企业网络对都市区空间格局塑造起关键作用

作为中国西南地区重要的工业基地，重庆都市区对于企业发展的依赖可见一斑。尤其是进入工业社会时期后，伴随着陪都时期、三线建设、"腾笼换鸟"、"退二进三"等产业发展规划，重庆都市区空间格局发生了较大的变化，都市区空间格局的变化与产业的发展具有着高度的协同性：一方面体现在量的协同性方面，都市区空间新增量与产业发展增量之间存在正相关；另一方面体现在空间位置上，都市区的空间变化位置与企业的布局具有一定程度的相关性[269]。

3）重庆百强企业、上市公司在市域经济联系中起主导作用

2011 ～ 2015 年重庆百强企业营业收入总额达到 4.99 万亿元，占重庆市 2011 ～ 2015 年 GDP 总量的 77.73%，在重庆的国民经济中占有较大的比值，是影响都市区发展的中坚力量。

从企业自身来看，由百强企业、上市公司母、子公司构成的联系关系，是重庆经济联系中的强关系之一，涉及了重庆一、二、三产业中占据主导地位的企业，涵盖了重庆市所有区县，从百强企业、上市公司的视角能够较为客观地反映重庆都市区及其他各区县之间的经济联系情况。

4）交通网络是都市区空间格局的"骨架"

企业网络、交通网络分别从经济联系、区域空间联系的视角对都市区的空间格局的网络结构特征进行分析，其中前者是都市区空间格局塑造的关键动力，后者是对空间格局联系的直接描述。在本研究中，考虑到企业联系网络在重庆都市区空间格局的塑造中起主导作用，交通联系网络起基础支撑作用，通过进行两者的对比分析，一方面可以探究重庆都市区经济联系与交通联系协同作用的整体规律，对重庆都市区格局塑造的动力机制进行分析；另一方面通过分析两者在网络结构上的叠合关系及成因，对未来都市区空间格局结构的发展趋势进行预判并提出空间格局结构优化的对策。

3.语义模型

重庆都市区空间结构网络的语义模型是基于重庆各区县作为"点"要素，各区县企业或交通是否存在联系作为"线"要素所构建的。

1）企业网络语义模型

重庆都市区企业网络是由城市和企业组成的一种二模网络❶，再通过二模网络的一模化表示城市（区县）间的关系（图 5-11）。具体是以重庆百强企业、上市公司作为一种类

❶ Taylor 及其相关研究团队在世界城市研究小组（GaWC）基于生产服务业联系的世界城市网络研究中进行了大量的实证研究，提出了基于生产性服务业数据开展城市网络计算的连锁模型（INWCN）。而根据 Neal 等学者的研究，Taylor 的生产性服务业数据库是由城市和企业组成的一种二模网络，若要通过其反映城市间的联系则须将该网络转置为城市—城市关系的一模网络。

型的"节点"，企业、公司所在的区县作为另一种"节点"。企业之间的母子公司关系与经济联系关系作为"联系"，其中，分为同质和异质关系两种联系，同质关系是指企业之间的母子公司关系，是单向联系❶；异质关系是指不同企业之间的经济联系，是双向联系。

图5-11　重庆都市区企业网络转化示意图

2）交通网络语义模型

基于交通网络的都市区空间格局网络构建是以各区县为"节点"，各区县间是否存在主要道路、高速公路以及铁路为"连线"，以此构建重庆市交通联系网络。交通网络的节点本身即为各区县，因此不存在矩阵转换的过程，交通网络与基于交通网络的都市区空间格局网络具有一致性，以此构建基于交通网络的大都市区空间格局无向网络。

5.2.2　模型构建

1. 数据收集与整理

1）企业网络数据收集、整理

截至2014年1月30日，重庆上市企业总数为138家，其中6家既是上市公司又是百强企业，所以研究对象共133家。其中，三产业31家、二产业101家、一产业1家，占研究对象的比例分别为25.31%、75.94%、0.75%❷。其中，有125家百强企业、上市公司的母公司分布于都市区各区县，8家分布于都市区外其他区县。从分布的地域上看呈现出两大特点：第一，集中分布在重庆都市区各区县，且由都市功能核心区往外减少趋势明显；第二，渝东北生态涵养发展区、渝东南生态保护发展区分布较少（图5-12）。

查询上述133家母公司旗下的子公司以及存在关联交易的公司，获得2577家子公司及存在关联的公司，记录其公司地址与类型。为保证重庆都市区企业网络信息的完整性，对于重庆市都市区以外地区、及重庆市外省市地区的相关联企业也考虑在内（基于企业联系的城市编号见附表5-A）。

2）交通网络数据收集、整理

重庆都市区的交通方式大致分成主要道路、高速公路、铁路、一般公路等四种类型（图

---

❶　根据企业运行的规律，母公司与子公司之间存在垂直的单向关系，不同的子公司之间往往通过母公司构成关系，因此本研究认为子公司之间不存在网络连接关系，以此构建了基于企业网络的有向城市网络。

❷　重庆百强企业、上市公司的母、子公司及关联企业的联系数据来源于 Wind 数据统计（上市公司数据库）及2014年重庆企业联合会、重庆市企业家协会、市工业经济联合会联合发布的《重庆企业百强榜单》及各企业的官方网站。

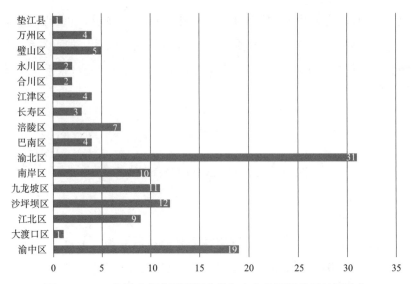

图5-12　2014年重庆都市区百强企业与上市公司母公司地域分布

5-13），本研究选取主要道路、高速公路、铁路三种类型作为分析对象，由于研究主要针对都市区空间格局分析，一般公路对都市区空间格局的塑造作用较小，故而不纳入交通联系范围。为保证重庆都市区交通网络的完整性，将毗邻重庆市的区域也纳入研究范围（基于交通联系的城市编号见附表 5-B ）。

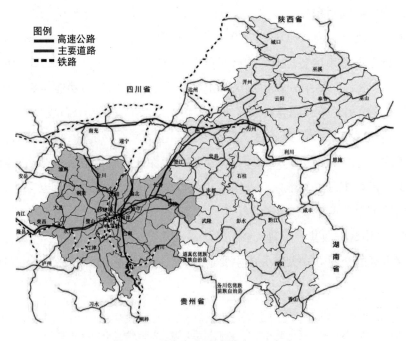

图5-13　重庆市交通地图（2014年）

（资料来源：根据重庆市交通局的《重庆市交通地图（2014年）》改绘）

2. 空间格局网络模型

在数据整理与计算方法的框架下，在 Pajek 的运算平台中构建基于企业网络及交通网络的两张空间格局网络（图 5-14、图 5-15）。

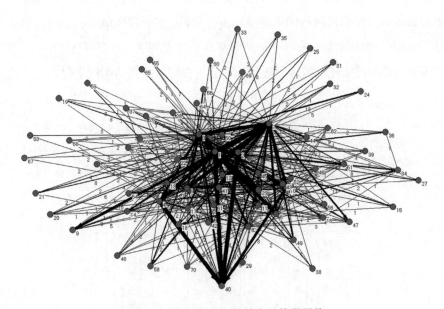

图5-14　基于企业网络的空间格局网络

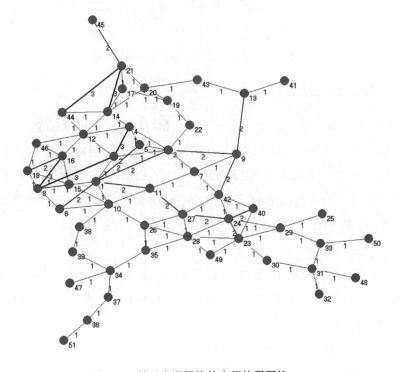

图5-15　基于交通网络的空间格局网络

5.3　都市区空间格局网络结构分析

针对都市区空间格局网络化的发展趋势，从内部联系与外部效应两方面对网络结构进行分析。其中,内部联系选取网络整体特征、网络权力、凝聚子群等分析指标,从整体、局部、个体视角对都市区空间格局网络的内部结构进行分析；在外部效应方面，对都市区与市域其他区县以及省外地区的联系进行分析，探究其与外界的联系特征（图5-16）。综合分析得到都市区空间格局网络化的数理分析结论，分析都市区空间结构网络化的发展趋势。

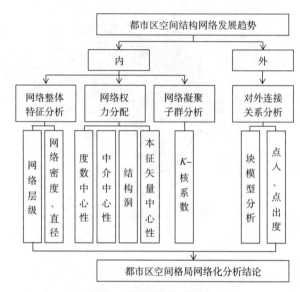

图5-16　都市区空间格局网络结构分析框架

5.3.1　网络整体特征分析

从边权关系上看，企业网络共存在 565 条弧线联系，其中联系值为 1 的有 183 条，联系值大于 1 的有 382 条，弧线的平均度数为 16.14；交通网络共有 51 个节点，各区县间共有 90 条边联系，边联系不同于弧线联系，是无方向的，其中联系数值为 1 的边连线为 72 条，大于 1 的边连线为 18 条，边的平均加权值为 1.52，说明重庆都市区交通联系比企业联系还单一。

1. 网络层级关系

网络层级关系分析是基于网络中节点的相似性高低，判断网络整体的层级关系等级和各节点的相似性程度，衡量网络整体均衡性。树状图中首次分叉点出现在越右侧的节点，代表其相似性越低。

1）企业网络层级关系

企业网络总层级数为 5，在最高层级的拟合上主要分为两个区，第一分区的内部结构相较于第二分区更加复杂（图 5-17）。

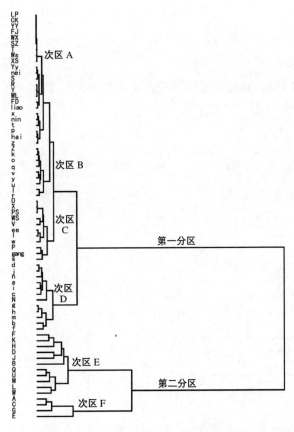

图5-17 基于企业网络的空间格局网络层级分布图

在第一分区中，包括四个次区，可命名为A、B、C、D。其中，次区A包括三个子区，可记为a1、a2、a3。a1由梁平区、城口县、云阳县、奉节县、巫溪县、石柱县、荣昌区、巫山县、秀山县构成，均为渝东南、渝东北区县构成；a2由酉阳县、潼南区、铜梁区、忠县、武隆区、丰都县等都市区县及辽宁省、内蒙古自治区等重庆市域外省市构成，包含了潼南区、铜梁区两个都市区区县；a3包括山西省、宁夏回族自治区、吉林省、海南省、福建省等重庆市域外地区。次区B由开州区与广西壮族自治区、安徽省、河北省、新疆维吾尔自治区、甘肃省、青海省、湖北省、山东省等重庆市域外地区构成。次区C由南川区、万盛区、垫江县等三个都市区区县，彭水县、黔江区两个渝东南区县及上海市、湖北省、西藏自治区、黑龙江省、香港、湖南省等重庆市域外省市构成。次区D中包含2个子区，记为d1、d2。d1由贵州省、云南省、天津市、四川省、浙江省、陕西省等重庆市域外地区及都市区县永川区构成；d2由江西省、江苏省、河南省、北京市、广东省等重庆市域外地区构成。

第二分区由 E、F 两个次区构成。次区 E 由渝中区、江北区、渝北区、九龙坡区等都市区区县构成。次区 F 由 f1、f2 两个子区构成，f1 由南岸区、长寿区、巴南区、沙坪坝区、涪陵区、大渡口区等都市区区县构成；f2 由大足区、璧山区、合川区、江津区等都市区区县以及万州等渝东北区县构成。

2）交通网络层级关系分析

交通网络总层级数为 8，在最高层级的拟合上主要分为两个区，第一分区内部构成相较于第二、三分区更加复杂（图 5-18）。

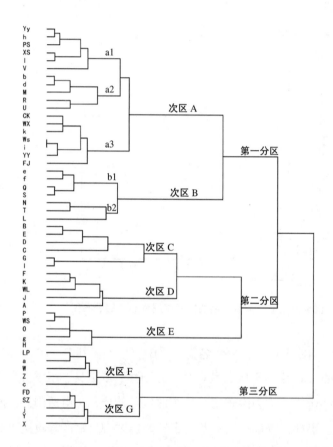

图5-18　基于道路网络的空间格局网络层级分布图

第一分区包括 A、B 两个次区。次区 A 由 a1、a2、a3 三个子区构成。a1 由酉阳县、彭水县、秀山县、黔江区等渝东南、渝东北区县及江苏省、湖北省等重庆市外地区构成；a2 由铜梁区、合川区、璧山区等都市区区县和四川南充、四川遂宁等重庆市域外地区构成；a3 由城口县、巫溪县、云阳县、奉节县、巫山县等渝东南、渝东北区县域和陕西镇坪、湖北恩施等重庆市域外地区构成。次区 B 由 b1、b2 两个子区构成。b1 由大足区、潼南区等都市区区县及四川内江构成；b2 由永川区、荣昌区、江津区等都市区区县构成。

第二分区由 C、D、E 三个次区构成。次区 C 由大渡口区、九龙坡区、沙坪坝区、江北区、渝北区等都市区区县及湖南松桃苗族自治县构成。次区 D 由南岸区、长寿区、武隆区、涪陵区、渝中区等都市区区县构成。次区 E 由綦江区、万盛区、南川区、涪陵区、巴南区等都市区区县构成。

第三分区由 F、G 两个次区构成。次区 F 由梁平区、万州区、开州区等渝东南、渝东北区县及四川达州、四川广安构成；次区 G 由丰都县、石柱县、垫江县、忠县等渝东南、渝东北区县及湖北利川构成。

2. 密度与直径

网络的密度与直径是都市区空间格局网络几何特征最直观的描述，通过密度和直径的测算分别考察都市区空间格局网络的完备程度及信息传递的难易程度。

计算发现，企业网络的整体密度为 0.12，交通网络的整体密度为 0.03，两者数值均偏低，说明两者的网络完备度均较差，但前者数值远高于后者，说明跨区域的经济行为现象较为显著。企业网络中各区县距离最大的两个节点为 9（北碚区）与 64（甘肃省），直径为 3，交通网络中距离最大的两个节点为 45（四川内江）与 51（湖南松桃苗族自治县），直径为 12。相较于企业网络，交通网络直径却小得多，说明各区县的联系更为紧密，网络更为扁平化，企业联系已经突破了地理邻域空间，呈现跨区域的合作联系。

5.3.2　网络权力分配分析

1. 度数中心性

度数中心度用来衡量单个"节点"在网络中占据的核心性，该值越高越说明城市处于网络的中心位置，城市与外界的联系强度越大、占据着更多资源，同时也反映出其对城市网络的控制作用越强。度数中心度最高层级的城市可以被理解为具有"区域网络控制中心"的作用和职能。

1）企业网络度数中心性分析

从企业联系的视角来看，重庆市仍然属于中心度较高的城市，受核心节点区县控制。都市区在重庆市域的核心作用凸显，渝东北、渝东南区域整体中心性偏低；在都市区内部中心性差异较大，核心节点在空间上呈集聚分布特征，都市核心区、都市功能拓展区优势明显，具有一定的"核心—边缘"性；在都市区内部具有一定的多中心发展趋势，城市发展新区中涪陵区、长寿区、江津区等节点是与都市核心区、都市功能拓展区呼应的次级中心节点。

企业网络的整体网络中心势为 0.52，属于较高水平，说明重庆市整体上受制于处在核心的节点区县。综合考虑各区县节点"相对度数中心度"数值（附表 5-C）及图 5-19、图 5-20，可以发现重庆各区县"中心性"具有如下特征：

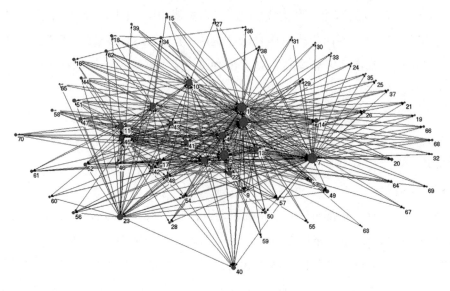

图5-19　企业网络相对中心度分布图

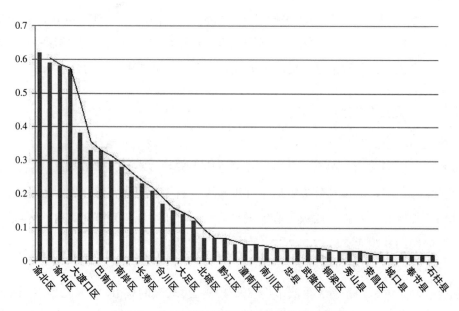

图5-20　企业网络 "相对中心度" 降序分布图

　　首先，都市区网络中心性明显高于渝东北与渝东南地区，尤其以都市核心区与都市功能拓展区网络优势更为明显，呈现明显的 "核心—边缘" 特征。其次，在重庆市整体网络中心性层级的分布上大致可以分为四个等级：渝北区、渝中区、江北区、九龙坡区是网络中的核心节点；大渡口区、沙坪坝区、巴南区、涪陵区、南岸区、万州区、长寿区及江津区属于次级节点；合川区、璧山区、大足区、永川区属于再次级节点；北碚区及其他区县属于最次级节点，与上述三个层级差距较大（表5-8）。第三，都市功能拓展区内，各区县中心性差距明显，成梯度分布。其中核心节点长寿区、涪陵区、江津区与都市核心区及都市功能拓展区中的次级节点相对中心度在数值上基本持平；次级节点为合川区、璧山区、大足区、永川区；其余节点为最次级节点，各层级之间差异大。

企业网络相对中心度的区县分级　　　　　　　　　　　　　　　　表 5-8

类型	区县名称
第一层级	渝北区、渝中区、江北区、九龙坡区
第二层级	大渡口区、沙坪坝区、巴南区、涪陵区、南岸区、万州区、长寿区、江津区
第三层级	合川区、璧山区、大足区、永川区
第四层级	北碚区、南川区、綦江区、万盛区、铜梁区、潼南区、荣昌区、万州区、梁平区、城口县、丰都县、垫江县、忠县、开州区、云阳县、奉节县、巫山县、巫溪县、黔江区、石柱县、秀山县、酉阳县、武隆区、彭水县

2）交通网络度数中心性分析

交通网络较为均衡（图 5-21），都市区各区县整体上有一定的交通网络优势，但不明显，交通网络上具备多中心化发展的一定潜力。经计算，交通网络整体度数中心势为0.07，该数值较低有其客观原因，因为道路网络是通过顺接的顺序来构成网络，地理空间上过远的区县间往往不存在直接联系，所以整体网络偏低（见附表 5-C）。

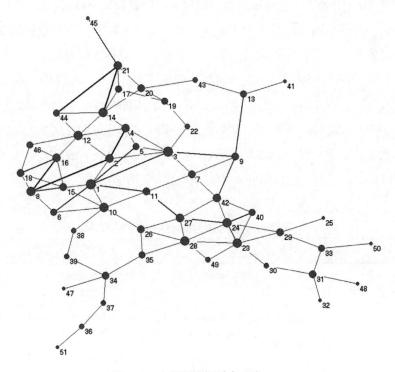

图5-21　交通网络相对中心度

3）综合分析

整体上来看，企业网络中心性特征明显，交通网络则相对较为均衡。一方面说明都市区对其他区域的产业控制作用较强；另一方面说明企业联系受交通区位的影响较小，在区域空间上分布不均衡。对于单个区县，根据经济发展与交通区位大致可分为七种类型（表5-9）。

基于企业网络、交通网络中心性的都市区空间格局综合分析　　表5-9

企业网络	交通网络	区县名称
优	优	渝中区、江北区、渝北区
优	良	九龙坡区
良	优	大渡口区、沙坪坝区、巴南区、涪陵区、江津区、万州区
良	优	永川区
中	良	合川区、大足区
差	良	垫江县、忠县、南川区、丰都县、开州区、奉节县、巫溪县、黔江区、石柱县
差	差	长寿区、綦江区、万盛区、铜梁区、潼南区、荣昌区、璧山区、梁平区、城口县、云阳县、巫溪县、秀山县、酉阳县、武隆区、彭水县

通过表5-9、附表5-C发现重庆市空间格局网络具有如下特征：第一，城市网络整体呈现扁平化的特征，网络的整体分布较为均衡；都市区各区县有着较好的交通条件，但是从区域整体来看其优势并不明显。第二，根据相对中心度的数值，网络整体大致可以分为三个层级：第一层级为渝中区、江北区、巴南区、涪陵区、江津区、永川区、梁平区、忠县、大渡口区、沙坪坝区、巴南区、綦江区、垫江县等；第二层级为渝北区、北碚区、长寿区、南川区、万盛区、潼南区、丰都县、开州区、奉节县、黔江区、九龙坡区、南岸区、合川区、大足区、铜梁区、巫溪县、石柱县；第三层级为余下的区县（表5-10）。第三，在都市区内部，各区县交通网络相对中心度差异并不明显。

企业网络、交通网络相对中心度的区县分级　　表5-10

类型	区县名称
第一层级（交通中心城市）	渝中区、江北区、巴南区、涪陵区、江津区、永川区、梁平区、忠县、大渡口区、沙坪坝区、綦江区、垫江县
第二层级	渝北区、北碚区、长寿区、南川区、万盛区、潼南区、丰都县、开州区、奉节县、黔江区、九龙坡区、南岸区、合川区、大足区、铜梁区、巫溪县、石柱县
第三层级	铜梁区、荣昌区、璧山区、城口县、云阳县、秀山县、酉阳县、武隆区、彭水县

2. 中介中心性

如果一个城市在经济交易或者交通联系中起着重要的中介作用，该类城市也往往拥有着更多的过境人流、物流、经济流等，占据着发展的优势。对于中介作用的分析需要用到"中介中心度"与"中介中心势"的概念。对于企业网络，"中介中心性"代表着经济、信息传递的中间作用；对于交通网络则代表着过境交通作用的强弱。

1）企业网络中介中心性

经计算，企业网络的中介中心势为 0.39，该数值较大，说明少数区县中介作用较强，企业网络呈现极化作用。

对于城市节点的中介作用，主要通过"中介中心度"进行分析（附表 5-D），通过对图 5-22、图 5-23 与表 5-11 进行考察可以发现：第一，中介中心度高的节点主要分布在都市核心区、都市功能拓展区。九龙坡区、渝北区、渝中区、江北区、大渡口区为网络中的核心节点；次级节点为沙坪坝区、南岸区、巴南区、长寿区、江津区；第三级节点为合川区、万盛区、铜梁区；余下区县中介中心度数值过低，属于第四个级别。第二，从各区县中介中心度的数值可以发现，大多数中介中心度整体数值偏低，区县（城市）在企业网络中构建的中介作用相对较小。第三，渝东北生态涵养发展区与渝东南生态保护区中介中心度数值更小，均属于第四个级别，也说明该区域企业在重庆市市域企业中的作用偏小，与其他区域的企业未发生良好的互动关系。

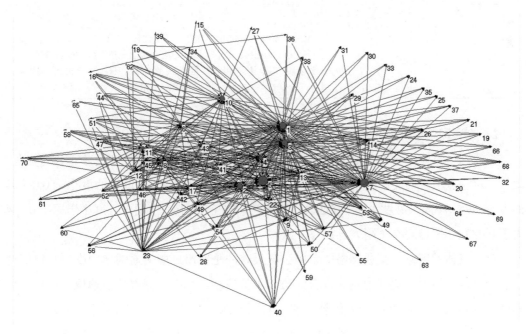

图5-22　企业网络中介中心度分布图

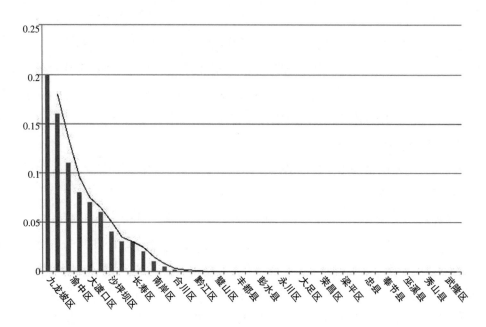

图5-23　企业网络中介中心度降序分布图

企业网络中介中心度分级　　　　　　　　表 5-11

编号	中介中心度	区县名称
1	强（企业网络中介枢纽）	九龙坡区、渝北区、渝中区、江北区、大渡口区
2	中	沙坪坝区、南岸区、巴南区、长寿区、江津区
3	较弱	合川区、万盛区、铜梁区
4	弱	北碚区、涪陵区、永川区、南川区、綦江区、大足区、潼南区、荣昌区、璧山区、万州区、梁平区、城口县、丰都县、垫江县、忠县、开州区、云阳县、奉节县、巫山县、巫溪县、黔江区、石柱县、秀山县、酉阳县、武隆区、彭水县

2）交通网络中介中心性

交通网络整体中介中心势为 0.18，该数值偏小，说明各区县过境交通分布较为均衡，也从一定程度上说明交通网络较为发达。在层级的分布上来说，中间中心度小于 0.00001 的占 54.69%，中间中心度小于 0.082 大于 0.00001 的占 19.61%，中间中心度小于等于 0.164 大于 0.082 的占 15.69%（附表 5-D）。

对于具体的区县，交通网络中介中心度反映的是城市过境交通的集中度，其数值越高表示该城市过境交通强度越大，在物质、人员流动过程中占据着核心地位，从另一个角度反映城市的区域交通较为优越。通过对图 5-24、图 5-25、表 5-12 进行考察可以发现：第一，交通网络中介中心度的数值在市域范围内分布上较为均衡，大致可以分为三类：第一类为渝中区、江北区、沙坪坝区、北碚区、涪陵区、江津区、永川区、丰都县、开州区、万州区、梁平区等 11 个区县，其中都市区外的区县占 5 个；第二类为大渡口区、渝北区、巴南区、江津区、合川区、南川区、綦江区、潼南区、荣昌区、璧山区、云阳县、奉节县、巫溪县、秀山县、酉阳县、武隆区、彭水县等；余下的区县为第三类。

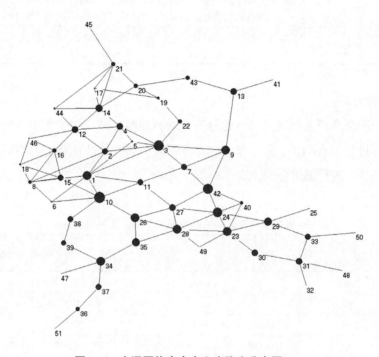

图5-24　交通网络中介中心度降序分布图

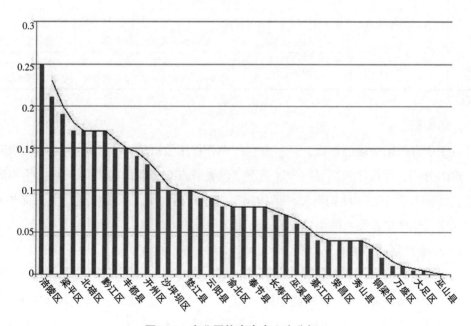

图5-25　企业网络中介中心度分级

259

交通网络中介中心度分级　　　　　表 5-12

层级	中介中心度	区县名称
1	强（过境交通枢纽）	渝中区、江北区、沙坪坝区、北碚区、涪陵区、永川区、丰都县、开州区、万州区、梁平区
2	中	大渡口区、渝北区、巴南区、长寿区、江津区、合川区、南川区、綦江区、潼南区、荣昌区、璧山区、云阳县、奉节县、巫溪县、秀山县、酉阳县、武隆区、彭水县
3	弱	九龙坡区、南岸区、大足区、万盛区、铜梁区、城口县、垫江县、忠县、巫山县、黔江区、石柱县

3）综合分析

对企业和交通两张网络进行对比分析，一方面需要综合权衡两项指标，将各区县根据上述指标进行综合归类；另一方面，有必要找出那些交通优势上并不明显，但企业联系度高的区县，进行细化分析（表 5-13）。

企业网络与交通网络的空间格局中介作用综合分析　　　　　表 5-13

层级	基于企业联系的空间格局中介作用	基于交通联系的空间格局中介作用	区县名称
1	强	强	渝中区、江北区
2	强	中	大渡口区、渝北区
3	中	强	沙坪坝区
4	中	中	巴南区、长寿区、江津区
5	中	较弱	南岸区
6	较弱	中	合川区
7	较弱	较弱	万盛区、铜梁区
8	弱	强	北碚区、涪陵区、永川区、丰都县、开州区、万州区、梁平区
9	弱	中	合川区、南川区、綦江区、潼南区、荣昌区、璧山区、云阳县、奉节县、巫溪县、秀山县、酉阳县、武隆区、彭水县

3. 结构洞

对于中介作用极端的情况，某些节点的中介作用数值远大于其他节点，即网络中存在严重的分割，存在比较明显的分区情况，该类节点充当着沟通不同分区之间"桥"的角色，即网络中存在"结构洞"。"结构洞"是空间格局中的重要枢纽，关系优势明显，对空间格局整体联系关系的构建起关键作用。

1）企业网络"结构洞"分析

从整体上来看，企业联系视角的各区县结构洞指数分布较为均衡，结构洞指数较低的区县主要分布在都市区，其中渝中区（0.15）、九龙坡区（0.17）、渝北区（0.18）最低，发展受制约相对较小；渝东南、渝东北地区除了璧山区（0.28）、万州区（0.37）外，其余区县结构洞指数均远高于都市区区县，说明该地区区县的发展受外界制约较强；从市域功能分区的视角可以发现，渝东南、渝东北地区受都市区制约较为明显（附表5-E）。

通过对图5-26、图5-27进行分析，可以发现重庆市域整体空间格局网络中存在渝中区、万州区、渝北区、九龙坡区、江津区等五个"结构洞"，其中渝中为南川区、城口县、云阳县、奉节县、巫溪县等区县的"结构洞"；万州区为奉节县的"结构洞"；渝北区为南岸区、梁平区的"结构洞"；九龙坡区为巴南区的"结构洞"；江津区为大足区的"结构洞"。

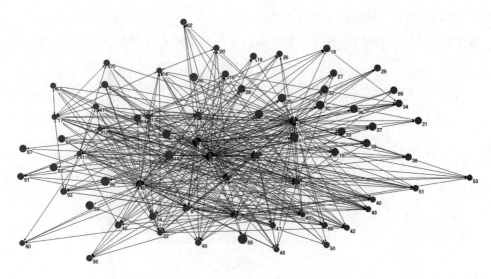

图5-26 企业网络"结构洞"分布图

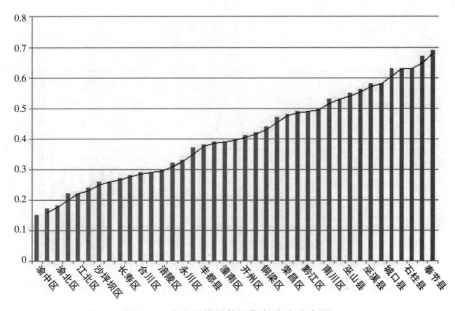

图5-27 企业网络结构洞指数降序分布图

2）交通网络"结构洞"分析

从整体上来看，交通网络中各区县结构洞指数分布较为均衡，在重庆市域各大功能区上均有分布，也说明重庆交通分布较为均匀。结构洞指数较小的区县为渝中区（0.25）、涪陵区（0.25）、奉节县（0.25）、黔江区（0.25）、江北区（0.26）、江津区（0.26）、长寿区（0.27）等七个，在五大功能区均有分布，但在都市区分布相对较多，都市区区县的交通枢纽作用相对较强。从都市区内部来看，结构洞指数分布相对较为均衡，结构洞指数相对较小的区县为渝中区（0.25）、涪陵区（0.25）、江北区（0.26）、江津区（0.26）、长寿区（0.27）等（计算结果见附表5-E）。

通过对图5-28、图5-29进行分析可知，交通网络存在荣昌区、黔江区、开州区及

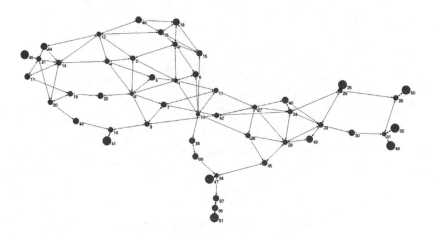

图5-28　交通网络"结构洞"分布图

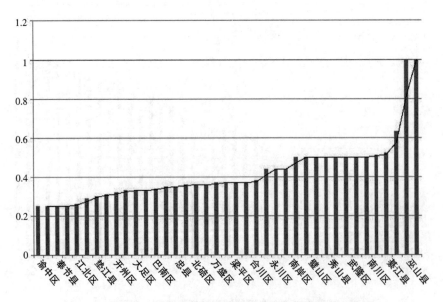

图5-29　基于企业联系的空间格局网络结构洞指数降序分布图

巴南区四个"结构洞"，其中荣昌区为大足区的"结构洞"，黔江区为秀山县、酉阳县的"结构洞"，开县为城口县的"结构洞"，巴南区为綦江区、万盛区、南川区的"结构洞"。

4. 本征矢量中心性

根据经济扩散的就近原则，城镇距离经济发达及交通区位优越的地方越近，理论上获得发展的机遇越大。在社会网络模型中表现为离网络中心度高的节点越近，发展的优势越大，即为城乡规划学中通常所说的"发展环境"。可用"本征矢量中心度"进行分析测量，该值越高区县节点在城市网络中的发展环境越优越。

1）企业网络"本征矢量中心度"分析

从整体上看，都市核心区与都市功能拓展区网络环境优势仍然明显，江北区、沙坪坝区、南岸区、渝北区属于网络中的核心节点，渝中区、大渡口区、九龙坡区、巴南区、北碚区为次级节点，两者差距较大。都市功能拓展区内各区县差距明显，其中最核心的节点为涪陵区、长寿区，两者均达到了都市核心区次级节点的数值，次级节点为江津区、合川区及永川区，第三级节点为南川区、綦江区、大足区、万盛区、铜梁区、潼南区及荣昌区。该区域中次级节点与第三级节点差距不大，但与核心节点差距较大；渝东北生态涵养发展区与渝东南生态保护区整体较为落后，其中万州为核心节点，达到了都市核心区核心节点的数值，璧山区、黔江区为次级节点，其余节点为第三级节点，三者差距较大（图5-30、图5-31、表5-14）（计算结果见附表5-F）。

综上，本征矢量中心度整体上可以分为四个级别，各级别也代表着发展环境的好坏；另一方面，也可发现涪陵区、长寿区、万州区、璧山区、黔江区、南川区、綦江区、大足区、万盛区、铜梁区、潼南区及荣昌区等区县拥有良好的发展环境。

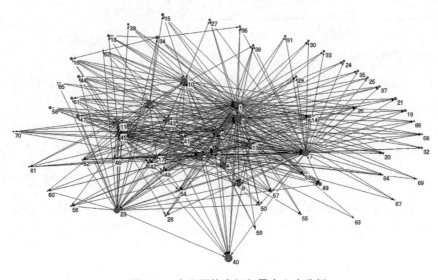

图5-30　企业网络本征矢量中心度分析

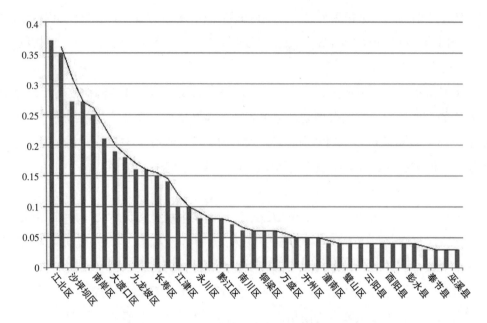

图5-31 企业网络本征矢量中心度降序分布图

企业网络本征矢量中心度分布表 表 5-14

编号	本征矢量中心度	区县名称
1	优	江北区、沙坪坝区、南岸区、渝北区、涪陵区、万州区
2	良	渝中区、大渡口区、九龙坡区、巴南区、北碚区、长寿区
3	中	璧山区、黔江区、南川区、綦江区、大足区、万盛区、铜梁区、潼南区、荣昌区
4	差	江津区、合川区、永川区、梁平区、城口县、丰都县、垫江县、忠县、开州区、云阳县、奉节县、巫山县、巫溪县、石柱县、秀山县、酉阳县、武隆区、彭水县

2）交通网络的"本征矢量中心度"分析

同理,通过分析交通网络本征矢量中心度可以对各区县的交通发展环境进行评估（图5-32）,另参见附表5-F。

从整体上看，本征矢量中心度高的区县仍然在都市区集中，都市区各区县本征矢量中心度相对较为均衡。渝东北生态涵养发展区与渝东南生态保护区各区县整体数值偏低，与都市区差距较大。重庆市域大致可以分为三个层级：第一层级为渝中区、大渡口区、江北区、沙坪坝区及巴南区等；第二层级为九龙坡区、南岸区、渝北区、北碚区、涪陵区、长寿区、江津区、万盛区、荣昌区、黔江区等；第三层级为余下的区县（表5-15）。

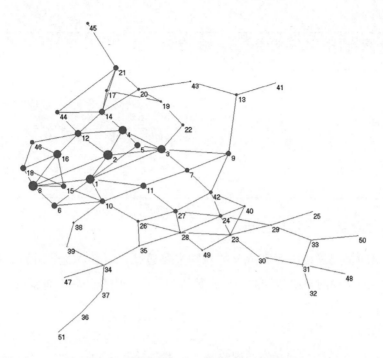

图5-32 交通网络本征矢量中心度分布图

交通网络本征矢量中心度分布表   表 5-15

编号	本征矢量中心度	区县名称
1	优	渝中区、大渡口区、江北区、沙坪坝区、巴南区
2	良	九龙坡区、南岸区、渝北区、北碚区、涪陵区、长寿区、江津区、万盛区、荣昌区、黔江区
3	差	合川区、永川区、南川区、綦江区、大足区、铜梁区、潼南区、璧山区、万州区、梁平区、城口县、丰都县、垫江县、忠县、开州区、云阳县、奉节县、巫山县、巫溪县、石柱县、秀山县、酉阳县、武隆区、彭水县

3）综合分析

通过综合分析，并对区县的综合环境进行评估，分为优、良、中、差四类，优、良两类是未来市域多中心发展的潜力区域（表5-16）。

基于企业联系、交通联系的本征矢量中心度综合评价   表 5-16

编号	企业网络的"本征矢量中心度"	交通网络的"本征矢量中心度"	区县名称	综合发展环境
1	优	优	江北区、巴南区、渝北区、沙坪坝区	优
2	优	良	南岸区、涪陵区	
3	良	优	渝中区、大渡口区	
4	良	良	九龙坡区、北碚区、长寿区	良
5	中	良	万盛区、荣昌区、黔江区	

编号	企业网络的"本征矢量中心度"	交通网络的"本征矢量中心度"	区县名称	综合发展环境
6	差	良	江津区	中
7	中	差	璧山区、南川区、綦江区、大足区、铜梁区、潼南区	
8	差	差	合川区、永川区、万州区、梁平区、城口县、丰都县、垫江县、忠县、开州区、云阳县、奉节县、巫山县、巫溪县、石柱县、秀山县、酉阳县、武隆区、彭水县	差

5.3.3 凝聚子群结构分析

对于空间格局网络中紧密成分的甄别主要通过"K-核"进行分析，相同 K 值的节点构成了空间格局网络中紧密的成分，其值越大成分内部的联系越紧密，良性互动关系就越多越紧密。

1. 企业网络"K-核"

根据图 5-33 可知，通过企业网络的"K-核"分析可知，首先，"K-核"层级最高的渝中区、大渡口区、江北区、沙坪坝区、九龙坡区、南岸区、渝北区、巴南区、涪陵区、长寿区、江津区、璧山区、万州区、合川区、永川区、大足区等 16 区县，除万州区外其他均为都市区区县。这些区县相互之间形成了致密的联系，为都市区网络中的核心成分，网络发育相对较为成熟（表 5-17）。其次，在都市区内部，一半以上区县属于最高层级，彼此间联系较为紧密，但也存在垫江县、忠县、铜梁区、荣昌区等区县等"K-核"数值较低的区县，网络发育不成熟。

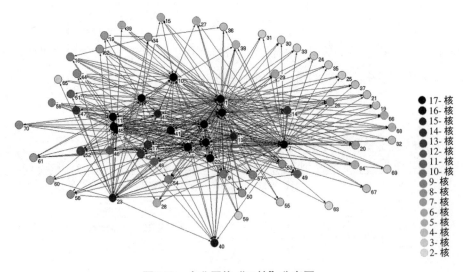

图5-33 企业网络"K-核"分布图

企业网络"*K*-核"分布列表　　　　　　　　　　　　表 5-17

分级	类型	区县/省份	比例（%）
1级	17核	渝中区、大渡口区、江北区、沙坪坝区、九龙坡区、南岸区、渝北区、巴南区、涪陵区、长寿区、江津区、璧山区、北京市、广东省	20
	16核	万州区、四川省	2.86
	15核	合川区、贵州省	2.86
	14核	永川区、大足区、江西省、江苏省	7.14
	13核	河南省	1.43
2级	12核	浙江省	2.86
	11核	湖北省	1.43
	10核	北碚区	1.43
	9核	綦江区、安徽省、山东省、湖南省	5.71
	8核	广西壮族自治区、天津市、河北省、香港	7.14
	7核	万盛区、潼南县、丰都县、黔江区、新疆维吾尔自治区、西藏自治区	8.57
	6核	南川区、开州区、彭水县、辽宁省	7.14
3级	5核	垫江县、忠县、武隆区、内蒙古自治区	7.14
	4核	铜梁区、荣昌区、巫山县、秀山县、酉阳县、黑龙江省、宁夏回族自治区	10.00
	3核	梁平区、城口县、云阳县、奉节县、巫溪县、石柱县、吉林省、福建省、海南省	12.86
	2核	山西省	1.43

2. 交通网络"*K*-核"

根据图 5-34、表 5-18 可知，渝中区、大渡口区、江北区、沙坪坝区、九龙坡区、南岸区、

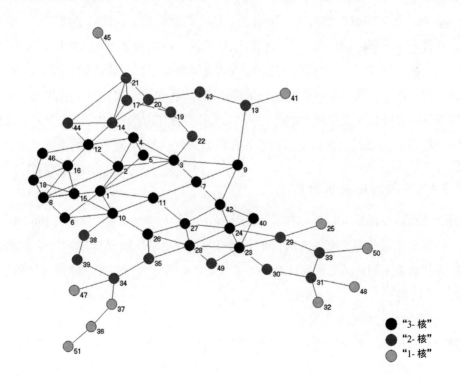

图5-34　交通网络"*K*-核"分布图

渝北区、巴南区、北碚区、涪陵区、长寿区、江津区、南川区、綦江区、万盛区、万州区、丰都县、忠县等区县间交通网络相对较为成熟，属于交通网络中的核心成分，形成了良好的互动关系。在上述区县中除万州区、丰都县、忠县外其他均属于都市区区县。其次，在都市区内部，绝大多数区县间形成了良好的交通互动关系，属于"K-核"分级中的1、2层级，其中有77.28%的区县属于第1层级。

交通网络"K-核"分布列表   表 5-18

层级	类型	区县/城市	比例（%）
1级	3核	渝中区、大渡口区、江北区、沙坪坝区、九龙坡区、南岸区、渝北区、巴南区、北碚区、涪陵区、长寿区、江津区、南川区、綦江区、万盛区、万州区、丰都县、忠县、四川达州、四川广安、贵州桐梓	45.10
2级	2核	合川区、永川区、大足区、铜梁区、潼南区、荣昌区、璧山区、开州区、云阳县、奉节县、巫溪县、黔江区、石柱县、武隆区、彭水县、四川遂宁、四川泸州、湖北利川	35.29
3级	1核	城口县、巫山县、秀山县、酉阳县、四川南充、湖北咸丰、陕西镇坪、湖南松桃苗族自治县	19.61

3. 对比分析

由于企业网络与交通网络在数据采集上的不同，连接数据在数值上存在较大的差异，这也造成了"K-核"的K值上存在较大的不同，因此在将两者进行横向比较时重点关注在"K-核"相同层级上的对比，避免了K值不同造成的差异性。通过对比分析可知，第一，在都市区内部，渝中区、大渡口区、江北区、沙坪坝区、九龙坡区、南岸区、渝北区、巴南区、涪陵区、长寿区、江津区等区县间形成了较为紧密的交通与企业联系网络，属于都市区中空间格局网络发育较为成熟的区域；第二，璧山区、合川区、永川区、大足区等区县企业网络发育较为成熟，但在交通网络的发育上较为欠缺；第三，北碚区、南川区、綦江区、万盛区等区县交通网络发育较为成熟，但在企业网络的发育上较为欠缺。

5.3.4 对外连接关系分析

对于都市区空间格局整体与外界的连接关系可引入"块模型"（block models），"块模型"为网络位置关系研究的方法，企业网络与交通网络的块模型含义上有着极大的不同，前者代表着不同区域之间跨区域的经济联系，后者代表着跨区域的交通联系。

1. "块模型"

1）企业网络"块模型"分析

通过分析可知，都市功能核心区块内部沿着对角线分布致密，其次为都市功能拓展区；城市发展新区内沿对角线有着较为稀疏的分布；在渝东北生态涵养区内及渝东南生态保护区及其他联系区内沿对角线几乎无分布（图 5-35）。

重庆市域整体呈现出明显的"核心—边缘"结构，即都市区位于核心结构，渝东南、渝东北地区为边缘结构。其中，都市功能核心区与都市功能拓展区为重庆市域整体空间格局中最核心的区域，区域内各区县间也有着较为致密的相互联系，空间格局发展较为成熟，并与渝东北生态涵养区、渝东南生态保护区有较强的联系关系；城市发展新区属于次级核心区域，其空间范围较都市功能核心区与都市功能拓展区大，城市发展新区中内部联系网络仍然处于成长时期，内部区县之间的联系仍然不够紧密。

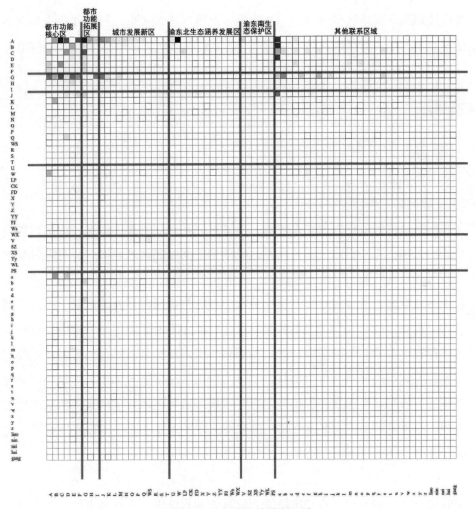

图5-35　企业网络块模型矩阵

都市区对渝东北地区的外部效应整体偏低，主要集中在渝东北的区域节点城区万州区，在丰都县、垫江县、开州区、巫山县等也有着较少的分布。整体来看，都市区对渝东北地区的外部效应具有极化分布的特征，除万州区外其他区县受到都市区外部效应的影响较小（表5-19）。

都市区对渝东北地区的外部效应分布表   表 5-19

受都市区外部效应影响区县	都市区外部效应释放区县
万州区	渝中区、大渡口区、江北区、九龙坡区、南岸区、北碚区、大足区
丰都县	九龙坡区、南岸区
垫江县	涪陵区
开州区	九龙坡区
巫山县	大渡口区

都市区对渝东南地区的外部效应相对渝东北地区来说更低，极化作用更加明显，主要集中在渝东南地区节点区县黔江区以及彭水县，在其他区县鲜有分布（表5-20）。

都市区对渝东南地区的外部效应   表 5-20

受都市区外部效应影响区县	都市区外部效应释放区县
黔江区	渝中区、綦江区、万盛区
彭水县	涪陵区

2）交通网络"块模型"分析

交通网络块模型呈现内部联系较强、跨区域联系较弱的整体特征，由于地理空间对交通模式的影响，不同集团之间的联系也仅限于空间毗邻区域。同时，可以发现涪陵区成为都市区联系渝东南、渝东北区县的交通空间节点（图5-36）。

重庆市域整体上沿着对角线有密集分布，核心与边缘特征并不明显，市域空间格局网络整体呈现扁平化与均匀分布的特征；通过对各分区内部块模型分析可以看出，各块之间仍然存在不小的差距。其中，都市功能核心区内部区县网络最为致密，主要与都市功能拓展区及城市发展新区发生关联，都市功能拓展区主要与都市功能核心区及城市发展新区联系，渝东北生态涵养保护区主要与重庆市域外区域发生联系，渝东南生态保护区与外界的联系并不紧密；重庆市域与市域外的联系主要存在于城市发展新区及渝东北生态涵养区内，其中与四川省的联系尤为突出。

3）综合分析

综合企业网络和交通网络"块模型"的数理分析结果，发现都市区在跨区域间的经济联系和交通联系上呈现出不同的关系特征。从企业网络来看，都市区在渝东北地区的外部效应相对渝东南地区数值更大，但两者绝对数值上均偏小，企业网络的外部效应在上述两区中均呈现"极化"分布的特征，主要分布在节点区县万州区与黔江区。从交通网络来看，都市区与渝东北地区跨区域交通联系整体偏弱，涪陵区、丰都区之间以及长寿区与垫江县之间的交通联系成为了都市区与渝东北地区之间的交通联系桥梁；都市区

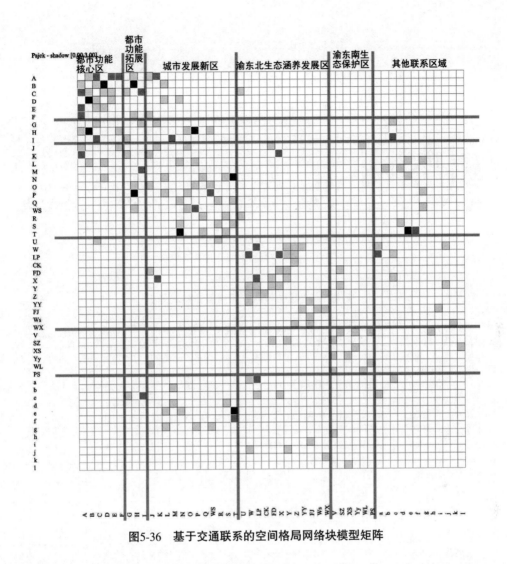

图5-36 基于交通联系的空间格局网络块模型矩阵

与渝东南地区跨区域交通联系整体更加偏弱，涪陵区与武隆区之间的联系成为了都市区与渝东南地区唯一的交通联系。同时，通过对比企业网络的外部效应与交通网络的外部效应可以发现，都市区对外经济辐射并非遵循地理空间上的就近原则，与交通联系的关系并不显著。

2. 点入、点出度

城市行为中，"点出度"（out-degree）意味着城市对外投资，对应着辐射能力，"点入度"（in-degree）代表着城市接受外部投资，对应着城市吸引能力。根据点入度、点出度的情况，可分为点入、点出度均衡型区县，点出度较大型区县及点入度较大型区县，对应到对外投资、吸引投资情况即为均衡型区县、辐射型区县、受限型区县等三种类型（图5-37、表5-21）。

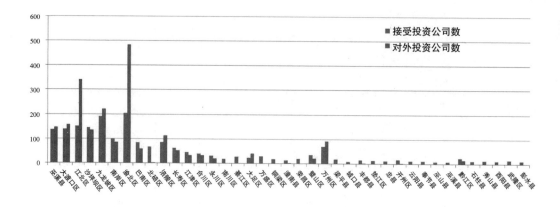

图5-37　企业网络投入、投出分布图

重庆市域各区县投入、投出整体概况分析　　　　　　　　　　表 5-21

编号	名称	接受投资公司数	对外投资公司数	接受投资/对外投资	类型	编号	名称	接受投资公司数	对外投资公司数	接受投资/对外投资	类型
1	渝中区	138	146	0.95	均衡型	21	荣昌区	20	0	∞	投入型
2	大渡口区	140	158	0.89	均衡型	22	璧山区	36	22	1.64	投入型
3	江北区	152	342	0.44	投出型	23	万州区	71	93	0.76	投出型
4	沙坪坝区	146	135	1.08	均衡型	24	梁平县	19	0	∞	投入型
5	九龙坡区	191	221	0.86	均衡型	25	城口县	9	0	∞	投入型
6	南岸区	99	87	1.14	投出型	26	丰都县	16	2	8	投入型
7	渝北区	204	485	0.42	投出型	27	垫江县	15	1	15	投入型
8	巴南区	86	59	1.46	投入型	28	忠县	13	1	13	投入型
9	北碚区	68	2	34.00	投入型	29	开州区	17	2	8.5	投入型
10	涪陵区	87	113	0.77	投入型	30	云阳县	12	0	∞	投入型
11	长寿区	64	54	1.19	均衡型	31	奉节县	13	0	∞	投入型
12	江津区	46	33	1.39	投入型	32	巫山县	9	1	9	投入型
13	合川区	39	33	1.18	均衡型	33	巫溪县	10	0	∞	投入型
14	永川区	20	20	1.60	投入型	34	黔江区	24	15	1.6	投入型
15	南川区	19	1	19.00	投入型	35	石柱县	12	0	∞	投入型
16	綦江区	28	1	28.00	投入型	36	秀山县	15	0	∞	投入型
17	大足区	24	40	0.60	投出型	37	酉阳县	12	0	∞	投入型
18	万盛区	30	1	30.00	投入型	38	武隆区	16	0	∞	投入型
19	铜梁区	19	0	∞	投入型	39	彭水县	13	0	∞	投入型
20	潼南区	14	2	7.00	投入型	—	—	—	—	—	—
合计		1641	1933	—	—	合计		352	137	—	—

1）均衡型区县

重庆都市区均衡型区县对外投资能力与自身吸引投资能力相当，代表着该类型网络在度数层面网络相对较为完善，约占都市区区县总数的35.33%（表5-22）。

均衡型区县投入、投出网络分析 表 5-22

区县	投入投出比	投入度网络分析图	投出度网络分析图
渝中区	1.06	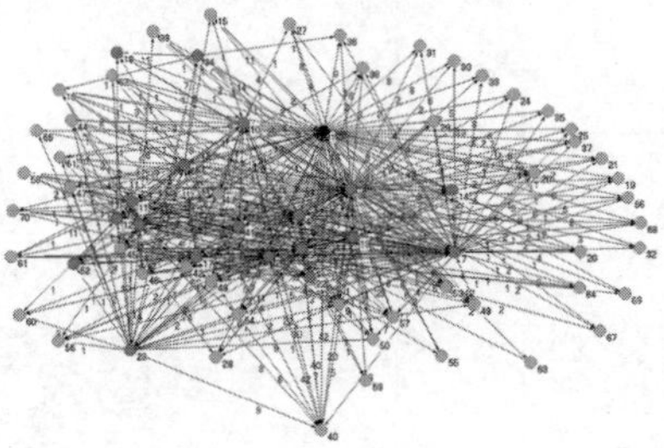	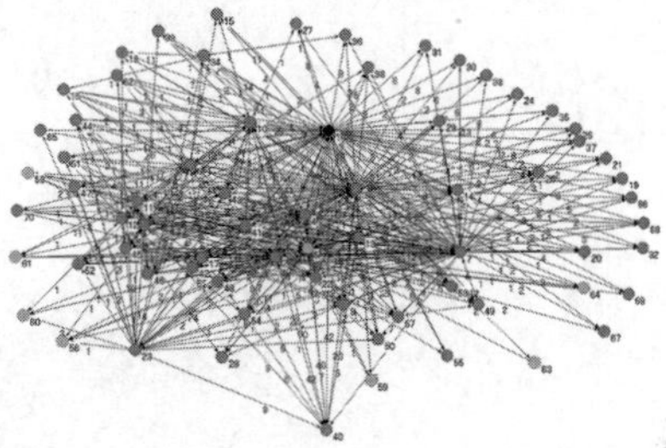
大渡口区	1.12	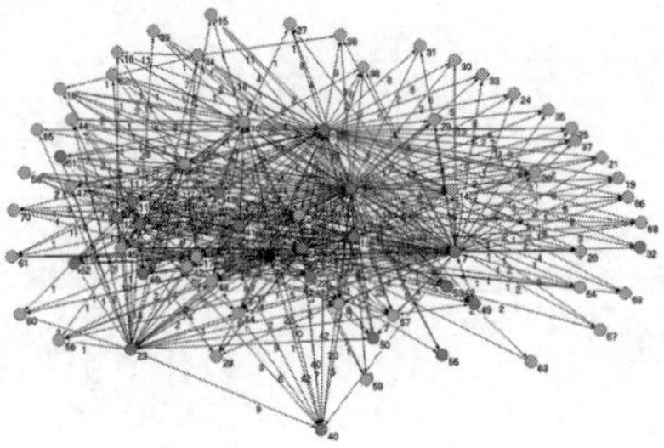	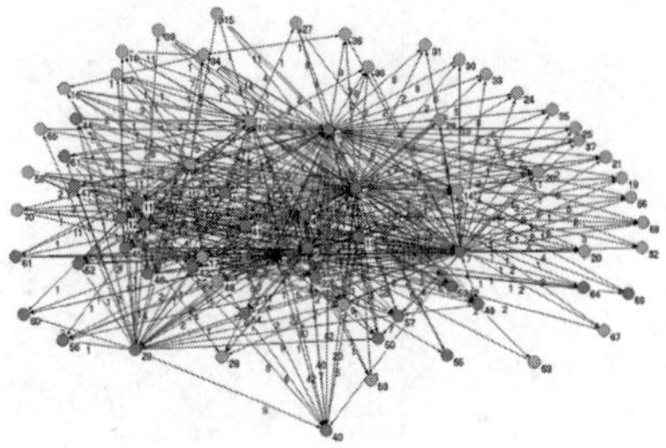
沙坪坝区	0.92	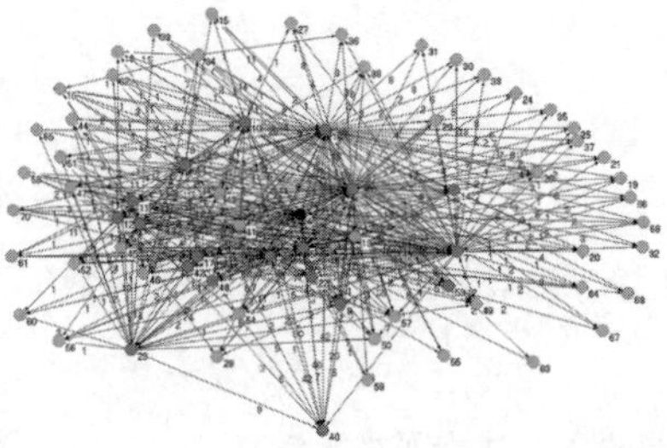	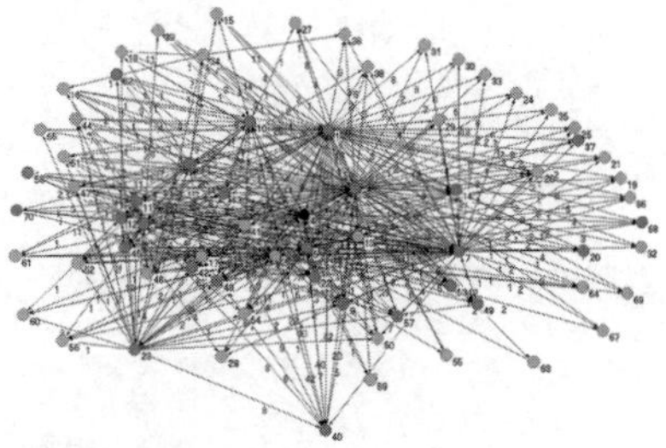
九龙坡区	1.15	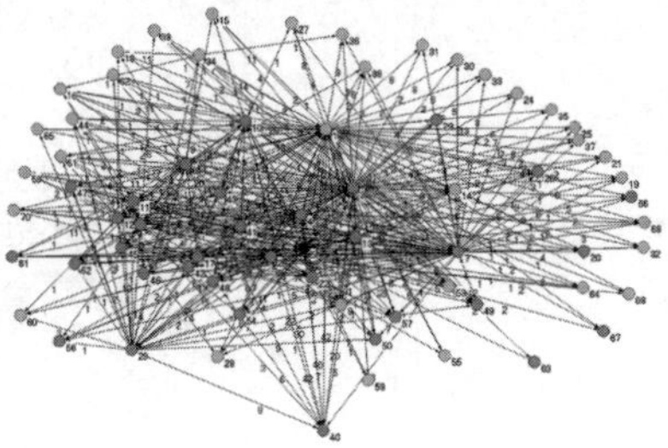	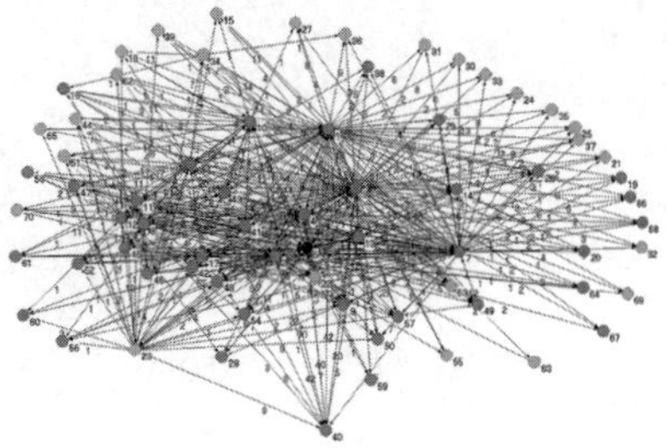

续表

区县	投入投出比	投入度网络分析图	投出度网络分析图
南岸区	1.14	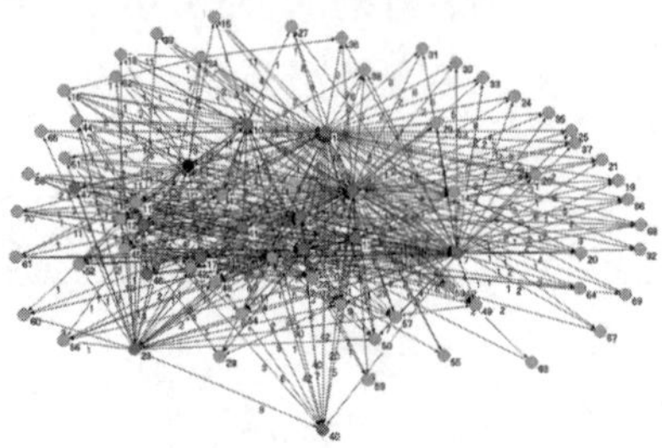	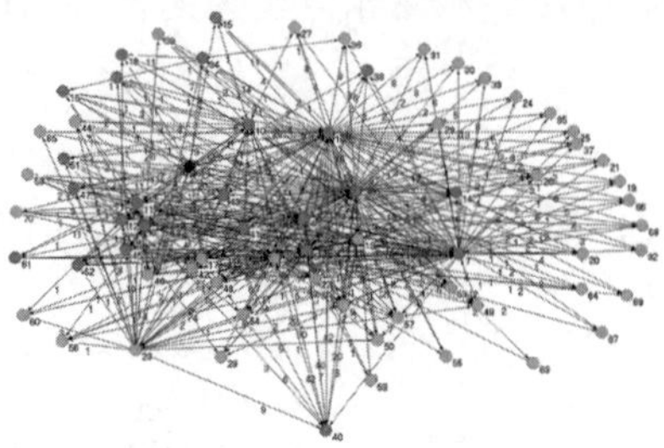
长寿区	0.84	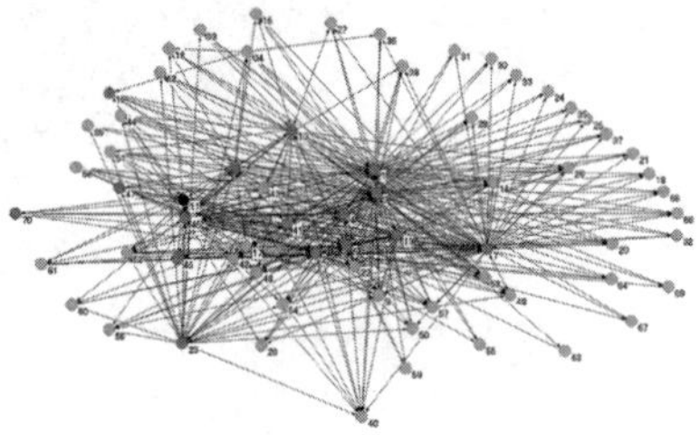	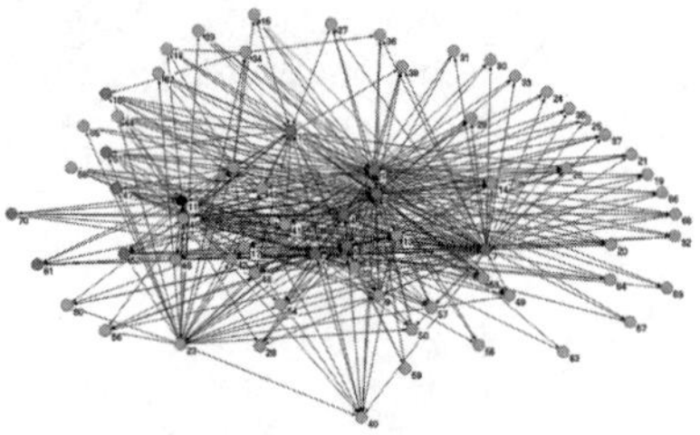
合川区	0.85	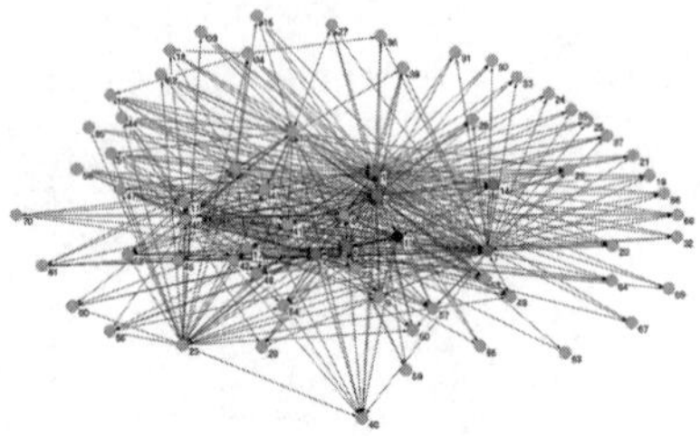	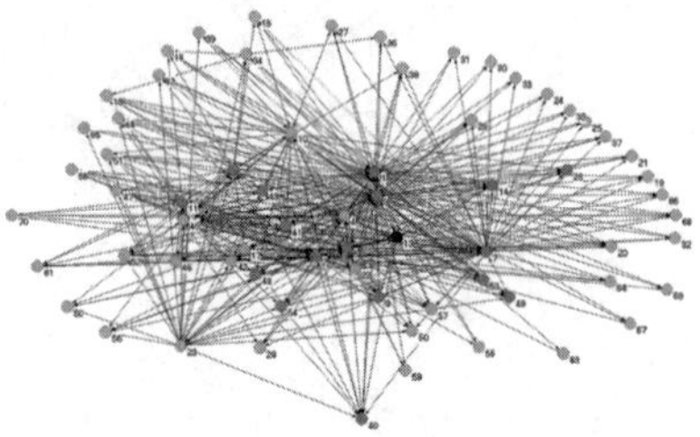

2）辐射型区县

对外辐射型区县对外辐射力远大于其吸引力，该类型对外投资占主体，吸引投资能力相对较弱，在区县中处于强势地位。该类型区县总数为4，占都市区总数的19.05%（表5-23）。

辐射型区县投入、投出网络分析 表 5-23

区县	投入投出比	投入度网络分析图	投出度网络分析图
江北区	2.25	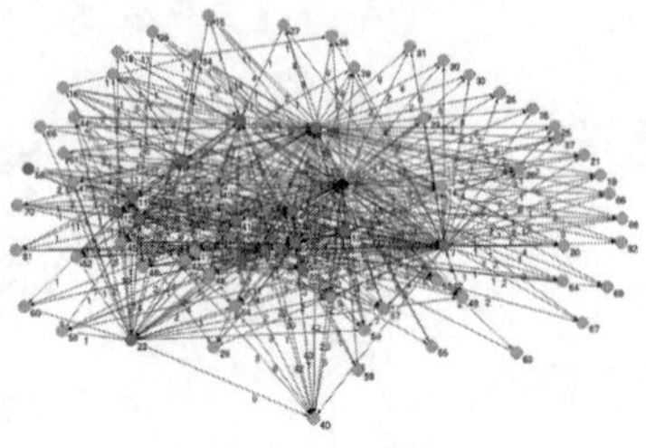	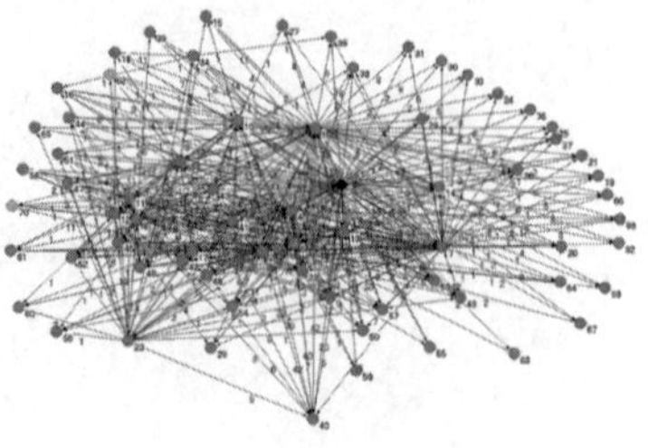

续表

区县	投入投出比	投入度网络分析图	投出度网络分析图
渝北区	2.38	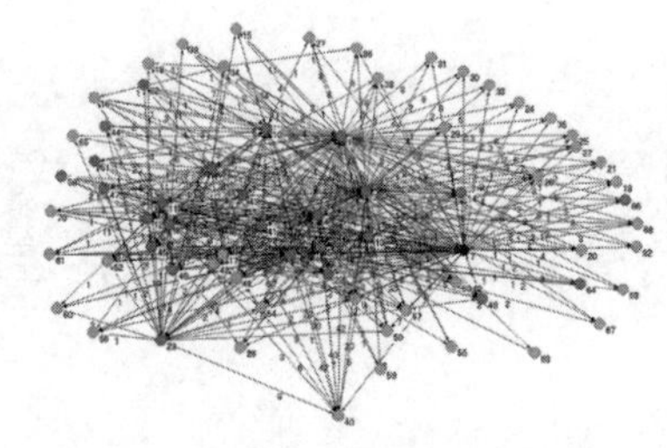	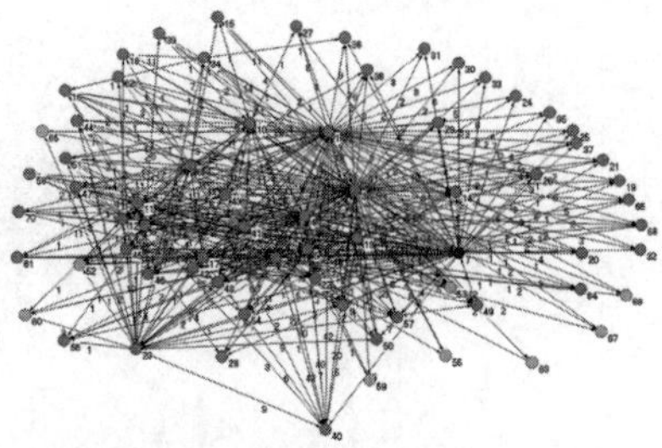
涪陵区	1.30	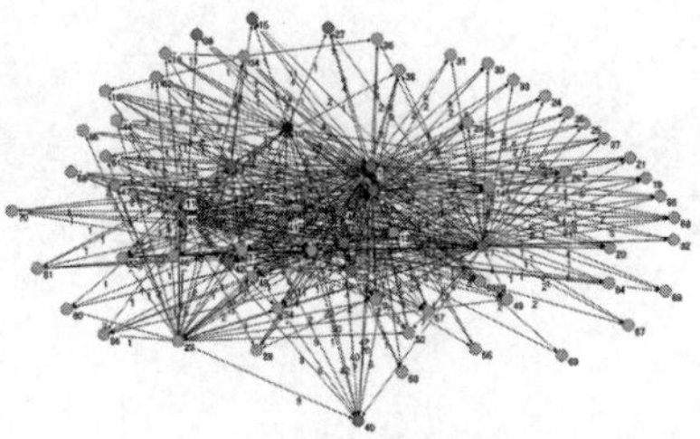	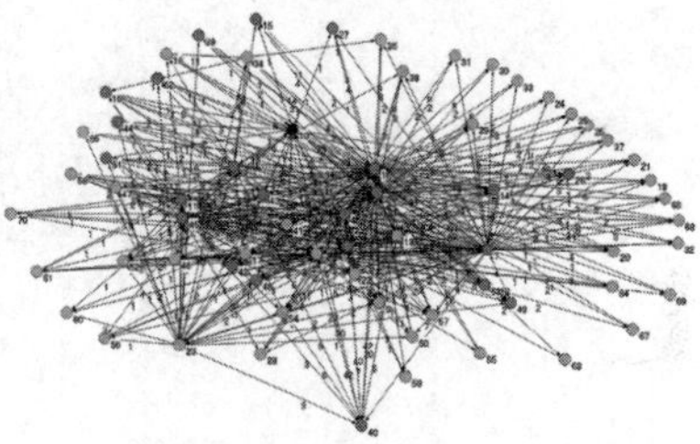
大足区	1.67	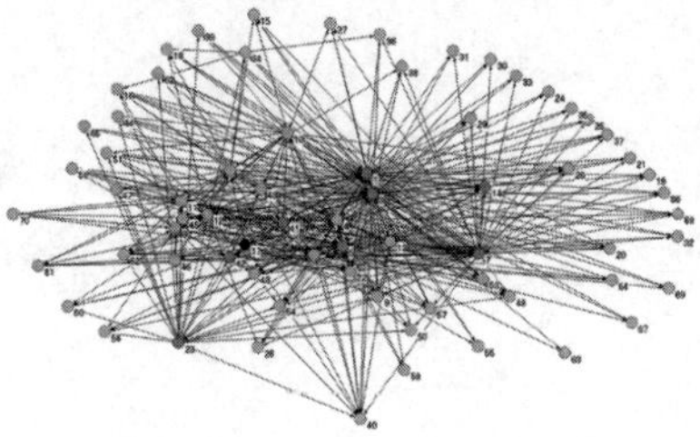	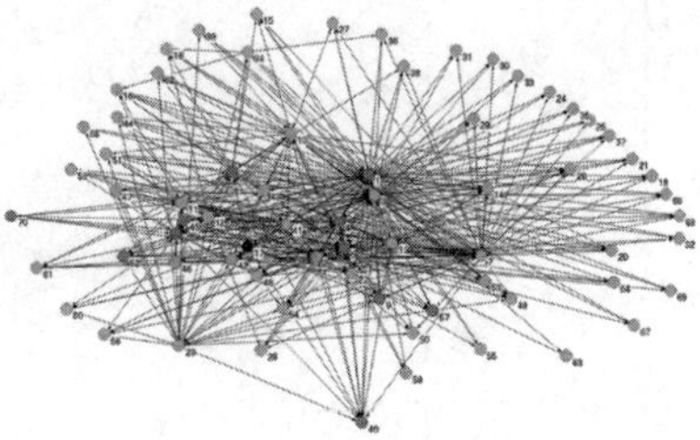

3）受限型区县

辐射力受限型区县总数为10，占都市区区县总数的47.62%，比例数值偏高，说明近一半的区县属于辐射力受限，也从一个侧面说明都市区内网络发展并不完善（表5-24）。

受限型区县投入、投出网络分析 表 5-24

区县	投入投出比	投入度网络分析图	投出度网络分析图
巴南区	0.69	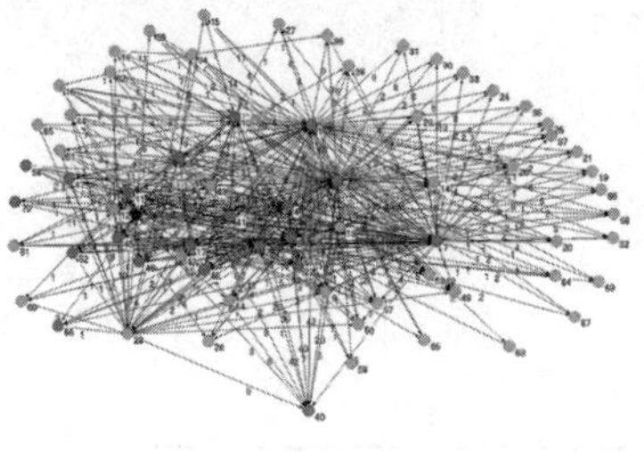	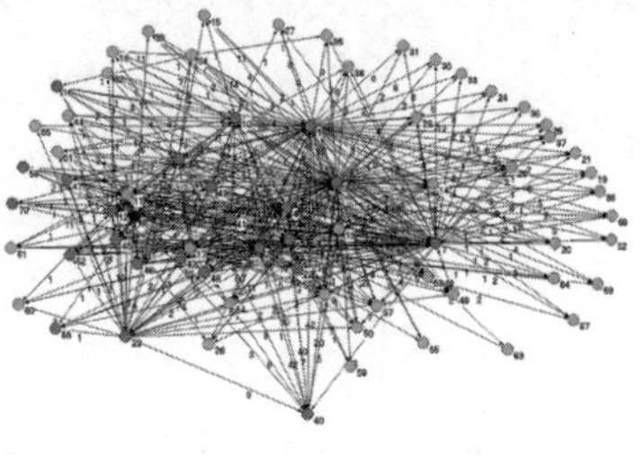

续表

区县	投入投出比	投入度网络分析图	投出度网络分析图
北碚区	0.03		
江津区	0.71		
永川区	0.63		
南川区	0.05		
綦江区	0.04		

续表

区县	投入投出比	投入度网络分析图	投出度网络分析图
万盛区	0.03	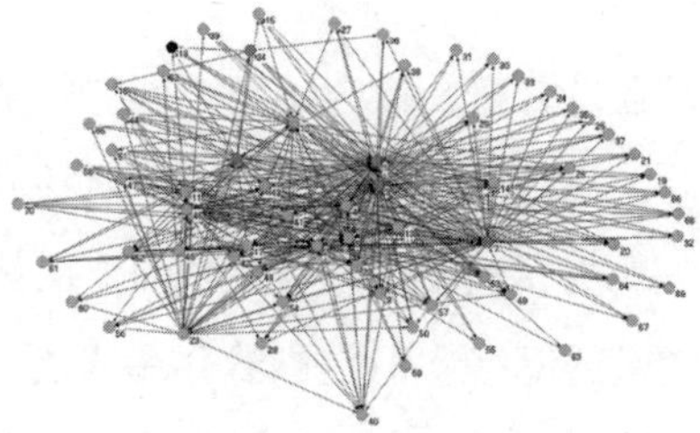	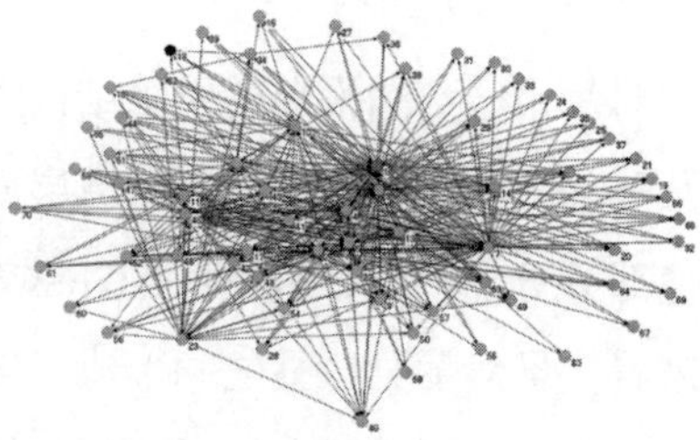
铜梁区	—	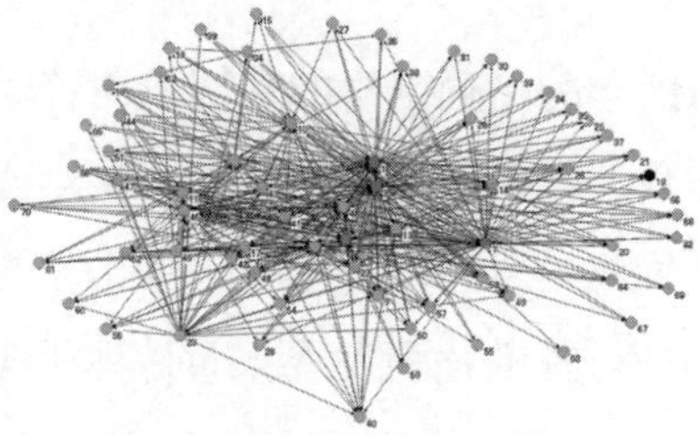	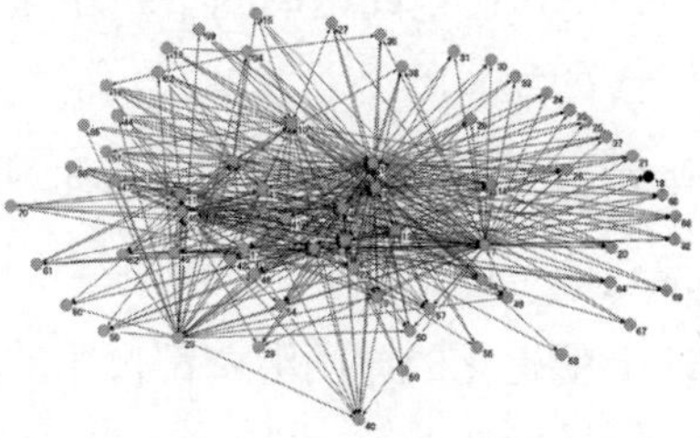
潼南区	0.14	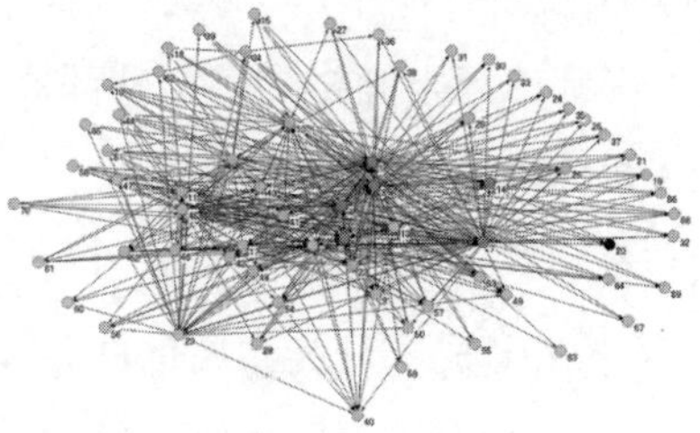	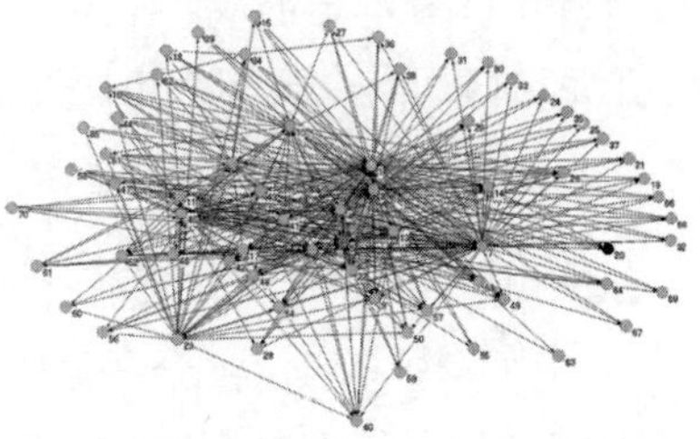
荣昌区	—	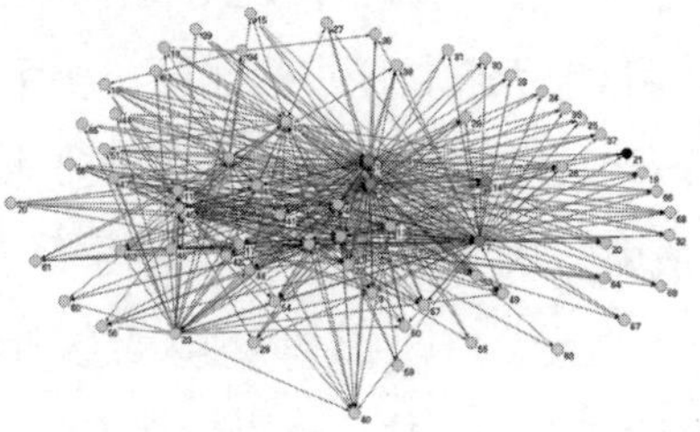	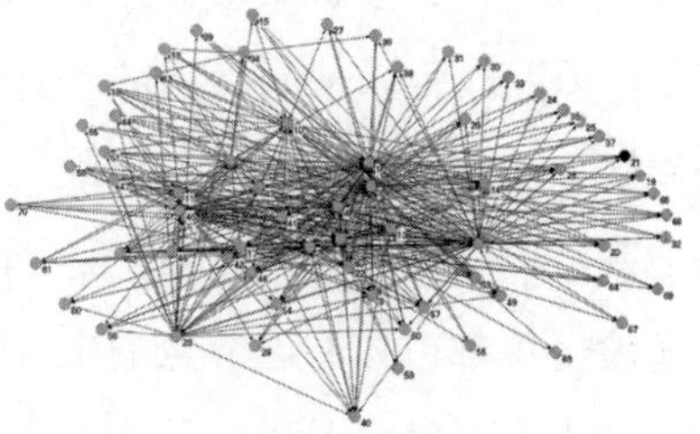

4）综合分析

通过综合分析重庆市域及都市区点入、点出度整体概况，可知：第一，重庆市域内部均衡型区县、辐射型区县、受限型区县分别占比 15.38%、15.38%、69.24%，显然重庆市域整体上对于企业权力的分配属于集中型，即少数区县占据着大部分的企业资源；第二，在都市区内部层面，均衡型区县、辐射型区县、受限型区县分别占比为 28.57%、25.81%、47.62%，点入度较大型区县接近一半，从投入投出的视角来看，都市区仍然属

277

于"被辐射型"区县发展模式。

5.3.5 计算结果

对都市区空间格局的网络结构进行了数理分析，探究了都市区空间格局的内部结构特征及外部联系特征，从重庆市域层面来看，都市区在市域中处于绝对核心的位置，与市域其他部分分异明显，都市区的外部效应偏小并呈现出"极化"特征；从都市区内部空间格局来看，虽然部分区县之间形成了较为紧密的网络，但是仍然存在"核心—边缘"结构依然较为突出，网络节点的层级分布较大，缺少次级节点以及媒介节点的支撑等问题。

1. 都市区空间格局网络的外部效应

从外部效应强度上来看，重庆都市区空间格局网络的外部效应较弱，外部效应主要集中在万州区、黔江区、丰都县、垫江县、开州区、巫山县等区县，度数总和偏小。从外部效应范围上来看，都市区空间格局网络的外部效应呈现"极化"的特征，并非按照空间上就近化的原则沿着都市区的边缘进行扩散化的发展，而是跳跃式地与渝东南、渝东北的区域性中心城区黔江、万州发生关联，网络的外部效应呈现出极化的特征。同时，通过对都市区各区县的点入、点出度的分析发现，渝中区、大渡口区、沙坪坝区、江北区、九龙坡区、南岸区等都市区区县是重庆都市区空间格局网络外部效应的主要发出者，其余区县则主要呈现出一种"内向"的发展方式。

2. 都市区空间格局网络的内部结构特征

从网络整体上看，虽然都市区各区县之间形成了较为致密的联系关系，但是重庆都市区空间格局网络的内部结构整体上仍然呈现出"核心—边缘"结构，层级分布呈现出阶梯状的特征，从都市核心区、都市功能拓展区到城市发展新区各区县的网络权力逐渐降低，差距较大。从网络局部上看，渝中区、大渡口区、江北区、沙坪坝区、九龙坡区、南岸区、渝北区、巴南区、涪陵区、长寿区、江津区等区县间形成了较为紧密的交通与企业联系网络，空间格局网络发育较为成熟。从个体层面来看，渝中区、渝北区、江北区、九龙坡区等都市核心区节点的中心性突出，大渡口区、沙坪坝区等区县的媒介作用突出，上述节点与其他区县差异明显，同时次级节点较为缺乏也影响都市区空间格局网络整体机能的发挥。

3. 都市区空间格局网络的层级结构

重庆都市区空间格局网络的层级结构呈现如下特征（表5-25）：第一，网络控制中心主要位于都市核心区，从一定角度说明重庆都市区空间格局网络在都市核心区集中；第二，网络核心媒介枢纽较少，网络核心媒介枢纽是将将都市区乃至重庆市域各区县串接在一起的"桥梁"，该类节点过少影响都市区空间格局网络整体机能的发挥；第三，城市发展新区中仅有涪陵区、江津区、长寿区等区县为网络的次级节点，并且在空间上较为集中，影响城市发展新区与主城区一体化发展。

重庆都市区空间格局网络的层级结构 表 5-25

网络层级	网络权力	城市	网络效益
网络控制中心	对网络具有控制权	渝中区、渝北区、江北区、九龙坡区	极化效应
网络核心媒介枢纽	网络中的关键节点	大渡口区、沙坪坝区	区域内企业开放，形成较好的区域互动； 交通上处于中转枢纽
次级节点	借助网络其他节点的力量	巴南区、南岸区、涪陵区、江津区、长寿区	向上关联，局部区域交通节点
潜力节点	从属地位	合川区、大足区、北碚区、万盛区、荣昌区	要素流向核心城市，主动与大城市联系，新兴市场的通道
薄弱节点	处于网络的边缘位置，网络影响力小	南川区、永川区、綦江区、铜梁区、潼南区、荣昌区、璧山区	产业要素相对较为落后，交通区位较差

5.4 都市区空间结构网络发展趋势

重庆都市区空间结构网络发展趋势研究主要从三个方面展开：第一，从整体结构、局部特征以及节点联系三个层面，对都市区空间结构现状特征和网络发展典型问题进行分析，明确都市区网络发展特征；第二，判断都市区内部结构、外部连接、关键节点的网络发展趋势；第三，针对重庆都市区节点网络职能、局部网络培育、整体结构引导等方面提出发展对策及建议（图 5-38）。

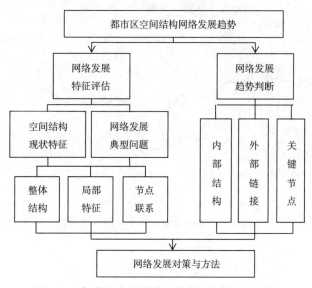

图5-38 都市区空间格局网络发展趋势分析框架

5.4.1 网络发展特征评估

1. 空间结构现状特征

1）都市区内部呈现"一带多点"的空间结构

其中，"一带"代表着贯穿都市区西南与东北，网络发展较为成熟的发展轴，包含了江津区、巴南区、九龙坡区、大渡口区、渝中区、南岸区、江北区、长寿区、涪陵区等区县，它们之中形成了较为致密的联系；"多点"代表着都市区其他区县，上述区县之间并未形成较好的联系，呈散点状分布（图5-39）。

图5-39　现状重庆都市区空间格局结构

2）都市区与外部区县间联系"极化"特征明显

从都市区空间格局的外部效应上看，都市区与渝东南、渝东北地区联系相对较为薄弱，整体联系主要集中在万州区、黔江区等区域性城市节点中，呈现出"极化"的特征。同时，除渝中区、大渡口区、沙坪坝区、江北区、九龙坡区、南岸区等都市核心区区县，都市区内其他区县对重庆市域其他地区的影响较小（图5-40）。

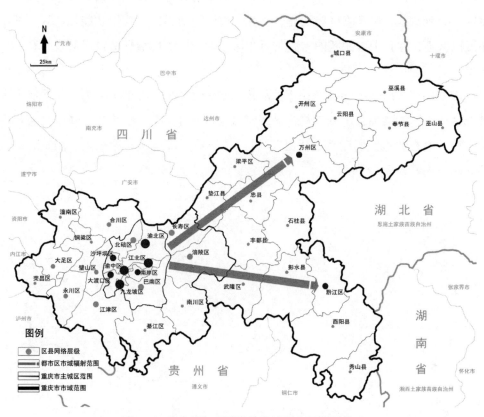

图5-40 都市区与市域其他区域的空间格局关系

2. 网络发展典型问题

1）都市区与市域其他地区分异明显

从重庆市域整体的空间格局网络上看，都市区与市域其他部分分异明显，这种分异情况主要体现在如下两个方面：一方面，都市区网络权力整体远高于渝东南与渝东北地区，并且都市区内各区县联系更为紧密，空间格局网络化发展特征更为突出；另一方面，从跨区域联系来看，都市区、渝东南、渝东北地区之间并未形成较为紧密的联系，经济、交通联系主要存在于各分区内部，从分区联系上来看，重庆市域各大的分区仍然呈现出一种"本地化"的发展模式，呈现内向性发展。

这种分异发展模式造成区域整体空间格局网络的脱节，同时也导致了都市区对重庆市域整体发展的拉动作用偏弱，缺乏从整体的角度统筹安排区域空间格局，不利于重庆市域整体机能的发挥。

2）媒介城市的缺乏加剧都市区与市域的分离

从空间位置上看，城市发展新区的部分区县与渝东南、渝东北区县更为接近，理论上来看是最容易与渝东南、渝东北地区发生城际联系的地区，是都市区外部效应成本最低的地区。但是，从都市区整体空间格局网络上来看，媒介作用较大的城市节点主要为渝中区、大渡口区、沙坪坝区、江北区、九龙坡区、南岸区等都市功能核心区、都市功能拓展区区县，并且采取跳跃的方式与万州区、黔江区等区域性节点区县发生联系（图5-41）。

城市发展新区内缺少起媒介作用的城市节点，主要有如下影响：第一，造成了都市区外部效应成本的增加，不利于都市区外部效应的产生与发展；第二，缺少沟通都市区与渝东南、渝东北地区的联系"桥梁"，进一步导致了都市区与渝东南、渝东北地区之间的分割与分异。

图5-41　媒介城市分布图

3）都市区"核心—边缘"结构突出，次级节点缺乏

从都市区内部空间格局网络整体上看，仍然呈现出"核心—边缘"结构较为突出的特征，都市区与城市发展新区节点整体上相距较大，除北碚区外均处于都市区内部空间

格局中的核心位置。城市发展新区中除涪陵区、长寿区、江津区外均处于边缘地位，涪陵区、长寿区、江津区等区县在空间上较为集聚，对于城市发展新区其他区县的带动作用有限。从一个侧面也说明，都市区空间格局的发展仍然是以重庆都市功能核心区为核心，并未拓展到城市发展新区或其他区县（图5-42）。都市区内部空间格局网络的"核心—边缘"结构特征，造成了都市功能核心区的经济、交通负荷的进一步增大，一定程度上也加剧了"城市病"问题；同时，也导致了城市发展新区与都市区其他部分的分异与分离，不利于都市区一体化的发展。

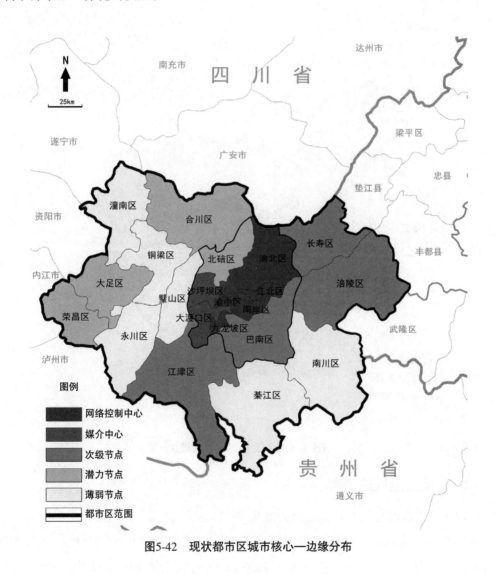

图5-42 现状都市区城市核心—边缘分布

4）都市区大多数区县采取内生性的发展模式

从都市区网络化发展的动力机制上看，除渝中区、大渡口区、沙坪坝区、江北区、九龙坡区、南岸区等少部分区县外，其余区县接受的投资与对外投资均局限在都市区内部区域，空间格局的塑造动力来自于都市区内部，与相邻省份及重庆市域其他区县间并未形成较好的互动关系，仍然采取一种内生性、被动式的发展模式，与当今时代的区域一体化的发展背景存在一定程度的脱节（图5-43）。这种发展方式一方面导致了都市区与外界的分异进一步加剧，另一方面也影响了这些区县的发展动力，导致其发展潜力受限。

图5-43　都市区各区县发展模式

5.4.2　网络发展趋势判断

1. 都市区内部网络化空间格局初见雏形

从都市区空间格局网络化的发展趋势上来看，渝中、大渡口区、江北区、沙坪坝区、九龙坡区、南岸区、渝北区、巴南区、涪陵区、长寿区、江津区等11个区县间形成了较为紧密的交通与企业联系网络，空间格局网络发育较为成熟。从上述区县的地理空间上来看，横跨了都市功能核心区、都市功能拓展区及城市发展新区三个部分，数量上占据了都市区区县总数的一半（图5-44）。

这些区县致密网络的形成一方面有利于都市区整体机能的形成，另一方面这也是都市区空间格局未来网络化发展的基底。换句话说，从网络角度而言，这才是都市功能核心区的真正范围。

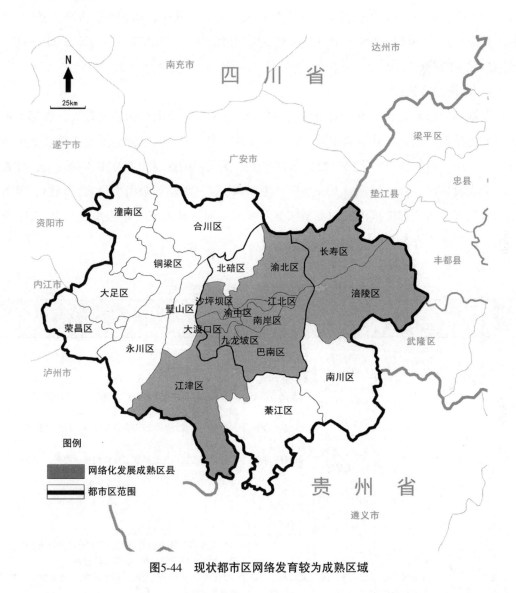

图5-44 现状都市区网络发育较为成熟区域

2. 都市区与外部区域网络化发展潜力大

目前，都市区与市域其他区域空间格局网络的联系上存在较大的空白区域，同时在重庆市的产业经济政策上，产业由主城区往渝东南、渝东北区域转移的趋势明显，所以说未来都市区与市域其他区域网络化发展潜力较大。但是由于现状中都市区与市域其他区域联系基础较差，所以市域网络化的潜力需要较长的时间才能发挥出来，且应当是以一种有重点的稳步推进的方式进行，切不可全面铺开。

3. 城市发展新区是未来都市区网络发展的核心区

根据 5.3.5 节中都市区内均衡型、辐射型以及受限型区县的网络分析结论，总结各区县辐射力与吸引力特征，发现区县网络化发展较为成熟的均衡型、辐射型区县约占都市区的 54%，约有 46% 的区县网络化发展还较为薄弱。其中，辐射力受限型区县中 1/5 的区县来自都市功能拓展区，余下的来自城市发展新区。可见城市发展新区是未来都市区网络发展的重点区域。

1）均衡型区县

根据辐射影响力的大小将均衡型区县分为三类：第一类辐射影响力较大，跨越了重庆市域的层面，代表区县为渝中区；第二类辐射影响力中等，辐射范围上亦涉及重庆市外区县，但其辐射能力小于第一类，与其产生互动关系的区县也明显多于第一类，代表区县为大渡口区、沙坪坝区、九龙坡区、南岸区；第三类辐射吸引力最弱，辐射、吸引范围也仅限于重庆都市区内，该类型区县并未与其他区县形成较好的互动关系，如：长寿区、合川区（表 5-26）。

均衡型区县辐射力与吸引力特征分析 表 5-26

区县名称	互动关系地区	吸引力大于辐射力地区	辐射力大于吸引力地区	纯辐射地区	特征分析
渝中区	渝北区	—	大渡口区、江北区、沙坪坝区、南岸区、巴南区、涪陵区、江津区、合川区、永川区、大足区、万盛区、璧山区、万州区、黔江区	梁平区、城口县、丰都县、垫江县、中心、开州区、云阳县、奉节县、巫山县、巫溪县、石柱县、秀山县、酉阳县、武隆区、彭水县、四川省、贵州省、湖北省	1. 渝中区接受投资范围涉及都市区内各区县和渝东南地区，发展突破空间限制，投资环境较好。2. 渝中区对外投资范围为都市区内，市外主要集中在周边省市。3. 与都市区内区县形成了良好的互动关系，其中与渝北区互动关系最为紧密
大渡口区	渝北区、江北区、长寿区、江津区、四川省	渝中区、九龙坡区、万州区、四川省	巴南区、璧山区	北京市、黑龙江省	1. 大渡口区接受投资范围涉及都市区内区县和四川省，发展突破空间限制，投资环境较好。2. 渝中区对外投资范围为都市区内，市外近到四川省、远到黑龙江省。3. 与都市区内区县和四川省形成了良好的互动关系，形成稳定组合
沙坪坝区	九龙坡区、渝北区、涪陵区	北碚区、四川省	渝中区、江北区、渝北区、涪陵区、万州区	—	1. 沙坪坝区接受投资范围涉及都市区内区县和四川省，发展突破空间限制，投资环境较好。2. 沙坪坝区对外投资范围为都市区内，市外集中在四川省。3. 与都市区内区县形成了良好的互动关系，但未与对其影响较大的渝中区、江北区形成较好的互动关系

续表

区县名称	互动关系地区	吸引力大于辐射力地区	辐射力大于吸引力地区	纯辐射地区	特征分析
九龙坡区	沙坪坝区、巴南区、长寿区、江津区、潼南区	大渡口区、渝北区、涪陵区	江北区、合川区、四川省	贵州省、广东省、河南省、安徽省、吉林省、辽宁省	1. 九龙坡区接受投资范围较广，除都市区内，突破都市区范围，涉及江西省、河南省等地区。发展突破空间限制，投资环境较好。 2. 九龙坡区对外投资范围较广，除都市区内，市外主要集中在周边省市、中部地区以及东南沿海地区。 3. 与都市区内区县形成了良好的互动关系，但未与对其影响较大的大渡口区、渝北区形成较好的互动关系
南岸区	江北区、沙坪坝区、九龙坡区	渝北区、渝中区	—	—	1. 南岸区接受投资范围集中在都市区内，与涪陵区有着空间上跳跃式的联系。 2. 南岸区对外投资范围较广，除都市区内，市外主要集中四川省，其他省份呈零星分布。 3. 与都市区内区县形成了良好的互动关系，但未与对其影响较大的渝北区、渝中区形成较好的互动关系
长寿区	—	渝中区、渝北区、江北区、沙坪坝区、涪陵区	大渡口区、九龙坡区、巴南区	—	1. 长寿区接受投资范围集中在都市区内。 2. 长寿区对外投资范围也集中在都市区内。 3. 与其他区县未形成明显的互动关系
合川区	—	渝中区、江北区、渝北区	—	—	1. 合川区接受投资范围集中在都市区中心城市。 2. 合川区对外投资范围较为分散，规律性较差。 3. 与其他区县未形成明显的互动关系

2）辐射型区县

辐射型区县辐射影响范围大都超越了重庆市域范围，在外省区域有着广泛的投资，且各区县均对四川省进行了较为深入的投资，四川省成为了该类型区县对外投资的首选地之一。同时，从区县辐射强度来看，江北区、渝北区辐射能力较强，涪陵区、大足区辐射能力相对较弱；且除大足区外，均存在与其具有良好互动关系的区县或省市（表5-27）。

辐射型区县辐射力与吸引力特征分析　　　　　　　　　　　　　表5-27

区县名称	互动关系地区	吸引力大于辐射力地区	辐射力大于吸引力地区	纯辐射地区	特征分析
江北区	渝北区、大渡口区、北京市	渝中区、九龙坡区	大渡口区、巴南区、长寿区、合川区、梁平区	四川省、北京市、贵州省、广东省、江苏省、云南省、湖北省	1. 江北区接受投资范围较广，突破都市区范围，涉及北京市等地区。发展突破空间限制，投资环境较好。 2. 江北区对外投资范围较广，都市区内区县有密集分布，在渝东北与渝东南地区除梁平县外，有较为均匀的低密度分布，市外涉及全国多个省份，主要集中在周边省市、东南沿海等地区。 3. 与都市区内区县形成了良好的互动关系；其中与毗邻的渝北区、大渡口区和市外的北京市互动关系良好，但与渝中区、九龙坡区以接受投资为主，未对其有着等量的投资回报

续表

区县名称	互动关系地区	吸引力大于辐射力地区	辐射力大于吸引力地区	纯辐射地区	特征分析
渝北区	渝中区、大渡口区、江北区、沙坪坝区	北京市、渝北区	九龙坡区、南岸区、长寿区、合川区	—	1. 渝北区接受投资范围较广，突破都市区范围，涉及北京市、陕西省等地区。发展突破空间限制，投资环境较好。 2. 渝北区对外投资范围较广，都市区内有较为均匀的分布，市外涉及全国多个省份，主要集中在周边省市、东南沿海、西北以及中部等地区。 3. 与都市区内区县形成了良好的互动关系；其中与九龙坡区、南岸区、长寿区、合川区以及渝东北、渝东南区县均以投出占主导，并未形成良性的投资互动，对于省外区域，除北京市外，对其他省份均以投出为主
涪陵区	沙坪坝区、南岸区	渝中区、渝北区	四川省	—	1. 涪陵区接受投资范围集中在都市功能核心区与都市功能拓展区区县，对市外地区投资较少。 2. 涪陵区对外投资范围较广，除都市功能核心区与都市功能拓展区区县，市外集中在四川省。 3. 与都市区内区县形成了良好的互动关系，但受渝中区、渝北区的投资控制较为严重，市外与四川省产生了强联系关系，但是以涪陵区的对外投资占主导
大足区	—	渝中区、渝北区、永川区	沙坪坝区、北碚区、南岸区	四川省、河南省、山东省	1. 大足区接受投资范围主要在都市区内。 2. 大足区对外投资范围主要集中在都市区内，市外分布较少，涉及四川省、河南省和山东省。 3. 与都市区内区县未形成良好的互动关系；与大多数区县只存在单边联系，且渝中区的投资控制较为严重

3）受限型区县

以五大功能区进行的空间划分，辐射力受限型区县中20%的区县来自都市功能拓展区，80%来自城市发展新区。从区县辐射强度来看，巴南区辐射吸引力相对较大，并与其他区县存在较好的互动关系；其余区县辐射吸引力较弱，辐射、吸引的范围也仅限于都市区内，属于内生型区县，城市网络发展最不完善（表5-28）。

受限型区县辐射力与吸引力特征分析　　　　　　　　　　　　表5-28

区县名称	互动关系地区	吸引力大于辐射力地区	辐射力大于吸引力地区	纯辐射地区	特征分析
巴南区	大渡口区、江北区、渝北区、九龙坡区	渝中区、大渡口区、江北区、南岸区	长寿区	—	1. 巴南区接受投资范围主要在都市区内，分布范围较为广阔，投资环境较为优越。 2. 巴南区对外投资范围主要集中在都市区内，分布相对较为分散。 3. 与都市区内区县形成了良好的互动关系；受渝中区辐射影响较为强烈

续表

区县名称	互动关系地区	吸引力大于辐射力地区	辐射力大于吸引力地区	纯辐射地区	特征分析
北碚区	—	渝北区、渝中区、沙坪坝区、大足区	—	—	1.北碚区接受投资范围主要在都市区内。 2.北碚区对外投资较少，其辐射影响力小，可以忽略不计。 3.与都市区内区县未形成良好的互动关系；受渝北区、渝中区、沙坪坝区、大足区的辐射影响较大
江津区	—	渝中区	—	广东省、湖南省	1.江津区接受投资范围主要在都市区内，分布范围较为广阔，投资环境较为优越。 2.江津区对外投资相对较广，除都市区内其他区县，还包括市外东部沿海和周边省市。 3.与都市区内区县形成了良好的互动关系；受渝中区的辐射影响较大
永川区	—	渝中区、渝北区	合川区、璧山区	—	1.永川区接受投资范围主要在都市核心区与都市功能拓展区区县。 2.永川区对外投资集中在都市区内，分布范围较广，但较为分散。 3.与都市区内区县未形成良好的互动关系；受渝中区、渝北区辐射影响较大，对合川区、璧山区辐射影响较大
南川区	—	渝中区、江北区	—	—	1.南川区接受投资范围主要在都市区内。 2.南川区对外投资较少，主要分布在涪陵区。 3.与都市区内区县未形成良好的互动关系；受渝中区、江北区辐射影响较大，自身对外辐射能力较弱，可忽略不计
綦江区	—	渝中区、江北区、长寿区	—	—	1.綦江区接受投资范围主要在都市区内。 2.綦江区对外投资只分布于长寿区。 3.与都市区内区县未形成良好的互动关系；受渝中区、江北区、长寿区辐射影响较强；自身对外辐射能力较弱
万盛区	—	渝中区、江北区、渝北区、黔江区	—	—	1.万盛区接受投资范围主要在都市区和渝东南区县。 2.万盛区对外投资只分布于渝中区。 3.与都市区内区县未形成良好的互动关系；受渝中区、江北区、渝北区、黔江区的辐射影响较强
铜梁区	—	渝中区、江北区、九龙坡区、渝北区	—	—	1.万盛区接受投资范围主要在都市核心区区县。 2.万盛区无对外投资。 3.与都市区内区县未形成良好的互动关系；受渝中区、江北区、九龙坡区、渝北区等都市核心区区县的辐射影响
潼南区	—	渝中区、江北区、九龙坡区	—	—	1.潼南区接受投资范围主要都市区内。 2.潼南区对外投资较少，主要分布在九龙坡区。 3.与都市区内区县未形成良好的互动关系；受到渝中区、江北区、九龙坡区等区县辐射影响，对九龙坡区有较弱的辐射
荣昌区	—	渝中区、江北区、渝北区、永川区	—	—	1.荣昌区接受投资范围主要在都市区内。 2.荣昌区无对外投资。 3.与都市区内区县未形成良好的互动关系；受到渝中区、江北区、渝北区及永川区的辐射影响

5.4.3 网络发展对策与建议

1. 因地制宜地推进都市区各节点网络职能建设

1）区域网络控制中心与区域网络核心媒介枢纽——增强扩散和辐射

对于渝中区、渝北区、江北区、九龙坡区等都市区空间格局网络控制中心以及核心媒介枢纽，应当加速其功能的疏解，加强区域互动网络的建设。一方面能够有效地化解"规模不经济"的城市发展，另一方面通过网络互动的建设有利于都市区整体机能的发挥。

2）网络次级节点——实现可持续发展

对于巴南区、南岸区、涪陵区、江津区、长寿区等都市区空间格局网络次级节点，在现状的发展机理上呈现出向上关联的产业发展特征，在交通网络中往往是局部区域交通节点。对于该类节点不能一味地做大做强，根据其空间位置进行分类的增长。对于巴南区、南岸区等都市功能核心区、都市功能拓展区区县，因为该区域区域网络控制中心过于集中，应当加强对于次级区域的带动关系；对于涪陵区、江津区、长寿区等城市发展新区区县，应当加强其实力的增长，进行区域网络控制中心的培育，一方面可以对都市核心区的功能进行疏解，另一方面能够成为都市区与渝东北、渝东南联系的枢纽。

3）区域潜力节点、网络薄弱点——挖掘市场潜力，弥补短板

对于合川区、大足区、北碚区、万盛区、荣昌区等区域潜力节点以及南川区、永川区、綦江区、铜梁区、潼南区、荣昌区、璧山区等网络薄弱点，应当着力于次级节点的培育，但并非每个节点均匀、同时发展。一方面应当根据企业自身产业结构特征，深度挖掘其市场潜力，扭转产业竞争上的劣势，另一方面应当以产业为依托加强城市与外界的联系，提高经济发展的附加值。同时，应当依托信息网络的联系来弥补交通发展条件的短板。

2. 从局部网络培育出发，稳步推进空间格局网络化建设

鉴于现状重庆都市区空间格局网络"核心—边缘"结构突出，在空间格局网络上各区县节点差异较为明显，因此在都市区空间格局网络化发展的规划上不能采取全面铺开的方式，应当以现状中的渝中区、大渡口区、江北区、沙坪坝区、九龙坡区、南岸区、渝北区、巴南区、涪陵区、长寿区、江津区构成较为成熟的空间格局网络为出发点，稳步地推进都市区整体网络空间格局的建设。尤其要加强合川区、大足区、北碚区、万盛区、荣昌区等潜力型节点的培育与发展，并疏解渝中区、江北区等都市核心区城市节点的功能，以此构建重点突出、较为均衡的都市区空间格局网络，实现都市区整体机能的最大化以及都市区的可持续性发展。

3. 在市域层面采取"点轴"模式，重点进行媒介城市建设

针对都市区与渝东南、渝东北地区分异现象明显，导致都市区外部效应受限的问题，应采取重点突出、稳步推进的方式。在重庆都市区内部，重点加强长寿区、涪陵区、南

川区等都市区门户区县媒介作用的培育，作为沟通都市区与渝东南、渝东北地区的"桥梁"，在重庆市域整体的空间格局上以沿重要交通走廊的多次级节点的"点—轴"发展模式为主，逐步进行区域网络化建设，并且加强铜梁区、巫溪县、石柱县、丰都县、开州区、奉节县等区县的次级节点培育，及梁平区、开州区、丰都县等区县媒介作用的培育。

5.5　本章小结

重庆地处西南山地，都市区发展相较国内东部发达城市差异明显。本章通过分析重庆都市区空间格局演化特征，提取企业、交通因素作为都市区空间格局发展的关键动力，构建了基于企业联系与交通联系的重庆都市区网络模型，从内部结构和外部效应两方面，提出重庆都市区空间格局网络发展的对策及建议。

主要结论包括以下三个方面：第一，采用社会网络分析方法与原理，对重庆都市区的构成要素进行了"点"和"线"语义的转换，构建了基于企业联系与交通联系的重庆市域空间格局网络模型；第二，通过对网络内部结构与外部效应的分析，总结都市区"核心—边缘"结构突出、次级节点缺乏、都市区"极化"特征明显等发展问题；第三，提出重庆都市区空间格局网络发展的对策与建议。根据都市区各组成区县的网络特征，因地制宜地推进都市区各节点网络职能建设；从局部网络培育出发，稳步推进空间格局网络化建设；在市域层面采取"点轴"模式，重点进行媒介城市建设。

第6章　研究展望

本书建立城乡规划和复杂系统理论的交叉研究，借鉴社会网络分析原理和方法，审视城乡建设发展，从社区、城镇和区域等三个不同的空间尺度开展实证研究，探索城乡结构的网络化特征和发展趋势。研究工作在历史地区保护更新、医疗卫生设施规划、应急避难场所灾后重建和都市区空间发展策略等问题方面提出了一些科学建议，也存在一些局限和不足。

6.1　研究的几点思考

6.1.1　对地域城乡建设现实的问题关注

1. 西南地域城乡建设的现实问题

西南地域是我国山地主要分布区域之一，总面积约 250 万 km^2，常住人口约 1.93 亿，城镇化率约 50%，分布了川、渝、黔、贵等行政辖区。

国家城镇化的推进，使西南地域呈现出人地矛盾突出、自然灾害频仍、城镇形态变化多样、城市建设技术难度大等发展特点。相比东南沿海和平原地区，还展现出经济社会发展水平相对落后，城镇化起步晚、水平低，原有社会发展方式和文化形态受城镇化和全球化冲击更为强烈，集中涌现生态环境保护、工程技术创新、社会群体利益协调以及传统历史文化传承等诸多现实问题。原因有方方面面。一般认为，城镇化整体上是由经济社会与地理环境两种力量不断交织发展的结果 ❶。英国地理学家麦金德（Halford Mackinder）甚至认为地理环境是关键性的决定因素。就此而论，西南地域复杂的山地建设条件和敏感的自然生态本底，具有明显的"地形阻隔"作用，使得城镇空间形态的发展多以带形、星形、环状或组团布局等技术方式推进，乡村地区则主要呈现"大分散、小聚居"模式，是西南地域城镇化诸多现实问题的根本原因之一。

这种分散式的空间形态格局和发展模式具有比较强的复杂地形适应能力，对地形的

---

❶　从历史上看，世界范围内的城镇化进程似乎是一夜之间完成的。1850 年前只有不到 10 万人生活在城市，占当时总人口的 2% 不到；19 世纪城镇化起步，到 20 世纪末已经有超过一半的世界人口生活在城市中。不过 Peter Hall 也指出城市化有四个限定性发展要素：从制造业转向服务业、作为经济基本要素的信息运用、指令控制功能和生产在空间上的分离以及通过制造业和信息的创新使经济保持活力等。详 Peter Hall. The Global City [J].International Social Science Journal，1996，48（1）：15-24. 一旦一个地区满足了以上四个条件，城镇化进程就会停止。Kinsley Davis 甚至预言 2100 年全球城镇化就将趋于停滞。

改造强度小，有利于维护地域自然生态环境，并且，能较好地与西南地域传统上小规模、分散式的产业格局形成比较好的空间匹配关系，也因此使得城镇风貌具备浓郁的地方特色和鲜活的生活气息，是因地制宜的典范。但也需要指出，西南地域城乡建设的分散型格局客观上形成的功能封闭性、结构离散型和空间碎片化格局，也是显而易见的，与居民为满足日常生活而产生的功能场所和服务设施连续性需求，特别是在就医、上学、防灾避难等城乡空间公共产品和公共服务等方面的连续性需求，存在着较大的矛盾。尤其，当城镇化被理解为一个"空间整理"过程，目的是将传统的"一种生活方式"转化为更有效率的城乡空间生产和消费方式，也就不难理解，西南复杂山地和生态本底及其"地形阻隔"效应，给地域城镇化带来的不仅仅是单纯的技术问题，还伴生大量复杂的社会经济问题。事实表明，这个矛盾不仅存在于城乡居民的日常生活中，也体现在空间形态的不同尺度。矛盾的影响范围和激烈程度，已经成为制约地域社会经济持续稳定发展的瓶颈。

2. 从系统角度求解地域现实问题

解决空间形态及服务设施的碎片化格局和居民日常生活的连续性服务需求之间的矛盾，大体有两种思路。一是强化城乡建设的个体要素，增量发展。二是强化城乡建设要素之间的相互协同，存量优化，两种思路各有自身的适应性和局限性，面对具体的地域现实问题需要具体分析，难以一概而论。西南地域总体上仍然处在城镇化的快速发展时期，无论是城镇数量的增长、城镇建设用地规模的扩张，还是公共服务设施的服务扩容，都是一个必然过程，但也比较容易受到"地形阻隔"的生态边界、技术瓶颈和资金条件等多方面约束。因而，面对西南地域城乡建设的现实问题，从系统的角度挖掘城乡建设要素之间的相互作用和联系，研究"地形阻隔"条件下区域城镇空间结构、城镇公共服务设施体系乃至街区空间形态等各自系统的差异、协同和共享规律，推进不同空间尺度和不同城乡建设要素的存量优化研究，是西南地域城乡建设发展必须解决的科技课题。

在理解上述问题的基础上，本书将西南地域城乡建设中的诸多现实情况和复杂网络理论结合起来，尝试对历史街区、城镇公共服务设施以及区域城镇空间结构的碎片化问题展开交叉研究。在社区空间尺度上，通过历史街区社会网络的挖掘和研究，提出了"三区划定"、空间格局保护、建构筑物分类修缮等设计构想，希望为历史文化空间形态的微观构建和保护利用问题提供科学参考。在城镇空间尺度上，选择西南地域规划建设问题比较突出的医疗卫生和防灾避难两种公共服务设施作为研究对象，挖掘各自的相互作用和关联，从选址布局、体系构建、层级和类型配置等角度提出一些规划思考，探索在公共服务设施总量缓慢提升制约条件下，存量设施的协同共享配置问题。在区域空间尺度上，梳理国内外都市区的发展过程，通过重庆的实证分析，发现了重庆都市区在空间形态上的空间分异特征、"核心—边缘"结构形态、内生型发展模式等一系列发展趋势，构建了区域城镇空间结构为提高协同共享能力而可能需要的一系列规划举措，如推进网络节点城镇的角色定位，培育相对稳定的局部网络，以及要特别注重发挥某些节点城镇的媒介作用。

6.1.2　对城乡规划网络研究的方法探索

1. 提出城乡空间物质要素网络模型的构建方法

从复杂系统的角度，用社会网络模型分析原理和方法研究不同尺度和类型城乡空间形态物质系统的差异、协同和共享规律，找到这些物质系统各自的相互作用或关系，然后建立对应的复杂网络模型，是至关重要的工作。不同的城乡空间物质形态或服务设施，存在不同的相互作用或关系，也有不同的功能和价值。站在城乡规划学科领域，找到那些具有规划设计价值和工程指导意义的相互作用和关系，是网络模型构建的前置条件。其次，社会网络分析方法有"多模"、"多值"等不同建模方法，应根据研究对象的具体情况和数据特点予以灵活选用或改造，否则会直接影响模型能否得以建立。最后，这些相互作用或关系数据的收集途径、获取方式以及加工为基础数据的技术方法，也是网络模型构建中需要注意的问题。基础数据缺少客观性，或者过度加工，掺杂大量主观判断而失去客观性，会影响网络模型最终的计算结果和推论质量。

本书在历史街区研究中，针对历史街区保护利用过程中"重物轻人"的现象，选取了居民的地缘关系来构建复杂网络模型。在城镇医疗卫生设施研究中，通过对当前医疗卫生设施建设发展阶段的判断分析，选用了竞争和合作关系中的后者，并进一步细化了合作关系的成分，使其尽量接近客观事实。以上研究采用的都是"1-模"建模方法，即只用一种类型的行动实体之间的相互作用和关系来建模。在城镇防灾避难设施研究中，根据防灾避难的行为模式，选用了防灾避难点和居住区之间的交通可达关系来构建网络模型。这一研究方案涉及防灾避难点和居住区两种类型的行动实体，因而采用了社会网络模型中的"2-模"建模方法。在都市区空间结构研究中，可供选择的空间结构相互作用和关系比较复杂。根据重庆都市区的实际发展情况，最后选择的是企业关系和交通关系，并分别针对企业关系和交通关系采用"1-模"方法予以建模。

2. 建立具有规划设计工程价值的测试指标体系

社会网络分析方法发源于计量社会学，原初的研究对象是社会行动者及其社会关系，网络模型计算和测量指标的指向性和针对性都非常明确。尽管这一方法后来逐步扩展到社会实体乃至非社会实体及其相互作用和关系研究对象，网络模型测试指标都作了共性化的改良和调试，但针对城乡空间物质要素这个新的研究对象是否具有适应性，网络模型测试指标能否具备规划设计工程价值而非仅仅只是数学意义，仍然是交叉研究需要验证和解决的技术问题。

本书对这一问题作了两个层面的探索。首先，对社会网络分析方法原有的网络模型测试指标体系进行了语义的逻辑转换。在历史街区社会网络和都市区空间结构研究中，将传统上旨在进行网络拓扑结构分析的测试指标，进行了规划设计工程价值和意义的挖掘。将网络密度、完备度、网络切点、边关联分析、度值分析、子群分析和洞桥分析等测试指标在网络拓扑结构分析上的基本含义，逻辑转换为网络结构分析的稳定性、脆弱性和均衡性问题，进行了测试指标的语义在规划设计领域的适应性探索。其次，以此为基础，对网络模型测试指标体系进行了架构的重新组织。传统的测试指标在体系架构上较为散乱，这与不同测试指标是在不同的历史时期逐步形成的有关。本书在城镇公共服务设施网络模型研究中，尝试对测试指标体系进行以工程问题为导向的架构整合。针对城乡复杂网络模型的基本特点，建立了整体、局部和个体不同尺度的测试指标架构，使测试指标体系能更加清晰地反映城乡复杂网络的构成规律，从而发现问题和提出对策。

3. 探索城乡空间物质形态设计的反馈路径

通过挖掘城乡空间物质要素的相互作用和关系，进行网络模型的可视化和定量化研究，为进一步完善、优化和建构协同共享程度更高的城乡空间形态设计提供科学依据，反馈路径可以概括为"两个领域、三个尺度"。两个领域分别是网络本身的控制和空间物质形态的规划设计，三个尺度分别是指网络控制的宏观结构、中观子群、微观节点及连线，以及对应的城乡空间形态。

本书对历史地区的策略研究分别从两个领域展开。针对社会网络自身的控制策略，提出了加强稳定性、降低脆弱性和维护均衡性等三个方面的策略。并以此为依据，提出历史地区规划设计的基本策略，包括"三区"划定、空间格局保护、建构筑物分类保护更新、基础设施和公共服务设施规划、分期实施方案等。在对公共服务设施的研究中，同样从两个领域分别展开。以医疗卫生设施为例，针对网络自身的控制，从宏观的整体网络、中观的局部网络以及微观的个体设施节点等三个尺度提出相关策略，以此为客观依据，构建了医疗卫生设施的规划设计策略，包括医联体构建的规模测定和空间范围策略，以及医疗卫生设施个体的选址布局、层级划分、个体配置原理和方法。

6.1.3　对城乡复杂系统科学的理论认识

经过40年的快速城镇化进程，城乡建设实践取得举世成就，理论认识也在不断发展深化。这是城乡规划学取得巨大进步的根本动力。2011年，城乡规划学成长为一门新的国家一级学科，表明过去一段时间里城乡规划学的科技进步和社会服务能力获得了广泛的认可，也意味着学科的理论与实践需要进一步往前推进。本书研究也深刻认识到，城乡规划的理论和实践研究工作在研究对象、知识体系以及技术方法等方面的科学化进程，是不应忽视和难以回避的发展阶段。

1. 构建科学问题统领交叉研究

城乡规划学脱胎于工程类"建筑学",传统上属于工学学科。在历史发展中形成了相对稳定的研究范畴,建立了以城乡物质空间规划回应地域发展矛盾这样一个逻辑完整的理论基本问题。但国家城镇化进程所展现的综合性矛盾与需要运用的解决方法,显然已经超出这一范畴,需要新的知识体系予以应对。这也是城乡规划学不断与其他相关学科深入交叉的主要原因。但不同学科有各自的研究范式,交叉研究工作容易形成不同学科在研究对象、知识体系或技术方法等方面各自为政、难以协调甚至彼此矛盾的局面。凝练科学问题,统领交叉研究,对推进城乡规划理论发展和实践创新是十分必要和迫切的工作。

本书针对这一现象,建立了"城乡复杂系统的复杂网络模型"关键科学问题,统领城乡规划和复杂网络理论的交叉研究,从理论层面研究城乡复杂系统的基本规律,在技术层面推进城乡复杂网络模型与分析的方法创新,在实践层面结合规划设计案例进行工程验证和反馈。

2. 建立"相互联系"的研究视野

城乡是一个开放演化、具有适应性和协同性的复杂网络系统。城乡规划理论对此早有认识,不过早期的一些研究成果,大多偏重于系统内部各因子本身的属性研究,而缺少因子之间的相互作用和关系问题研究。根源上,还是受"还原论"科学思维影响。随着当代科学研究逐步从"还原论"走向整体论和系统论,各种事实越来越清晰地表明,事物总是相互联系的。研究各种空间形态要素"如何组合"为一个聚落、一个街区、一个城镇乃至一片城镇群,越来越成为城乡规划理论研究的焦点问题。

建立相互联系的研究视野,不受城镇化发展阶段的约束。城乡建设无论是增量发展、存量优化还是量质并重,目前大多还是站在城乡复杂系统的个体角度,对城乡空间物质环境或设施的个体进行刻画和分析。过去的城镇化经验表明,之所以出现城镇化地区之间的发展不平衡、一个区域内部的城乡差距不断加大、一个城镇内部的空间分异不断极化,理论上不重视把城乡物质环境作为一个相互联系的完整系统加以研究,忽视整体系统为何大于局部之和的基本规律问题研究,是一个重要原因。面对国家城镇化进入新的历史发展时期,建立相互联系的研究视野,把城乡空间物质形态之间的相互作用和关系纳入理论研究工作中,是城乡规划研究对象的创新,更是理论研究疆域的拓展。不仅关注这些相互作用和关系的增量发展,也关注它们的存量优化,对把握城乡建设发展的客观规律,是有益的尝试和探索,也是一个全新课题。

3. 以技术方法创新为实施路径

近代以来学科发展和转型的重要方式之一,就是在研究对象自身的客观性和规律性不强,科学问题尚不明朗的前提下,通过研究方法的创新突破,推动学科理论与技术体系的科学化进程。城乡规划学是科学和人文、技术和艺术、自然和工程彼此交融的综合性学科,偏执任何一端来推进学科的理论认识和技术进步,都容易陷入主观臆断之中。但面对地域具体问题,拨开人文和艺术的面纱,努力提高技术方法的共性化和科学水平,不断挖掘城乡建设中的理性成分和普遍规律,也是学科发展必然要经历的阶段。

传统上,城乡规划理论与实践的核心技术方法是空间形态学分析。它脱胎于生物学科的形态学方法,在发展过程中针对城乡空间物质环境的不同属性,一方面不断吸收心理学、社会学、美学乃至艺术学的基本原理,发展出城市意象理论、图地关系理论、城市联系理论等,解决空间秩序、节奏、肌理等人文和美学设计问题;另一方面,空间形态学分析方法也非常注重吸收地理学、生态学、图形几何学、信息学乃至数学等科学技术方法的养分,不断提升自己对城乡空间科技问题的分析和解决能力,比如借助 GIS 分析平台发展出针对空间连续面信息的分析和处理方法,和数学等研究工具结合而建立的各种城市增长模型,以及在大数据等新的信息工具基础上不断推陈出新的大量"智慧"规划方法等,均显示出空间形态学分析方法强大的生命力。

开展城乡复杂系统科学研究,空间形态学分析方法仍然是基础研究工具之一。空间形态学分析方法有能力挖掘城乡空间物质要素或设施个体之间大量的空间关系和相互作用。本书对城镇防灾避难网络的研究,选用防灾避难点与居住区之间的交通可达性关系作为研究对象和建模数据,就是利用了这一点。除此之外,城乡空间物质要素或设施的关系问题研究,与以往个体研究相比,在研究对象、研究内容、基础数据特点或收集途径等方方面面,都截然不同。与其他新的研究方法创新融合,是无法跳过的一个技术环节。

6.2 研究局限与展望

6.2.1 研究局限

本书的研究局限有以下三个方面:

对城乡复杂系统内各要素相互作用和关系的理解不清晰,是本书研究的第一个科技局限。由于研究视野的转变,研究对象从城乡空间形态个体转移到个体之间的相互作用和关系。一个城乡复杂系统内部有哪些相互作用和关系,选择哪些作为研究对象,既是研究创新点,也是核心难点。从本书已经完成的相关研究来看,这些工作还有大量缺陷。历史地区研究只选取了代表性较强的一种地缘关系作为社会关系;医疗卫生设施研究选择了协作而放弃了竞争关系,在协作关系里也只选择了典型的几种,经过简单加权后用于建模;防灾避难设施研究则选择了居住区与应急避难场所之间的可达性关系进行网络构建与研究;重庆都市区空间结构发展趋势研究需要的关系因子应该更多更复杂,此次仅选取了企业联系与交通联系两个相互作用和关系,对都市区空间格局发展的影响要素并未进行全面的研究。整体而言，研究对象相互作用和关系的选择较为单一，在一定程度上影响了根据网络模型计算结果得到的推论，是本书研究的主要局限。

这个问题也影响到了基础数据的收集和加工。研究相互作用和关系所需要的基础数据必须从传统的个体属性数据转变为个体之间的关系数据。与属性数据不同，关系数据一般不在政府及相关部门或单位的统计范围之内，主要依靠自身收集。受制于人力和技术能力，无法获得更大的样本量和数据量。比如，历史地区的社会网络研究仅选取了重庆市 28 个历史文化名镇中的 8 个镇作为样本；医疗卫生设施仅选择了重庆市的渝中区、大渡口区和沙坪坝区等样本；防灾避难设施研究仅选择了四川芦山县城作为样本。在一定程度上影响了实证研究结论的客观性。

另外，网络具有动态性和开放性，所构建的网络都是以封闭网络为假设前提，对其背后的成因及变化规律也缺少系统的分析，未考虑网络的外部关联。考虑网络的动态性和扩张性特征，对同一区域进行纵向、不同时段的分析，了解网络结构的发展过程，以及网络边界的研究，都是后续需要进一步加强的。

6.2.2　研究展望

还原论和系统论相结合的复杂性科学不断兴起，城乡规划学科也越来越认识到，从整体上研究城乡复杂系统、揭示网络结构特征、发现城市空间形态发展基本规律的重要性。迅猛发展的互联网技术和计算设备，为收集和处理规模巨大、不同种类的城乡实际网络数据提供了物质条件和创新能力，进一步促进城乡规划及相关学科的交叉融贯，从不同角度分析、研究和比较各种不同类型的网络数据，揭示复杂网络的共性。展望未来，有如下一些问题值得我们持续关注。

1. 用复杂网络刻画城乡复杂系统

前人已经揭示和理解了城乡复杂系统的大部分因素和各自的发展规律。把这些已知的认识综合起来，更加整体、精确和完全地描述城乡复杂系统，从科学的角度，至少运用数学模型抓住城乡复杂系统整体的关键性质，是城乡规划复杂网络交叉研究的关键问题。解决这一问题至少涉及三个方面的工作。深入理解城乡复杂系统的构成机理，从理论上探索城乡复杂动态网络的数学或物理模型，建立精确的理论框架。其次，根据城乡空间形态或设施的基本类型，探索运用机理建模、数据建模或实际系统的复杂网络正向与逆向建模方法，构造出符合城乡规划实际要求和工程应用的城乡复杂网络模型。最后，通过城乡复杂网络模型的统计计算分析，探明城乡复杂网络的同步性、鲁棒性或稳定性等基本性质与城乡复杂系统结构之间的关系。

2. 揭示城乡复杂网络模型的动力学规律

揭示城镇化和城乡建设的动态发展规律，具有十分重要的学术意义和现实指导作用，是城乡规划理论和实践研究的核心科技任务。在复杂系统研究领域，挖掘复杂网络模型的统计分布规律和非统计规律，研究复杂网络中动力学过程的非线性动态特征、时空复杂性及其主要表现形式，构建复杂网络信息传播、网络演化以及网络混沌等动力学机制，近年来也取得了长足的进步。将城镇化进程动态发展规律研究和复杂网络模型动力学机制研究结合起来，从整体上把握国家城镇化的发展阶段和整体动态，分析城镇化的发展趋势和应对策略，是交叉研究未来需要着重关注的主要研究方向之一。

3. 城乡复杂网络分析方法的有效性验证和应用

复杂动态网络研究不仅是普遍规律的理论发展，也能通过复杂网络关键节点、关键联结和关键子图等相关主参数控制，以及控制稳定性和有效性途径的研究，应用于国家实际工程和社会民生等领域的相关复杂系统，提升优化这些复杂系统实践运行的效率和稳定性。这也是复杂网络研究不断探索创新的迫切要求和进一步发展的推动力。城乡规划复杂网络的理论与技术方法研究，同样面临这个实践验证和反馈修正的问题。在哪个领域验证，选择哪些空间尺度进行验证，建立什么样的验证技术路线和评价方式，最终逐步达到可复制、可逆向等科技要求，相关的理论和技术问题都需要我们不断去努力和突破。

附　录

附表 2-A：北碚区偏岩镇社会关系表达

居民户编号	存在关系户数编号	居民户编号	存在关系户数编号
1	2, 3, 4, 5, 8, 13, 14, 47, 48, 52, 53	19	16, 18, 20, 21, 22, 51, 52, 53, 54
2	1, 3, 4, 5, 6, 7, 8, 13, 14, 15, 16, 18, 24, 26, 47, 51, 52, 53	20	18, 19, 21, 22, 52, 53, 54
3	1, 2, 4, 5, 6, 7, 13, 14, 47, 53	21	17, 18, 19, 20, 22, 52, 53
4	1, 2, 3, 5, 8, 13, 14, 47, 53	22	14, 19, 20, 21, 23, 24, 42, 51, 52, 53, 54, 57, 58, 62, 63, 65
5	1, 2, 3, 4, 6, 7, 8, 13, 14, 47, 53	23	18, 22, 24, 26, 53, 54, 55, 56, 57, 58
6	2, 3, 5, 7, 13, 14, 47, 53	24	2, 22, 23, 25, 26, 27, 28, 29, 30, 53, 54, 55, 56, 57, 58, 59
7	2, 3, 5, 6, 13, 14, 47, 53	25	24, 26, 27, 53
8	1, 2, 4, 5, 9, 10, 11, 12, 13, 14, 47, 53	26	2, 23, 24, 25, 27, 28, 29, 30, 53, 54, 55, 56, 57, 58, 59, 60, 61, 62
9	8, 10, 11, 12, 13, 14, 47, 53	27	24, 25, 26, 28, 29, 30, 53
10	8, 9, 11, 12, 13, 14, 47, 53	28	24, 26, 27, 29, 30, 53
11	8, 9, 10, 12, 13, 14, 47, 53	29	24, 26, 27, 28, 30, 53, 57, 58, 59, 60, 61, 62
12	8, 9, 10, 11, 13, 14, 47, 53	30	24, 26, 27, 28, 29, 53, 57, 58, 59, 60, 61, 62
13	1, 2, 3, 4, 5, 6, 7, 8, 9, 10, 11, 12, 14, 15, 16, 18, 47, 48, 52, 53	31	33, 53
14	1, 2, 3, 4, 5, 6, 7, 8, 9, 10, 11, 12, 13, 15, 16, 17, 18, 22, 41, 47, 48, 49, 50, 51, 53, 54, 55, 57, 58, 61, 62, 65	32	33, 53
15	2, 13, 14, 16, 17, 18, 47, 48, 49, 50, 51, 52, 53	33	31, 32, 34, 35, 36, 37, 53, 63, 64, 79
16	2, 13, 14, 15, 17, 18, 19, 50, 51, 52, 53	34	33, 37, 38, 53
17	14, 15, 16, 18, 21, 51, 53	35	33, 36, 53
18	2, 13, 14, 15, 16, 17, 19, 20, 21, 23, 51, 53	36	33, 35, 53

居民户编号	存在关系户数编号	居民户编号	存在关系户数编号
37	33, 34, 38, 39, 53, 64, 65, 79	59	24, 26, 29, 30, 51, 53, 55, 56, 57, 58
38	34, 37, 39, 40, 41, 53, 64, 65, 66, 79	60	26, 29, 30, 53, 58, 59
39	37, 38, 40, 41, 53, 65, 66, 67	61	14, 26, 29, 30, 53, 58, 59, 60
40	38, 39, 41, 42, 53, 67, 68	62	14, 22, 24, 26, 29, 30, 41, 51, 53, 54, 55, 57, 58, 59, 60, 61
41	14, 22, 38, 39, 40, 44, 51, 53, 54, 55, 57, 58, 62, 63, 65, 66, 67, 68	63	22, 24, 31, 33, 41, 51, 53, 54, 55, 57, 58, 59, 60, 61, 62
42	40, 43, 44, 53, 67, 68, 69, 70	64	33, 37, 38, 53, 63
43	42, 44, 53, 68, 69, 70	65	14, 22, 37, 38, 39, 41, 51, 53, 54, 55, 57, 58, 62, 63, 64
44	41, 42, 43, 45, 46, 53, 69, 70, 71, 72	66	38, 39, 41, 53, 64, 65
45	44, 46, 53, 70, 71, 72, 73	67	39, 40, 41, 42, 53, 66
46	44, 45, 53, 72, 73	68	40, 41, 42, 43, 53, 66, 67
47	1, 2, 3, 4, 5, 6, 7, 8, 9, 10, 11, 12, 13, 14, 15, 48, 53	69	42, 43, 44, 53, 67, 68
48	1, 13, 14, 15, 47, 49, 50, 51, 53	70	42, 43, 44, 45, 53, 67, 68, 69
49	14, 15, 48, 50, 51, 52, 53	71	44, 45, 53, 69, 70
50	14, 15, 16, 48, 49, 51, 52, 53	72	44, 45, 46, 53, 70, 71
51	2, 14, 15, 16, 17, 18, 19, 41, 48, 49, 50, 52, 53, 54, 55, 58, 59, 62, 63, 65	73	45, 46, 53, 70, 71, 72
52	1, 2, 12, 13, 15, 16, 18, 19, 20, 21, 22, 49, 50, 51, 53, 54, 55	74	53
53	1, 2, 3, 4, 5, 6, 7, 8, 9, 10, 11, 12, 13, 14, 15, 16, 17, 18, 19, 20, 21, 22, 23, 24, 25, 26, 27, 28, 29, 30, 31, 32, 33, 34, 35, 36, 37, 38, 39 ~ 79	75	53, 74
54	14, 19, 20, 22, 23, 24, 26, 41, 51, 52, 53, 55, 56, 57, 58, 62, 63, 65,	76	53, 74, 75
55	14, 22, 23, 24, 26, 41, 51, 52, 53, 54, 56, 57, 58, 59, 62, 63, 65	77	53, 75, 76
56	23, 24, 26, 53, 54, 55, 57, 58, 59	78	53, 77
57	14, 22, 23, 24, 26, 29, 30, 41, 53, 54, 55, 56	79	24, 33, 37, 38, 53, 59, 60, 61, 62, 63, 64, 65
58	14, 22, 23, 24, 26, 29, 30, 41, 51, 53, 54, 55, 56, 57		

附表 2-B：重庆历史地区社会关系调查问卷

您好！希望您能完成以下调查问卷。谢谢配合！

1. 请问您的姓名？

2. 请问您在该街区的街道地址编号？

3. 请问您家一共有几口人？

4. 请问您在该街区居住了多少年？

5. 请问您在该街区担任的职务是：

    A. 普通居民   B. 商店老板   C. 餐饮店老板   D. 担任街道某干部

6. 请问您在该街区与哪些邻居或同乡认识超过 10 年？

    他们的姓名分别是：

7. 请问您觉得该街区居民之间的关系是否融洽？

    A. 是   B. 否

非常感谢！

附表 3-A: 重庆主城区主要医疗卫生机构统计表（1892 ～ 1949 年）

机构数 ＼ 年份		1892 年	1910 年	1927 年	1936 年	1939 年	1944 年	1945 年	1947 年	1949 年
机构总数		1	5	20	19	40	54	37	33	85
医院	小计	1	4	11	19	19	21	20	18	30
	公立医院				3	10	12	12	8	20
	私立医院	1	4	11	6	9	9	8	10	10
诊疗所、卫生所				1		13	13	13		39
医社			1	8						
流动医疗队						5	5			
灭鼠工程队						1	1	1		
卫生稽查队						1		1		
健康教育委员会						1	1	1		
中医审查委员会							1			
市清洁总队、区清洁分队							12			
卫生试验所									1	1
牙病防治所									1	1
其他卫生事业机构										14

资料来源：重庆市地方志编纂委员会.重庆市志•卫生志 [M].重庆：重庆出版社，1999：391.

附表 3-B: 近代重庆主城区医疗卫生设施一栏表

序号	名称	序号	名称
1	德国诊所	13	济民医院
2	仁爱堂医院	14	武汉疗养院
3	宽仁医院	15	重庆市传染病医院
4	仁济医院	16	肺病疗养院
5	第五中医院	17	原国立中央医院
6	九尺坎西医治疗所	18	传染病第一分院
7	通远门分院	19	传染病第二分院
8	临江门西医诊所	20	军政步兵公署第五十兵工厂医院
9	平民医院	21	第三人民医院
10	重庆市民医院	22	第二警察总队医院
11	艺林医院	23	重庆医院
12	第一平民医院		

资料来源：重庆市地方志编纂委员会.重庆市志•卫生志 [M].重庆：重庆出版社，1999.

附表 3-C：渝中区医疗卫生设施列表

编号	设施名称	等级	位置
Y1	重庆市渝中区白象街社区卫生服务站	一级	渝中区白象街 58 号
Y2	重庆市渝中区凉亭子社区卫生服务站	一级	渝中区蔡家堡 17 号 2 单元 1-2
Y3	重庆市渝中区七星岗抗建堂社区卫生服务站	一级	渝中区纯阳洞 12 号
Y4	大坪天灯堡社区卫生服务站	一级	渝中区大坪大黄路 23 号
Y5	重庆市渝中区大坪金银湾社区卫生服务站	一级	渝中区大坪金银湾 200 号 -2
Y6	重庆科技学院北校区卫生所	一级	渝中区大坪石油路 1 号
Y7	重庆五一高级技工学校卫生所	一级	渝中区大坪石油路 24 号
Y8	重庆三铃工业股份有限公司医务室	一级	渝中区大坪石油路新影村 48 号
Y9	重庆市渝中区大坪石油路社区卫生服务站	一级	渝中区大坪正街 134 号 -1
Y10	重庆电信职工医院	一级	渝中区大坪支路 19 号
Y11	重庆市渝中区肖家湾社区卫生服务站	一级	渝中区电视塔村 54 号
Y12	渝中区两路口街道国际村社区卫生服务站	一级	渝中区鹅岭正街 168 号
Y13	渝中区区级机关事务管理局卫生所	一级	渝中区管家巷
Y14	上清寺桂花园社区卫生服务站	一级	渝中区桂花园 11 号
Y15	渝中区临华路社区卫生服务站	一级	渝中区捍卫路 32 号
Y16	重庆重汽卡福汽车零部件有限责任公司卫生所	一级	渝中区红岩村 40-3 号
Y17	重庆市渝中区菜园坝社区卫生服务中心	一级	渝中区黄沙溪竹园小区交通街 4-37 号
Y18	重庆市公安局渝中区分局医务室	一级	渝中区较场口 85 号（大元广场三楼）
Y19	重庆日报报业集团卫生所	一级	渝中区解放西路 66 号
Y20	重庆市渝中区解放西路社区卫生服务站	一级	渝中区解放西路 99 号
Y21	解放碑沧白路社区卫生服务站	一级	渝中区九尺坎 51 号
Y22	重庆市渝中区浮图关社区卫生服务站	一级	渝中区九坑子路 36 号
Y23	重庆市渝中区第五人民医院	一级	渝中区李子坝建设新村 2 号
Y24	重庆华仁医院	一级	渝中区临江门 15 号
Y25	重庆市渝中区七星岗枇杷山社区卫生服务站	一级	渝中区七星岗
Y26	重庆市第一公共交通公司卫生所	一级	渝中区人民路 150 号
Y27	上清寺春森路社区卫生服务站	一级	渝中区上清寺学田湾正街 93 号一单元 1-2
Y28	重庆市第九人民医院城南分院	一级	渝中区上清寺双柏树
Y29	渝中区大溪沟街道双钢路社区卫生服务站	一级	渝中区双钢路 1 号住宅八栋底楼
Y30	重庆市运动技术学院卫生所	一级	渝中区体育路 22 号
Y31	重庆市渝中区大井巷社区卫生服务站	一级	渝中区西来寺 31 号
Y32	上清寺学田湾社区卫生服务站	一级	渝中区下罗湾 17 号
Y33	重庆市渝中区第三人民医院朝天门社区卫生服务中心	一级	渝中区新华路 73 号
Y34	重庆市渝中区七星岗兴隆街社区卫生服务站	一级	渝中区兴隆街 100 号
Y35	重庆奥林医院	一级	渝中区袁家岗兴隆湾 148 号

编号	设施名称	等级	位置
Y36	重庆医科大学门诊部	一级	渝中区袁歇路 1 号
Y37	重庆市渝中区第二人民医院	一级	渝中区中山一路 88 号
Y38	重庆市红岭医院	二级	渝中区长江一路 65 号
Y39	重庆长航医院	二级	渝中区大坪正街 162 号
Y40	重庆市邮政医院	二级	渝中区嘉陵桥西村 83 号
Y41	重庆市公安消防总队医院	二级	渝中区民族路 35 号
Y42	重庆市第八人民医院	二级	渝中区人民路 191 号
Y43	重医第一附属医院	三级	渝中区袁家岗友谊路 1 号
Y44	重医第二附属医院	三级	临江路 74、76 号
Y45	重庆市第三人民医院	三级	渝中区枇杷山正街 104 号
Y46	重庆大坪医院	三级	渝中区长江支路 10 号
Y47	中山医院	三级	渝中区中山一路 312 号

附表 3-D：沙坪坝区医疗卫生设施列表

编号	设施名称	等级	位置
S1	重庆市沙坪坝区陈家桥中心医院	一级	沙坪坝区陈家桥镇陈电路 27 号
S2	重庆市沙坪坝区陈家桥桥北社区卫生服务站	一级	沙坪坝区陈家桥镇陈西路 37-2 号
S3	重庆市沙坪坝区陈家桥镇双佛社区卫生服务站	一级	沙坪坝区陈家桥镇玉屏双佛村
S4	昌华西医诊所	一级	沙坪坝区陈家湾渝碚路 99 号
S5	重庆绢纺厂职工卫生所	一级	沙坪坝区磁器口金沙正街 131-9 号
S6	重庆市沙坪坝区第六人民医院	一级	沙坪坝区磁器口正街 48 号
S7	重庆市沙坪坝区覃家岗镇新桥村社区卫生服务站	一级	沙坪坝区凤鸣山 111 号
S8	重庆市沙坪坝区第五人民医院	一级	沙坪坝区歌乐山大土村 86 号
S9	重庆市第三社会福利院医务室	一级	沙坪坝区歌乐山向家湾 35 号
S10	重庆市沙坪坝区沙磁社区卫生服务中心	一级	沙坪坝区和睦村 69 号
S11	重庆市沙坪坝区虎溪镇卫生院	一级	沙坪坝区虎溪镇正街 60 号
S12	沙坪坝区青木关中心医院回龙坝分院	一级	沙坪坝区回龙坝镇和平街 31 号
S13	重庆农药化工集团有限公司卫生所	一级	沙坪坝区井口经济桥 30 号
S14	重庆市沙坪坝区井口医院	一级	沙坪坝区井口经济桥 61 号
S15	重庆市沙坪坝区井口二塘村社区卫生服务站	一级	沙坪坝区井口镇先锋街 104 号
S16	重庆市沙坪坝区天星桥梨树湾社区卫生服务站	一级	沙坪坝区梨树湾工业园 1 号
S17	重庆市公安局防暴巡逻警察总队医务室	一级	沙坪坝区联芳村 14 号
S18	重庆市沙坪坝区联芳园区社区卫生服务站	一级	沙坪坝区联芳园区
S19	四川外语学院医院	一级	沙坪坝区烈士墓
S20	西南政法大学医院	一级	沙坪坝区烈士墓

续表

编号	设施名称	等级	位置
S21	重庆康明斯发动机有限公司医院	一级	沙坪坝区烈士墓壮志路 100 号
S22	重庆市沙坪坝林园医院	一级	沙坪坝区林园甲 1 号
S23	重庆市沙坪坝区青木关镇关口村社区卫生服务站	一级	沙坪坝区青木关镇关口村柿子社
S24	重庆市沙坪坝区青木关中心医院	一级	沙坪坝区青木关镇青北下街 14 号
S25	重庆市沙坪坝区青木关青木湖社区卫生服务站	一级	沙坪坝区青木关镇青东路 20 号
S26	重庆市沙坪坝区沙北街社区卫生服务站	一级	沙坪坝区沙北街 60-6
S27	重庆市沙坪坝区渝碚路街道陈家湾社区卫生服务站	一级	沙坪坝区沙杨路向乐村 89 号附 4-1-5
S28	重庆市沙坪坝区第二人民医院	一级	沙坪坝区沙正街 85 号 -3
S29	重庆电力公司医院	一级	沙坪坝区沙中路 2 号
S30	重庆市沙坪坝区第五人民医院山洞路社区卫生服务站	一级	沙坪坝区山洞路 70 号
S31	重庆工程职业技术学院卫生所	一级	沙坪坝区上桥一村 86 号
S32	重庆市沙坪坝区石井坡和平山社区卫生服务站	一级	沙坪坝区石井坡和平山 280 号
S33	重庆市沙坪坝区詹家溪街道社区服务中心	一级	沙坪坝区双碑街 14 号
S34	重庆师范大学医院对外医疗服务	一级	沙坪坝区天陈路 12 号
S35	建工集团益建实业公司职工医院	一级	沙坪坝区天陈路 2 号
S36	重庆市沙坪坝区天星桥都市花园社区卫生服务站	一级	沙坪坝区天星桥都市花园西路 9-40 号
S37	重庆市沙坪坝区天星桥街道红槽房社区卫生服务站	一级	沙坪坝区天星桥红槽房正街 33 号
S38	重庆兴益建新实业有限责任公司天星分公司职工医院	一级	沙坪坝区天星桥正街 2 号
S39	重庆市沙坪坝区第三人民医院	一级	沙坪坝区天星桥正街 79 号
S40	重庆市沙坪坝区土湾农场湾社区卫生服务站	一级	沙坪坝区土湾工人村 21 号附 4-5 号
S41	重庆华诚第一棉纺织厂职工医院	一级	沙坪坝区土湾胜利村 100 号
S42	重庆市沙坪坝区土湾京华院社区卫生服务站	一级	沙坪坝区土湾桃花里 1 号楼附 10 号
S43	重庆市沙坪坝区土主镇卫生院	一级	沙坪坝区土主镇正街 58 号
S44	重庆市沙坪坝区西永镇卫生院	一级	沙坪坝区西永镇西永路 51 号
S45	川东南地质大队卫生所	一级	沙坪坝区先锋街
S46	重庆工商大学沙坪坝校区卫生所	一级	沙坪坝区先锋街柏杨村 67 号
S47	重庆蓝天医院	一级	沙坪坝区小龙坎正街 333-7 号
S48	重庆市沙坪坝区天星桥街道小正街社区卫生服务站	一级	沙坪坝区小正街 281-14 号
S49	中铁第十一局五处职工医院	一级	沙坪坝区新桥新村 71 号
S50	重庆市沙坪坝区渝涪路新体村社区卫生服务站	一级	沙坪坝区新体村 40 号 -1-6
S51	重庆市沙坪坝区南友村社区卫生服务站	一级	沙坪坝区渝涪路 144 号
S52	重庆市沙坪坝区南溪社区卫生服务站	一级	沙坪坝区远祖桥 18-316 号
S53	重庆市沙坪坝区曾家镇卫生院	一级	沙坪坝区曾家镇老街 40 号
S54	重庆沙坪坝区中梁镇卫生院	一级	沙坪坝区中梁镇中新路 144 号
S55	重庆大学医院	二级	沙坪坝区沙正街
S56	重庆嘉陵医院	二级	沙坪坝区石井坡 162-1 号

编号	设施名称	等级	位置
S57	重庆东华医院	二级	沙坪坝区石井坡 162-1 号
S58	重庆市沙坪坝区人民医院	二级	沙坪坝区小新街 44 号
S59	重庆西南医院	三级	沙坪坝区高滩岩正街 30 号
S60	重庆新桥医院	三级	沙坪坝区新桥

附表 3-E：大渡口区医疗卫生设施列表

编号	设施名称	等级	位置
D1	重庆新城医院	一级	大渡口区八桥街 71 号
D2	重庆旭东医院	一级	大渡口区春晖路翠华园小区门面
D3	重庆市大渡口区第一人民医院八桥门诊部	一级	大渡口区钢花路 94 号
D4	重庆市康立医院	一级	大渡口区家庭家坳玻纤路口民乐 2-113 号
D5	重庆大渡口区茄子溪街道陈家坝社区卫生服务站	一级	大渡口区茄子溪陈家坝 15 号
D6	重庆石棉制品总厂职工医院	一级	大渡口区茄子溪石棉村 259 号
D7	重钢集团矿业公司大宝坡石灰石矿医务室（限对内）	一级	大渡口区跳磴镇新合村 36 号
D8	大渡口区跳磴镇卫生院	一级	大渡口区跳磴正街 63 号
D9	利康诊所	一级	大渡口区铜花路 1064 号
D10	重庆市大渡口区明达医院	一级	大渡口区文体路 133 号
D11	重庆新雅医院	一级	大渡口区新街道新山村
D12	重庆市大渡口区跃进村街道渝钢社区卫生服务站	一级	大渡口区渝钢居委会（渝钢村 42 幢旁）
D13	重钢总医院	二级	大渡口区大堰 3 村特 1 号
D14	重庆市大渡口区第一人民医院	二级	大渡口区东风村 37 号
D15	重庆大渡口区长征医院	二级	大渡口区伏牛溪长征医院
D16	大渡口区第二人民医院（大渡口区茄子溪）	二级	大渡口区茄子溪新街 246 号

附表 3-F：重庆市医疗就诊问卷调查

访问员： **访问时间：** **访问地点：**

亲爱的居民：

您好！很感谢您能抽出时间完成本次问卷调查。本问卷调查是为了了解重庆市居民的医疗就诊情况。我们向您郑重承诺，本次问卷调查采取匿名方式，所有结果仅用于学术研究。以下选择题未作说明均为单选题，请您在相应的答案上打"√"或在横线上填写相关内容。

1. 您的性别是：

　□男　　　　□女

2. 您的年龄是：

　□ 25 岁及 25 岁以下　　　□ 26 ~ 35 岁　　　□ 36 ~ 45 岁

　□ 46 ~ 55 岁　　　　　　　□ 56 ~ 65 岁　　　□ 65 岁以上

3. 您居住的区县是：

　□渝中区　　　　　　□沙坪坝区　　　　　□大渡口区

　□九龙坡区　　　　　□江北区　　　　　　□北碚区

　□渝北区　　　　　　□巴南区　　　　　　□南岸区

　□非主城区

4. 您居住的街道是：（请填写街道名称）

5. 您首次看病选择的医院是：

　□较近的社区卫生中心（站）

　□较近的二级医院（二级医院可参考第 7 题，但第 7 题并不包含全部二级医院）

　□本区的、较近的三级医院（三级医院可参考第 8 题，但第 8 题并不包含全部三级医院）

　□其他（请填写名称）

6. 第一次看病后，想进一步咨询医生，会选择哪个医院？

　□较近的社区卫生中心（站）

□较近的二级医院（二级医院可参考第 7 题，但第 7 题并不包含全部二级医院）

□本区的、较近的三级医院（三级医院可参考第 8 题,但第 8 题并不包含全部三级医院）

□其他（请填写名称）

7. 请勾选看病曾到过的二级医院（多选）。

□重庆大学医院　　　　　□重庆嘉陵医院　　　　　□重庆东华医院

□重庆市沙坪坝区人民医院　□大渡口区第一人民医院　□大渡口区长征医院

□大渡口区第二人民医院　□重钢医院　　　　　　　□重庆市邮政医院

□重庆市红岭医院　　　　□重庆市公安消防总队医院　□重庆长航医院

□重庆市第八人民医院　　□其他（请写出医院名称）

8. 请勾选看病曾到过的三级医院（多选）。

□重庆西南医院　　　　　□重庆新桥医院　　　　　□重医第一附属医院

□重医第二附属医院　　　□重庆市第三人民医院　　□重庆市第四人民医院

□重庆大坪医院　　　　　□中山医院

□其他（请写出医院名称）

附表 3-G：2- 派系计算结果

区域		2- 派系划分	E-I
渝中区	1	Y2、Y4、Y5、Y6、Y7、Y8、Y9、Y10、Y12、Y13、Y14、Y16、Y17、Y18、Y19、Y23、Y26、Y27、Y28、Y29、Y32、Y35、Y36、Y38、Y39、Y40、Y41、Y42、Y43、Y44、Y45、Y46、Y47	0.597
	2	Y2、Y12、Y18、Y19、Y21、Y23、Y28、Y29、Y33、Y35、Y39、Y40、Y41、Y42、Y43、Y44、Y45、Y46、Y47	0.500
	3	Y2、Y12、Y13、Y14、Y15、Y18、Y23、Y26、Y27、Y28、Y29、Y32、Y35、Y38、Y39、Y40、Y41、Y42、Y43、Y44、Y45、Y46、Y47	0.486
	4	Y1、Y2、Y12、Y15、Y18、Y21、Y23、Y28、Y29、Y31、Y33、Y35、Y37、Y39、Y40、Y41、Y42、Y43、Y44、Y45、Y46、Y47	0.181
	5	Y3、Y4、Y5、Y6、Y7、Y8、Y9、Y10、Y12、Y13、Y14、Y16、Y17、Y18、Y19、Y23、Y26、Y27、Y28、Y29、Y30、Y32、Y35、Y36、Y38、Y39、Y40、Y41、Y42、Y43、Y44、Y45、Y46、Y47	0.139
	6	Y3、Y12、Y13、Y14、Y15、Y18、Y23、Y26、Y27、Y28、Y29、Y30、Y32、Y35、Y38、Y39、Y40、Y41、Y42、Y43、Y44、Y45、Y46、Y47	0.056
	7	Y3、Y12、Y13、Y14、Y16、Y18、Y19、Y24、Y25、Y26、Y27、Y28、Y29、Y30、Y32、Y34、Y35、Y38、Y39、Y40、Y41、Y42、Y43、Y44、Y45、Y46、Y47	−0.153
	8	Y3、Y12、Y13、Y14、Y15、Y18、Y24、Y25、Y26、Y27、Y28、Y29、Y30、Y32、Y34、Y35、Y38、Y39、Y40、Y41、Y42、Y43、Y44、Y45、Y46、Y47	−0.153
	9	Y3、Y4、Y5、Y6、Y7、Y8、Y9、Y10、Y11、Y12、Y14、Y16、Y17、Y22、Y23、Y26、Y27、Y28、Y30、Y32、Y35、Y36、Y38、Y39、Y40、Y41、Y42、Y43、Y44、Y45、Y46、Y47	−0.153
	10	Y3、Y4、Y5、Y6、Y7、Y8、Y9、Y10、Y12、Y13、Y14、Y16、Y17、Y18、Y19、Y20、Y23、Y26、Y27、Y28、Y29、Y30、Y32、Y35、Y36、Y38、Y39、Y40、Y41、Y42、Y43、Y44、Y45、Y46	−0.278
	11	Y3、Y12、Y13、Y14、Y16、Y18、Y19、Y20、Y24、Y25、Y26、Y27、Y28、Y29、Y30、Y32、Y34、Y35、Y38、Y39、Y40、Y41、Y42、Y43、Y44、Y45、Y46	−0.361
	12	Y2、Y4、Y5、Y6、Y7、Y8、Y9、Y10、Y12、Y13、Y14、Y16、Y17、Y18、Y19、Y20、Y23、Y26、Y27、Y28、Y29、Y32、Y35、Y36、Y38、Y39、Y40、Y41、Y42、Y43、Y44、Y45、Y46	−0.361
沙坪坝区	1	S1、S4、S5、S6、S8、S9、S10、S11、S13、S14、S16、S17、S18、S21、S22、S24、S26、S28、S29、S31、S32、S33、S38、S39、S44、S53、S54、S55、S56、S57、S58、S59、S60	−0.32
	2	S1、S4、S6、S7、S8、S10、S18、S22、S24、S26、S27、S28、S29、S30、S31、S34、S35、S38、S40、S43、S44、S49、S50、S51、S55、S56、S57、S58、S59、S60	−0.34
	3	S4、S6、S10、S26、S27、S28、S29、S35、S38、S40、S45、S50、S51、S56、S58、S59、S60	−0.029
	4	S4、S6、S11、S15、S27、S30、S31、S44、S51	0.126
	5	S4、S6、S10、S19、S20、S26、S27、S28、S29、S35、S38、S40、S41、S42、S45、S47、S48、S50、S51、S58、S59、S60	−0.243
	6	S1、S2、S3、S59、S60	0.107
	7	S12、S23、S24、S25、S59、S60	0.107
	8	S13、S14、S15、S22、S46、S52、S54、S56、S59、S60	0.029
	9	S14、S15、S45、S56、S59、S60	0.204
	10	S36、S37、S39、S59	−0.398
大渡口区	1	D1、D2、D3、D8、D9、D10、D11、D12、D13、D14、D15、D16	−0.600
	2	D7、D8、D13、D14、D15	0.200
	3	D1、D2、D3、D4、D13、D14、D15	−0.200
	4	D5、D6、D13、D16	0.000

附表 4-A：芦山县城"震前"阶段应急避难场所调研资料数据整理

社区名称	编号	安置点位置	形式	避难人口（人）
城南社区	Y03	北城遗址公园	形式	—
城北社区	Y02	姜城广场（综合馆）	室外	—
先锋社区（共计：6000人左右）	Y01	迎宾广场	室外＋建筑	6000
金花社区（共计：4600人）	Y6	金花广场/芦邛广场	室外	1000
	Y18	乐家坝（芦山中学）	室外	1200
	Y27	乐家坝（体育馆）	学校	2400

资料来源：根据雅安市芦山县民政局提供资料整理。

附表 4-B：芦山县城"震后 4 ～ 15 天"应急避难场所调研资料数据整理

社区名称	编号	安置点位置	形式	避难人口（人）
城东社区（共计：3850人左右）	Y13	芦阳幼儿园	学校	300
	Y22	老广场（芦阳小学）	学校/室外	280
	Y9	粮食局	建筑	370
	Y15	烟草公司	建筑	300
	Y14	种子公司	建筑	2600
城西社区（共计：3100人左右）	Y8	沙坝小区地税局	建筑	900
	Y2	沙坝小区沙坝中学后面	室外	800
	Y11	安居小区国税局	建筑	300
	Y33	西水坝集中点（零星）	室外	500
	Y24	潘家河集中安置点（零星）	室外	600
城南社区（共计：5900人左右）	Y21	广福苑	室外	800
	Y23	中心广场	室外	2500
	Y29	文化馆	建筑	1500
	Y3	芦山中学（芦山高中）	学校	400
	Y32	工行宿舍楼	建筑	400
	Y20	水果市场	室外	300
城北社区（共计：5600人左右）	Y25	芦阳中学	学校	3200
	Y26	老县医院	建筑	450
	Y12	供销社	建筑	1300
	Y38	县政府大院	建筑＋室外	300
	Y4	城北路	室外	350

续表

社区名称	编号	安置点位置	形式	避难人口（人）
先锋社区（共计：5400人左右）	Y40	老沫东	室外	500
	Y35	派出所	建筑	400
	Y6	芦邛广场	室外	1000
	Y41	步行街	室外	800
	Y39	职业中学	学校	600
	Y43	污水处理厂	建筑	800
	Y42	磷肥厂	建筑	600
	Y34	县车队	室外+建筑	300
	Y36	芦阳二小	学校	400
金花社区（共计：5240人）	Y10	吕春坝	室外	450
	Y18	乐家坝（芦山中学）	学校	200
	Y27	乐家坝（体育馆）	建筑	2400
	Y19	乐家坝（水井坎）	室外	230
	Y17	乐家坝（原乐坝生产队）	室外	210
	Y7	赵家坝（芦阳三小）	学校	500
	Y30	李家坎（临时安置点）	室外	1250

资料来源：根据雅安市芦山县民政局提供资料整理。

附表 4-C：芦山县城"震后 16～30 天"应急避难场所调研资料数据整理

社区名称	编号	安置点位置	形式	避难人口（人）
城东社区（共计：2970人左右）	Y9	粮食局	建筑	370
	Y14	种子公司	建筑	2600
城西社区（共计：2800人左右）	Y8	沙坝小区地税局	建筑	900
	Y2	沙坝小区沙坝中学后面	室外	800
	Y33	西水坝集中点（零星）	室外	500
	Y24	潘家河集中安置点（零星）	室外	600
城南社区（共计：5600人左右）	Y21	广福苑	室外	800
	Y23	中心广场	室外	2500
	Y29	文化馆	建筑	1500
	Y3	芦山中学（芦山高中）	学校	400
	Y32	工行宿舍楼	建筑	400
城北社区（共计：5300人左右）	Y25	芦阳中学	学校	3200
	Y26	老县医院	建筑	450

续表

社区名称	编号	安置点位置	形式	避难人口（人）
城北社区（共计：5300人左右）	Y12	供销社	建筑	1300
	Y4	城北路	室外	350
先锋社区（共计：5400人左右）	Y40	老沫东	室外	500
	Y35	派出所	建筑	400
	Y6	芦邛广场	室外	1000
	Y41	步行街	室外	800
	Y39	职业中学	学校	600
	Y43	污水处理厂	建筑	800
	Y42	磷肥厂	建筑	600
	Y34	县车队	室外＋建筑	300
	Y36	芦阳二小	学校	400
金花社区（共计：4800人）	Y10	吕春坝	室外	450
	Y18	乐家坝（芦山中学）	学校	200
	Y27	乐家坝（体育馆）	建筑	2400
	Y7	赵家坝（芦阳三小）	学校	500
	Y30	李家坎（临时安置点）	室外	1250

资料来源：根据雅安市芦山县民政局提供资料整理。

附表 4-D：芦山县城"震后 31 ~ 60 天"应急避难场所调研资料数据整理

社区名称	编号	安置点位置	形式	避难人口（人）
城东社区（共计：2600人左右）	Y14	种子公司	建筑	2600
城西社区（共计：2800人左右）	Y8	沙坝小区地税局	建筑	900
	Y2	沙坝小区沙坝中学后面	室外	800
	Y33	西水坝集中点（零星）	室外	500
	Y24	潘家河集中安置点（零星）	室外	600
城南社区（共计：4800人左右）	Y21	广福苑	室外	800
	Y23	中心广场	室外	2500
	Y29	文化馆	建筑	1500
城北社区（共计：4950人左右）	Y25	芦阳中学	学校	3200
	Y26	老县医院	建筑	450
	Y12	供销社	建筑	1300
先锋社区（共计：4600人左右）	Y40	老沫东	室外	500
	Y6	芦邛广场	室外	1000

续表

社区名称	编号	安置点位置	形式	避难人口（人）
先锋社区（共计:4600人左右）	Y41	步行街	室外	800
	Y39	职业中学	学校	600
	Y43	污水处理厂	建筑	800
	Y42	磷肥厂	建筑	600
	Y34	县车队	室外 + 建筑	300
金华社区（共计: 4800人）	Y10	吕春坝	室外	450
	Y18	乐家坝（芦山中学）	学校	200
	Y27	乐家坝（体育馆）	建筑	2400
	Y7	赵家坝（芦阳三小）	学校	500
	Y30	李家坎（临时安置点）	室外	1250

资料来源：根据雅安市芦山县民政局提供资料整理。

附表 4-E：芦山县城"灾后重建"阶段应急避难场所调研资料数据整理

社区名称	编号	安置点位置	形式	规划避难人口（人）
城东社区（共计: 4050人左右）	Y22	芦阳小学	学校	3000
城南社区（共计: 5900人左右）	Y33	西水坝集中点（零星）	室外	500
	Y24	潘家河集中安置点（零星）	室外	600
	Y21	广场（广福苑）	室外	2500
	Y23	中心广场	室外	3000
	Y03	北城墙遗址公园	室外	4000
城北社区（共计: 5700人左右）	Y3	芦阳中学（初中）	学校	3000
	Y02	汉姜古城	室外	6000
	Y1	向阳坝	室外	—
先锋社区（共计: 5500人左右）	Y01	迎宾广场	室外	6000
	Y04	芦山第二小学（规划）	学校	3000
	Y05	芦山第二中学	学校	10000
	Y40	老沫东	室外	500
金华社区（共计: 6830人）	Y5	赵家坝（原赵家坝小区）	室外	150
	Y27	体育馆	建筑	10000
	Y18	芦山中学	学校	10000
	Y06	公园	室外	13000
	Y7	芦阳三小	学校	3000
	Y6	金花广场 / 芦邛广场	室外	6000

资料来源：根据雅安市芦山县民政局提供资料整理。

附表 4-F：芦山县城"震前"阶段居住点可达范围与应急避难场所之间"2-模"关系数据表

居住点	辐射范围内应急避难场所	居住点	辐射范围内应急避难场所
R5	Y03	R31	Y02
R6	Y03	R32	Y02
R7	Y03	R33	Y02
R8	Y6	R34	Y02
R9	Y6、Y18	R37	Y27
R10	Y03	R38	Y27
R11	Y03	R39	Y27
R12	Y03	R40	Y02
R13	Y03	R42	Y02
R15	Y6、Y18	R43	Y02
R16	Y6、Y18	R50	Y01
R22	Y18、Y27	R53	Y01
R28	Y18、Y27	R54	Y01
R29	Y18、Y27	R55	Y01
R30	Y02	—	—

附表 4-G：芦山县城"震后4~15天"居住点可达范围与应急避难场所之间"2-模"关系数据表

居住点	辐射范围内应急避难场所	居住点	辐射范围内应急避难场所
R1	—	R11	Y2、Y3、Y4、Y8、Y9、Y11、Y12、Y13、Y14
R2	—	R12	Y2、Y3、Y8、Y11、Y12、Y13、Y20
R3	—	R13	Y3、Y4、Y8、Y9、Y11、Y12、Y13、Y14、Y15、Y20、Y21、Y22
R4	—	R14	Y4、Y9、Y13、Y14、Y15、Y22
R5	—	R15	Y6、Y7、Y10、Y17、Y18、Y19
R6	Y2、Y3	R16	Y6、Y7、Y10、Y17、Y18、Y19
R7	Y3、Y4、Y2	R17	Y3、Y8、Y11、Y12、Y20、Y21、Y24
R8	Y6、Y10	R18	Y8、Y9、Y11、Y12、Y13、Y14、Y20、Y21、Y22、Y23、Y24
R9	Y6、Y10、Y17、Y18	R19	Y4、Y8、Y9、Y11、Y12、Y13、Y14、Y15、Y20、Y21、Y22、Y23
R10	Y2、Y3、Y11	R20	Y4、Y9、Y12、Y13、Y14、Y15、Y20、Y21、Y22、Y23

续表

居住点	辐射范围内应急避难场所	居住点	辐射范围内应急避难场所
R21	Y10、Y17、Y19	R39	Y26、Y27、Y29、Y30、Y32
R22	Y10、Y17、Y18、Y19、Y26、Y27	R40	Y25、Y30、Y31、Y34、Y35、Y36
R23	Y8、Y11、Y12、Y13、Y14、Y20、Y21、Y22、Y23、Y24	R41	Y26、Y30、Y31、Y32、Y34、Y35、Y36
R24	Y9、Y12、Y13、Y14、Y15、Y20、Y21、Y22、Y23	R42	Y24、Y25、Y33
R25	Y12、Y13、Y20、Y21、Y22、Y23、Y24、Y25、Y33	R43	Y25、Y31、Y33、Y34、Y35、Y36
R26	Y12、Y13、Y14、Y15、Y20、Y21、Y22、Y23、Y25	R44	Y30、Y31、Y32、Y34、Y35、Y36
R27	Y15、Y22、Y23、Y30	R45	Y31、Y34、Y35、Y36
R28	Y17、Y18、Y19、Y26、Y27、Y29	R46	Y30、Y31、Y32、Y34、Y35、Y36、Y38
R29	Y17、Y18、Y19、Y29	R47	Y29、Y32、Y38
R30	Y13、Y20、Y21、Y22、Y23、Y24、Y25、Y33	R48	Y30、Y32、Y34、Y35、Y36、Y38
R31	Y24、Y25、Y33	R49	Y34、Y36、Y38、Y39、Y40
R32	Y20、Y21、Y22、Y23、Y24、Y25、Y33	R50	Y35、Y36、Y38、Y39、Y40、Y41
R33	Y20、Y21、Y22、Y23、Y24、Y25、Y33	R51	Y38、Y39、Y41
R34	Y21、Y22、Y23、Y25、Y34	R52	Y40
R35	Y23、Y30	R53	Y39、Y40、Y41
R36	Y26、Y30、Y32	R54	Y38、Y39、Y41、Y42
R37	Y17、Y26、Y27、Y29、Y30、Y32	R55	Y41、Y42、Y43
R38	Y17、Y18、Y19、Y26、Y27、Y29、Y30、Y32	—	—

附表 4-H：芦山县城"震后 16～30 天"居住点可达范围与应急避难场所之间"2-模"关系数据表

居住点	辐射范围内应急避难场所	居住点	辐射范围内应急避难场所
R1	—	R8	Y6、Y10
R2	—	R9	Y6、Y18（Y10）
R3	—	R10	Y2、Y3
R4	—	R11	Y2、Y3、Y4、Y8、Y9、Y12、Y13、Y14
R5	—	R12	Y2、Y3、Y8、Y12、Y13、Y20
R6	Y2、Y3	R13	Y3、Y4、Y8、Y9、Y12、Y13、Y14、Y20、Y21
R7	Y2、Y3、Y4	R14	Y4、Y9、Y13、Y14

居住点	辐射范围内应急避难场所	居住点	辐射范围内应急避难场所
R15	Y6、Y7、Y10、Y18、Y19	R36	Y26、Y30、Y32
R16	Y6、Y7、Y10、Y18、Y19	R37	Y26、Y27、Y29、Y30、Y32
R17	Y3、Y8、Y12、Y20、Y21、Y24	R38	Y18、Y19、Y26、Y27、Y29、Y30、Y32
R18	Y8、Y9、Y12、Y13、Y14、Y20、Y21、Y23、Y24	R39	Y26、Y27、Y29、Y30、Y32
R19	Y4、Y8、Y9、Y12、Y13、Y14、Y20、Y21、Y23	R40	Y25、Y30、Y31、Y34、Y35、Y36
R20	Y4、Y9、Y12、Y13、Y14、Y20、Y21、Y23	R41	Y26、Y30、Y31、Y32、Y34、Y35、Y36
R21	Y10、Y19	R42	Y24、Y25、Y33
R22	Y10、Y18、Y19、Y26、Y27	R43	Y25、Y31、Y33、Y34、Y35、Y36
R23	Y8、Y12、Y13、Y14、Y20、Y21、Y23、Y24	R44	Y30、Y31、Y32、Y34、Y35、Y36
R24	Y9、Y12、Y13、Y14、Y20、Y21、Y23	R45	Y31、Y34、Y35、Y36
R25	Y12、Y13、Y20、Y21、Y23、Y24、Y25、Y33	R46	Y30、Y31、Y32、Y34、Y35、Y36
R26	Y12、Y14、Y21、Y23、Y25	R47	Y29、Y32
R27	Y23、Y30	R48	Y30、Y32、Y34、Y35、Y36
R28	Y18、Y26、Y27、Y29	R49	Y34、Y36、Y39、Y40
R29	Y18、Y19、Y29	R50	Y35、Y36、Y39、Y40、Y41
R30	Y13、Y20、Y21、Y23、Y24、Y25、Y33	R51	Y39、Y41
R31	Y24、Y25、Y33	R52	Y40
R32	Y20、Y21、Y23、Y24、Y25、Y33	R53	Y39、Y40、Y41
R33	Y20、Y21、Y23、Y24、Y25、Y33	R54	Y39、Y41、Y42
R34	Y21、Y23、Y25、Y34	R55	Y41、Y42、Y43
R35	Y23、Y30	—	—

附表 4-I：芦山县城"震后 31 ~ 60 天"居住点可达范围与应急避难场所之间"2- 模"关系数据表

居住点	辐射范围内应急避难场所	居住点	辐射范围内应急避难场所
R1	—	R6	Y2
R2	—	R7	Y2
R3	—	R8	Y6、Y10
R4	—	R9	Y6、Y18、Y10
R5	—	R10	Y2

续表

居住点	辐射范围内应急避难场所	居住点	辐射范围内应急避难场所
R11	Y2、Y8、Y9、Y12、Y13、Y14	R34	Y21、Y23、Y25、Y34
R12	Y2、Y8、Y12、Y13、Y20	R35	Y23、Y30
R13	Y8、Y9、Y12、Y13、Y14、Y20、Y21	R36	Y26、Y30
R14	Y9、Y13、Y14	R37	Y26、Y27、Y29、Y30
R15	Y6、Y7、Y10、Y18、Y19	R38	Y18、Y19、Y26、Y27、Y29、Y30
R16	Y6、Y7、Y10、Y18、Y19	R39	Y26、Y27、Y29、Y30
R17	Y8、Y12、Y20、Y21、Y24	R40	Y25、Y30、Y31、Y34
R18	Y8、Y9、Y12、Y13、Y14、Y20、Y21、Y23、Y24	R41	Y26、Y30、Y31、Y34
R19	Y8、Y9、Y12、Y13、Y14、Y20、Y21、Y23	R42	Y24、Y25、Y33
R20	Y9、Y12、Y13、Y14、Y20、Y21、Y23	R43	Y25、Y31、Y33、Y34
R21	Y10、Y19	R44	Y30、Y31、Y34
R22	Y10、Y18、Y19、Y26、Y27	R45	Y31、Y34
R23	Y8、Y12、Y13、Y14、Y20、Y21、Y23、Y24	R46	Y30、Y31、Y34
R24	Y12、Y13、Y14、Y20、Y21、Y23	R47	Y29
R25	Y12、Y13、Y20、Y21、Y23、Y24、Y25、Y33	R48	Y30、Y34
R26	Y12、Y14、Y21、Y23、Y25	R49	Y34、Y39、Y40
R27	Y23、Y30	R50	Y39、Y40、Y41
R28	Y18、Y26、Y27、Y29	R51	Y39、Y41
R29	Y18、Y19、Y29	R52	Y40
R30	Y13、Y20、Y21、Y23、Y24、Y25、Y33	R53	Y39、Y40、Y41
R31	Y24、Y25、Y33	R54	Y39、Y41、Y42
R32	Y20、Y21、Y23、Y24、Y25、Y33	R55	Y41、Y42、Y43
R33	Y20、Y21、Y23、Y24、Y25、Y33	—	—

附表 4-J：芦山县城"灾后重建"阶段居住点可达范围与应急避难场所之间"2-模"关系数据表

居住点	辐射范围内应急避难场所	居住点	辐射范围内应急避难场所
R1	Y1	R5	Y1、Y03
R2	—	R6	Y1、Y03、Y3
R3	—	R7	Y1、Y03、Y3
R4	Y1	R8	Y5、Y6、Y7

居住点	辐射范围内应急避难场所	居住点	辐射范围内应急避难场所
R9	Y5、Y6、Y7、Y18	R33	Y21、Y23、Y24、Y02、Y33
R10	Y03、Y3	R34	Y21、Y22、Y23、Y02
R11	Y03、Y3	R35	Y23
R12	Y03、Y3	R36	—
R13	Y03、Y3、Y22	R37	Y06、Y27
R14	Y22	R38	Y06、Y27
R15	Y5、Y6、Y7、Y18、Y06	R39	Y27
R16	Y5、Y6、Y7、Y18、Y06	R40	Y02
R17	Y21、Y24	R41	—
R18	Y21、Y22、Y23、Y24	R42	Y02、Y33
R19	Y22、Y23、Y24	R43	Y02、Y04
R20	Y21、Y22、Y23	R44	Y04
R21	Y06	R45	Y04、Y05
R22	Y06、Y18、Y27	R46	Y04
R23	Y21、Y22、Y23、Y24	R47	—
R24	Y21、Y22、Y23	R48	Y04、Y05
R25	Y21、Y22、Y23、Y24	R49	Y04、Y05、Y40
R26	Y21、Y22、Y23、Y24	R50	Y04、Y05
R27	Y22、Y23	R51	Y04、Y05
R28	Y06、Y18、Y27	R52	Y40
R29	Y06、Y18、Y27	R53	Y01、Y04、Y05、Y40
R30	Y21、Y22、Y23、Y24、Y02	R54	Y01
R31	Y24、Y02、Y33	R55	Y01
R32	Y21、Y22、Y23、Y24、Y02、Y33	—	—

附表 4-K：芦山县城"震后 0-3 天"应急避难场所网络度数相对中心度

编号	名称	社区	避难人口（人）	相对中心度	编号	名称	社区	避难人口（人）	相对中心度
Y22	老广场（芦阳小学）	城东	280	23.016	Y26	老县医院	城北	450	7.54
Y20	水果市场	城南	300	22.024	Y33	西水坝集中点（零星）	城西	500	7.54
Y21	广福苑	城南	800	22.024	Y18	乐家坝（芦山中学）	金花	1200	7.143
Y13	芦阳幼儿园	城东	300	21.23	Y38	县政府大院	城北	300	6.944
Y23	中心广场	城南	2500	20.04	Y19	乐家坝（水井坎）	金花	230	6.746

续表

编号	名称	社区	避难人口（人）	相对中心度	编号	名称	社区	避难人口（人）	相对中心度
Y12	供销社	城北	1300	19.841	Y29	文化馆	城南	1500	5.357
Y14	种子公司	城东	2600	17.063	Y27	乐家坝（体育馆）	金花	2400	5.357
Y28	李家坎（零星）	金花	40	13.492	Y10	吕春坝	金花	450	4.96
Y9	乐家坝（水井坎）	城东	230	13.294	Y2	沙坝小区沙坝中学后面	城西	800	4.167
Y11	安居小区国税局	城西	300	12.897	Y39	职业中学	先锋	600	4.167
Y30	李家坎（临时安置点）	金花	1250	12.698	Y6	芦邛广场	先锋	1000	3.571
Y16	红军广场	城东	200	12.698	Y41	步行街	先锋	800	3.571
Y15	烟草公司	城东	300	12.698	Y5	赵家坝（原赵家坝小区）	金花	150	3.571
Y8	沙坝小区地税局	城西	900	12.5	Y7	赵家坝（芦阳三小）	金花	500	3.175
Y25	芦阳中学	城北	3200	11.905	Y40	老沫东	先锋	500	2.778
Y31	李家坎（马伙）	金花	200	11.706	Y42	磷肥厂	先锋	600	1.19
Y34	县车队	先锋	300	11.31	Y1	向阳坝	城北	100	0.992
Y36	芦阳二小	先锋	400	11.31	Y43	污水处理厂	先锋	800	0.397
Y24	潘家河集中安置点（零星）	城西	600	11.111	Y4	城北路	城北	350	10.119
Y37	花岗石厂	先锋	100	10.714	Y17	乐家坝（原乐坝生产队）	金花	210	7.738
Y32	工行宿舍楼	城南	400	10.317	Y3	芦山中学（芦山高中）	城南	400	7.738
Y35	派出所	先锋	400	10.317	—	—	—	—	—

附表 4-L：芦山县城"震后 4 ~ 15 天"应急避难场所网络度数相对中心度

编号	名称	社区	避难人口（人）	相对中心度	编号	名称	社区	避难人口（人）	相对中心度
Y20	水果市场	城南	300	24.306	Y38	县政府大院	城北	300	6.019
Y22	老广场（芦阳小学）	城东	280	24.306	Y29	文化馆	城南	1500	6.019
Y21	广福苑	城南	800	23.843	Y27	乐家坝（体育馆）	金花	2400	6.019
Y13	芦阳幼儿园	城东	300	23.148	Y10	吕春坝	金花	450	4.861
Y12	供销社	城北	1300	21.759	Y2	沙坝小区沙坝中学后面	城西	800	4.398
Y23	中心广场	城南	2500	20.833	Y39	职业中学	先锋	600	3.704
Y14	种子公司	城东	2600	18.287	Y6	芦邛广场	先锋	1000	3.241
Y11	安居小区国税局	城西	300	14.583	Y41	步行街	先锋	800	3.241

编号	名称	社区	避难人口（人）	相对中心度	编号	名称	社区	避难人口（人）	相对中心度
Y9	乐家坝（水井坎）	城东	230	14.352	Y7	赵家坝(芦阳三小）	金花	500	3.009
Y8	沙坝小区地税局	城西	900	14.12	Y40	老沫东	先锋	500	2.546
Y24	潘家河集中安置点(零星）	城西	600	12.963	Y42	磷肥厂	先锋	600	1.157
Y15	烟草公司	城东	300	12.731	Y43	污水处理厂	先锋	800	0.463
Y25	芦阳中学	城北	3200	11.806	Y3	芦山中学（芦山高中）	城南	400	8.333
Y4	城北路	城北	350	10.648	Y33	西水坝集中点（零星）	城西	500	8.102
Y30	李家坎（临时安置点）	金花	1250	10.417	Y35	派出所	先锋	400	7.87
Y32	工行宿舍楼	城南	400	9.028	Y18	乐家坝(芦山中学）	金花	1200	7.639
Y36	芦阳二小	先锋	400	8.796	Y26	老县医院	城北	450	7.639
Y34	县车队	先锋	300	8.565	Y19	乐家坝（水井坎）	金花	230	7.407
Y17	乐家坝（原乐坝生产队）	金花	210	8.565	—	—	—	—	—

附表 4-M：芦山县城"震后 16 ~ 30 天"应急避难场所网络度数相对中心度

编号	名称	社区	避难人口（人）	相对中心度	编号	名称	社区	避难人口（人）	相对中心度
Y21	广福苑	城南	800	19.481	Y33	李家坎（马伙）	金花	200	8.117
Y12	供销社	城北	1300	17.532	Y3	县车队	先锋	300	7.468
Y23	中心广场	城南	2500	16.883	Y18	芦阳二小	先锋	400	6.818
Y14	种子公司	城东	2600	14.286	Y27	乐家坝（体育馆）	金花	2400	6.169
Y30	李家坎（临时安置点）	金花	1250	12.338	Y29	文化馆	城南	1500	5.844
Y8	沙坝小区地税局	城西	900	11.688	Y10	吕春坝	金花	450	4.221
Y24	潘家河集中安置点(零星）	城西	600	11.688	Y2	沙坝小区沙坝中学后面	城西	800	4.221
Y25	芦阳中学	城北	3200	11.688	Y39	职业中学	先锋	600	3.896
Y9	乐家坝（水井坎）	城东	230	11.364	Y41	步行街	先锋	800	3.571
Y36	芦阳二小	先锋	400	11.039	Y6	芦邛广场	先锋	1000	3.247
Y32	工行宿舍楼	城南	400	10.714	Y40	老沫东	先锋	500	2.922
Y34	县车队	先锋	300	10.714	Y7	赵家坝(芦阳三小）	金花	500	2.922
Y35	派出所	先锋	400	10.065	Y42	磷肥厂	先锋	600	1.299
Y4	城北路	城北	350	8.766	Y43	污水处理厂	先锋	800	0.649
Y26	老县医院	城北	450	8.442	—	—	—	—	—

附表 4-N：芦山县城"震后 31-60 天"应急避难场所网络度数相对中心度

编号	名称	社区	避难人口（人）	相对中心度	编号	名称	社区	避难人口（人）	相对中心度
Y21	广福苑	城南	800	20.661	Y29	文化馆	城南	1500	5.785
Y23	中心广场	城南	2500	19.008	Y34	县车队	先锋	300	5.785
Y12	供销社	城北	1300	16.529	Y10	吕春坝	金花	450	5.372
Y24	潘家河集中安置点（零星）	城西	600	14.05	Y6	芦邛广场	先锋	1000	4.132
Y25	芦阳中学	城北	3200	13.223	Y39	职业中学	先锋	600	3.719
Y14	种子公司	城东	2600	12.397	Y7	赵家坝（芦山三小）	金花	500	3.719
Y8	沙坝小区地税局	城西	900	10.331	Y41	步行街	先锋	800	3.719
Y33	李家坎（马伙）	金花	200	9.504	Y40	老沫东	先锋	500	2.479
Y18	芦阳二小	先锋	400	8.264	Y2	沙坝小区沙坝中学后面	城西	800	2.066
Y30	李家坎（临时安置点）	金花	1250	8.264	Y42	磷肥厂	先锋	600	1.653
Y26	老县医院	城北	450	7.851	Y43	污水处理厂	先锋	800	0.826
Y27	乐家坝（体育馆）	金花	2400	6.612	—	—	—	—	—

附表 4-O："震前"阶段应急避难场所类型定位

编号	城区	应急避难场所名称	规模	数学表达式	应急避难场所类型划分
Y18	新城区	乐家坝（芦山中学）	1200	1，1，1	中心应急避难场所
Y27	新城区	乐家坝（体育馆）	2400	0，0，1	临时应急避难场所
Y6	新城区	金花广场／芦邛广场	1000	0，0，1	临时应急避难场所
—	—	其他	—	0，0，0	临时应急避难场所

附表 4-P："震后 0 ~ 3 天"阶段应急避难场所类型定位

编号	城区	应急避难场所名称	规模	数学表达式	应急避难场所类型划分
Y22	老城区	老广场（芦阳小学）	280	1，1，1	中心应急避难场所
Y21	老城区	广福苑	800	1，1，1	中心应急避难场所
Y23	老城区	中心广场	2500	1，1，1	中心应急避难场所
Y28	新城区	李家坎（零星）	40	1，1，1	中心应急避难场所
Y30	新城区	李家坎（临时安置点）	1250	1，1，1	中心应急避难场所
Y16	老城区	红军广场	200	1，1，1	中心应急避难场所
Y15	老城区	烟草公司	300	1，1，1	中心应急避难场所

编号	城区	应急避难场所名称	规模	数学表达式	应急避难场所类型划分
Y25	老城区	芦阳中学	3200	1, 1, 1	中心应急避难场所
Y34	新城区	县车队	300	1, 1, 1	中心应急避难场所
Y20	老城区	水果市场	300	1, 0, 1	固定应急避难场所
Y13	老城区	芦阳幼儿园	300	1, 0, 1	固定应急避难场所
Y12	老城区	供销社	1300	1, 0, 1	固定应急避难场所
Y14	老城区	种子公司	2600	1, 0, 1	固定应急避难场所
Y31	新城区	李家坎（马伙）	200	1, 0, 1	固定应急避难场所
Y36	新城区	芦阳二小	400	0, 1, 1	固定应急避难场所
Y26	老城区	老县医院	450	0, 1, 1	固定应急避难场所
Y9	老城区	粮食局	370	1, 0, 0	临时应急避难场所
Y11	老城区	安居小区国税局	300	1, 0, 0	临时应急避难场所
Y8	老城区	沙坝小区地税局	900	1, 0, 0	临时应急避难场所
—	—	其他	—	0, 0, 0	临时应急避难场所

附表 4-Q：“震后 4 ~ 15 天”阶段应急避难场所类型定位

编号	城区	应急避难场所名称	规模	数学表达式	应急避难场所类型划分
Y22	老城区	老广场（芦阳小学）	280	1, 1, 1	中心应急避难场所
Y23	老城区	中心广场	2500	1, 1, 1	中心应急避难场所
Y15	老城区	烟草公司	300	1, 1, 1	中心应急避难场所
Y25	老城区	芦阳中学	3200	1, 1, 1	中心应急避难场所
Y30	新城区	李家坎（临时安置点）	1250	0, 1, 1	固定应急避难场所
Y34	新城区	县车队	300	0, 1, 1	固定应急避难场所
Y35	老城区	派出所	400	0, 1, 1	固定应急避难场所
Y36	新城区	芦阳二小	400	0, 1, 1	固定应急避难场所
Y26	老城区	老县医院	450	0, 1, 1	固定应急避难场所
Y13	老城区	芦阳幼儿园	300	1, 0, 1	固定应急避难场所
Y21	老城区	广福苑	800	1, 0, 1	固定应急避难场所
Y20	老城区	水果市场	300	1, 0, 0	临时应急避难场所
Y12	老城区	供销社	1300	1, 0, 0	临时应急避难场所
Y14	老城区	种子公司	2600	1, 0, 0	临时应急避难场所
Y9	老城区	粮食局	370	1, 0, 0	临时应急避难场所
Y11	老城区	安居小区国税局	300	1, 0, 0	临时应急避难场所
Y8	老城区	沙坝小区地税局	900	1, 0, 0	临时应急避难场所
—	—	其他	—	0, 0, 0	临时应急避难场所

附表 4-R："震后 16 ~ 30 天"阶段应急避难场所类型定位

编号	城区	应急避难场所名称	规模	数学表达式	应急避难场所类型划分
Y23	老城区	中心广场	2500	1, 1, 1	中心应急避难场所
Y25	老城区	芦阳中学	3200	1, 1, 1	中心应急避难场所
Y30	新城区	李家坎（临时安置点）	1250	1, 1, 1	中心应急避难场所
Y21	老城区	广福苑	800	1, 1, 1	中心应急避难场所
Y34	新城区	县车队	300	0, 1, 1	固定应急避难场所
Y35	老城区	派出所	400	0, 1, 1	固定应急避难场所
Y36	新城区	芦阳二小	400	0, 1, 1	固定应急避难场所
Y26	老城区	老县医院	450	0, 1, 1	固定应急避难场所
Y24	老城区	潘家河集中安置点（零星）	600	1, 0, 1	固定应急避难场所
Y12	老城区	供销社	1300	1, 0, 1	固定应急避难场所
Y14	老城区	种子公司	2600	1, 0, 1	固定应急避难场所
Y18	新城区	乐家坝（芦山中学）	200	0, 1, 0	临时应急避难场所
Y41	新城区	步行街	800	0, 1, 0	临时应急避难场所
Y9	老城区	粮食局	370	1, 0, 0	临时应急避难场所
Y8	老城区	沙坝小区地税局	900	1, 0, 0	临时应急避难场所
—	—	其他	—	0, 0, 0	临时应急避难场所

附表 4-S："震后 31 ~ 60 天"阶段应急避难场所类型定位

编号	城区	应急避难场所名称	规模	数学表达式	应急避难场所类型划分
Y23	老城区	中心广场	2500	1, 1, 1	中心应急避难场所
Y25	老城区	芦阳中学	3200	1, 1, 1	中心应急避难场所
Y18	新城区	乐家坝（芦山中学）	200	1, 1, 1	中心应急避难场所
Y30	新城区	李家坎（临时安置点）	1250	0, 1, 1	固定应急避难场所
Y34	新城区	县车队	300	0, 1, 1	固定应急避难场所
Y26	老城区	老县医院	450	0, 1, 1	固定应急避难场所
Y39	新城区	职业中学	600	0, 1, 1	固定应急避难场所
Y21	老城区	广福苑	800	1, 0, 1	固定应急避难场所
Y33	老城区	西水坝集中点（零星）	500	1, 0, 1	固定应急避难场所
Y24	老城区	潘家河集中安置点（零星）	600	1, 0, 0	临时应急避难场所
Y12	老城区	供销社	1300	1, 0, 0	临时应急避难场所
Y14	老城区	种子公司	2600	1, 0, 0	临时应急避难场所
Y8	老城区	沙坝小区地税局	900	1, 0, 0	临时应急避难场所
Y40	新城区	老沫东	500	0, 1, 0	临时应急避难场所
Y41	新城区	步行街	800	0, 1, 0	临时应急避难场所
—	—	其他	—	0, 0, 0	临时应急避难场所

附表 4-T：“灾后重建”阶段应急避难场所类型定位

编号	城区区	应急避难场所名称	规模	数学表达式	应急避难场所类型划分
Y22	老城区	老广场（芦阳小学）	280	1，1，1	中心应急避难场所
Y06	新城区	公园	13000	1，1，0	固定应急避难场所
Y18	新城区	乐家坝（芦山中学）	200	1，1，0	固定应急避难场所
Y23	老城区	中心广场	2500	1，0，1	固定应急避难场所
Y21	老城区	广福苑	800	1，0，1	固定应急避难场所
Y24	老城区	潘家河集中安置点（零星）	600	1，0，1	固定应急避难场所
Y04	新城区	芦山第二小学（规划）	3000	0，1，1	固定应急避难场所
Y33	老城区	西水坝集中点（零星）	500	0，0，1	临时应急避难场所
Y3	老城区	芦阳中学（初中）	3000	0，1，0	临时应急避难场所
Y03	老城区	北城墙遗址公园	4000	0，1，0	临时应急避难场所
Y02	老城区	汉姜古城	6000	0，1，0	临时应急避难场所
—	—	其他	—	0，0，0	临时应急避难场所

附表 5-A：基于企业联系的空间格局网络城市编号

编号	代码	名称	编号	代码	名称	编号	代码	名称
1	A	渝中区	19	R	铜梁区	37	Yy	酉阳县
2	B	大渡口区	20	S	潼南区	38	WL	武隆区
3	C	江北区	21	T	荣昌区	39	PS	彭水县
4	D	沙坪坝区	22	U	璧山区	40	a	四川省
5	E	九龙坡区	23	W	万州区	41	b	北京市
6	F	南岸区	24	LP	梁平区	42	c	上海市
7	G	渝北区	25	CK	城口县	43	d	贵州省
8	H	巴南区	26	FD	丰都县	44	e	陕西省
9	I	北碚区	27	X	垫江县	45	f	广东省
10	J	涪陵区	28	Y	忠县	46	g	江西省
11	K	长寿区	29	Z	开州区	47	h	江苏省
12	L	江津区	30	YY	云阳县	48	i	浙江省
13	M	合川区	31	FJ	奉节县	49	j	云南省
14	N	永川区	32	Ws	巫山县	50	k	广西壮族自治区
15	O	南川区	33	WX	巫溪县	51	l	湖北
16	P	綦江区	34	V	黔江区	52	m	河南
17	Q	大足区	35	SZ	石柱县	53	n	天津
18	WS	万盛区	36	XS	秀山县	54	o	安徽

续表

编号	代码	名称	编号	代码	名称	编号	代码	名称
55	p	黑龙江	62	w	西藏	69	hai	海南省
56	q	河北	63	x	山西省	70	gang	香港
57	r	山东	64	y	甘肃省	—	—	—
58	s	湖南	65	z	福建省	—	—	—
59	t	吉林	66	liao	辽宁省	—	—	—
60	u	青海	67	nin	宁夏回族自治区	—	—	—
61	v	新疆	68	nei	内蒙古自治区	—	—	—

附表 5-B：基于交通联系的空间格局网络城市编号

编号	代码	名称	编号	代码	名称	编号	代码	名称
1	A	渝中区	18	WS	万盛区	35	SZ	石柱县
2	B	大渡口区	19	R	铜梁区	36	XS	秀山县
3	C	江北区	20	S	潼南区	37	Yy	酉阳县
4	D	沙坪坝区	21	T	荣昌区	38	WL	武隆县
5	E	九龙坡区	22	U	璧山区	39	PS	彭水县
6	F	南岸区	23	W	万州区	40	a	四川达州
7	G	渝北区	24	LP	梁平区	41	b	四川南充
8	H	巴南区	25	CK	城口县	42	c	四川广安
9	I	北碚区	26	FD	丰都县	43	d	四川遂宁
10	J	涪陵区	27	X	垫江县	44	e	四川泸州
11	K	长寿区	28	Y	忠县	45	f	四川内江
12	L	江津区	29	Z	开州区	46	g	贵州桐梓
13	M	合川区	30	YY	云阳县	47	h	湖北咸丰
14	N	永川区	31	FJ	奉节县	48	i	湖北恩施
15	O	南川区	32	Ws	巫山县	49	j	湖北利川
16	P	綦江区	33	WX	巫溪县	50	k	陕西镇坪
17	Q	大足区	34	V	黔江区	—	—	—

附表 5-C：基于企业网络、道路网络的空间格局网络相对中心度

编号	名称	企业联系	道路联系	编号	名称	企业联系	道路联系
1	渝中区	0.58	0.14	4	沙坪坝区	0.33	0.1
2	大渡口区	0.38	0.1	5	九龙坡区	0.57	0.06
3	江北区	0.59	0.14	6	南岸区	0.28	0.06

编号	名称	企业联系	道路联系	编号	名称	企业联系	道路联系
7	渝北区	0.62	0.08	24	梁平区	0.02	0.12
8	巴南区	0.33	0.12	25	城口县	0.02	0.02
9	北碚区	0.07	0.08	26	丰都县	0.05	0.08
10	涪陵区	0.3	0.12	27	垫江县	0.04	0.1
11	长寿区	0.23	0.08	28	忠县	0.04	0.12
12	江津区	0.21	0.12	29	开州区	0.04	0.08
13	合川区	0.17	0.06	30	云阳县	0.02	0.04
14	永川区	0.12	0.12	31	奉节县	0.02	0.08
15	南川区	0.04	0.08	32	巫山县	0.03	0.02
16	綦江区	0.07	0.1	33	巫溪县	0.02	0.06
17	大足区	0.14	0.06	34	黔江区	0.07	0.08
18	万盛区	0.05	0.08	35	石柱县	0.02	0.06
19	铜梁区	0.03	0.06	36	秀山县	0.03	0.04
20	潼南区	0.05	0.08	37	酉阳县	0.03	0.04
21	荣昌区	0.02	0.1	38	武隆区	0.04	0.04
22	璧山区	0.15	0.04	39	彭水县	0.04	0.04
23	万州区	0.25	0.12	—	—	—	—

附表 5-D：基于企业联系、道路联系的空间格局网络中间中心度

编号	名称	企业联系	道路联系	编号	名称	企业联系	道路联系
1	渝中区	0.11	0.17	16	綦江区	0.00007	0.04
2	大渡口区	0.07	0.08	17	大足区	0.00001	0.004
3	江北区	0.08	0.21	18	万盛区	0.002	0.01
4	沙坪坝区	0.04	0.1	19	铜梁区	0.005	0.02
5	九龙坡区	0.2	0.01	20	潼南区	0.00001	0.04
6	南岸区	0.01	0.004	21	荣昌区	0.00001	0.04
7	渝北区	0.16	0.08	22	璧山区	0.00002	0.04
8	巴南区	0.03	0.03	23	万州区	0.00001	0.15
9	北碚区	0.00001	0.17	24	梁平区	0.00001	0.19
10	涪陵区	0.06	0.25	25	城口县	0.00002	0.00001
11	长寿区	0.03	0.07	26	丰都县	0.00002	0.15
12	江津区	0.02	0.11	27	垫江县	0.00001	0.1
13	合川区	0.002	0.09	28	忠县	0.00001	0.17
14	永川区	0.00001	0.1	29	开州区	0.00002	0.13
15	南川区	0.00001	0.08	30	云阳县	0.00001	0.09

续表

编号	名称	企业联系	道路联系	编号	名称	企业联系	道路联系
31	奉节县	0.00001	0.08	36	秀山县	0.00001	0.04
32	巫山县	0.00001	0.00001	37	酉阳县	0.00001	0.08
33	巫溪县	0.00001	0.06	38	武隆区	0.00001	0.07
34	黔江区	0.0002	0.17	39	彭水县	0.00002	0.05
35	石柱县	0.00001	0.14	—	—	—	—

附表 5-E：基于企业、道路联系的空间格局网络结构洞指数

编号	名称	企业联系	道路联系	编号	名称	企业联系	道路联系
1	渝中区	0.15	0.25	21	荣昌区	0.48	0.37
2	大渡口区	0.22	0.33	22	璧山区	0.28	0.5
3	江北区	0.22	0.26	23	万州区	0.37	0.36
4	沙坪坝区	0.26	0.36	24	梁平区	0.67	0.37
5	九龙坡区	0.17	0.52	25	城口县	0.63	1
6	南岸区	0.32	0.5	26	丰都县	0.38	0.37
7	渝北区	0.18	0.44	27	垫江县	0.5	0.3
8	巴南区	0.24	0.34	28	忠县	0.49	0.35
9	北碚区	0.4	0.36	29	开州区	0.41	0.32
10	涪陵区	0.3	0.25	30	云阳县	0.63	0.5
11	长寿区	0.27	0.31	31	奉节县	0.69	0.25
12	江津区	0.26	0.29	32	巫山县	0.55	1
13	合川区	0.29	0.38	33	巫溪县	0.58	0.33
14	永川区	0.33	0.44	34	黔江区	0.49	0.25
15	南川区	0.53	0.51	35	石柱县	0.63	0.44
16	綦江区	0.39	0.63	36	秀山县	0.58	0.5
17	大足区	0.29	0.33	37	酉阳县	0.56	0.5
18	万盛区	0.47	0.37	38	武隆区	0.42	0.5
19	铜梁区	0.44	0.5	39	彭水县	0.53	0.5
20	潼南区	0.39	0.35	—	—	—	—

附表 5-F：基于企业、交通联系的本征矢量中心度

编号	名称	企业联系	道路联系	编号	名称	企业联系	道路联系
1	渝中区	0.18	0.36	3	江北区	0.37	0.28
2	大渡口区	0.19	0.41	4	沙坪坝区	0.27	0.29

编号	名称	企业联系	道路联系	编号	名称	企业联系	道路联系
5	九龙坡区	0.16	0.18	23	万州区	0.27	0.03
6	南岸区	0.25	0.18	24	梁平区	0.04	0.05
7	渝北区	0.35	0.09	25	城口县	0.03	0.001
8	巴南区	0.14	0.41	26	丰都县	0.04	0.03
9	北碚区	0.16	0.12	27	垫江县	0.05	0.0008
10	涪陵区	0.21	0.12	28	忠县	0.04	0.03
11	长寿区	0.15	0.15	29	开州区	0.05	0.01
12	江津区	0.1	0.19	30	云阳县	0.04	0.003
13	合川区	0.1	0.04	31	奉节县	0.03	0.0008
14	永川区	0.08	0.15	32	巫山县	0.03	0.0001
15	南川区	0.06	0.14	33	巫溪县	0.03	0.002
16	綦江区	0.07	0.28	34	黔江区	0.08	0.002
17	大足区	0.06	0.04	35	石柱县	0.04	0.009
18	万盛区	0.05	0.17	36	秀山县	0.05	0.00004
19	铜梁区	0.06	0.01	37	酉阳县	0.04	0.0003
20	潼南区	0.04	0.04	38	武隆区	0.04	0.18
21	荣昌区	0.06	0.13	39	彭水县	0.04	0.003
22	璧山区	0.08	0.04	—	—	—	—

附图 5-G：重庆百强、上市企业及关联企业网

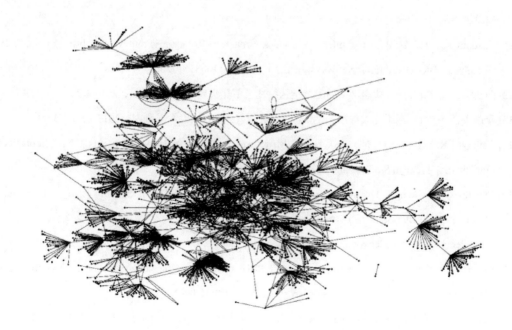

参考文献

[1] 张车伟，蔡翼飞.中国城镇化格局变动与人口合理分布 [J].中国人口科学，2012（6）：44-57.

[2] 吕萍.土地城市化与价格机制研究 [M].北京：中国人民大学出版社，2008.

[3] 马凯."十一五"规划纲要辅导读本 [M].北京：科技出版社，2006：247- 255.

[4] 发改委调查显示 144 个地级市欲建 200 余个新区 [EB/OL].中国新闻网，[2013-08-28].http：//www. chinanews.com/gn/2013/08-28/ 5213614.shtml.

[5] 钱学森.关于建立城市学的设想 [J].城市规划，1985（4）：26-28.

[6] Jin J. G.，Lu L. J.，Sun L. J. Optimal Allocation of Protective Resources in Urban Rail Transit Networks against Intentional Attacks[J]. Transportation Research Part E 84，2015：73–87.

[7] Zhao Tian，et al. Analysis of Urban Road Traffic Network Based on Complex Network[J]. Procedia Engineering，2016，137：537 – 546.

[8] Perea F.，Puerto J. Revisiting a Game Theoretic Framework for the Robust Railway Network Design against Intentional Attacks[J]. Eur. J. Oper Res.，2013，226（2）：286–292.

[9] 徐凤，朱金福，苗建军.基于复杂网络的空铁复合网络的鲁棒性研究 [J].复杂系统与复杂性科学，2015（1）：40-45.

[10] 黄勇，肖亮，胡羽.基于社会网络分析法的城镇基础设施健康评价研究——以重庆万州城区电力基础设施为例 [J].中国科学：技术科学，2015（1）：68-80.

[11] Yazdani A.，Jeffrey P. A Complex Network Approach to Robustness and Vulnerability of Spatially Organized Water Distribution Networks[J].Ar Xiv，2010：1008，1770.

[12] 谢逢洁，崔文田.航空快递网络的复杂结构特性及演化机理 [J].系统工程，2014（9）：114-119.

[13] 李国平，孙铁山.网络化大都市：城市空间发展新模式 [J].城市发展研究，2013（5）：83-89.

[14] Camagni R.，Salone C. Network Urban Structures in Northern Italy：Elements for a Theoretical Framework [J]. Urban Studies，1993，30（6）：1053-1064.

[15] Capello R.，Nijkamp P. Urban Dynamics and Growth：Advances in Urban Economics[M]. Amsterdam：Elsevier，2004：495-529.

[16] Barthélemy M. Spatial Networks[J]. Physics Reports，2011，499：1-101.

[17] Roberts M.，Jones T. L.，Erickson B.，Nice S. Place and Space in the Networked City：Conceptualizing the Integrated Metropolis [J]. Journal of Urban Design，1999（1）：51-66.

[18] Capello R. The City Network Paradigm：Measuring Urban Network Externalities [J].Urban Studies，

2000（11）：1925-1945.

[19] 张京祥 . 西方城市规划思想史纲 [M]. 南京：东南大学出版社，2005.

[20]（德）W· 克里斯塔勒 . 德国南部的中心地原理 [M]. 北京：商务印书馆，1998.

[21] Skinner G. W. Marketing and Social Structure in Rural China：Part I[J]. The Journal of Asian Studies，1964，24（1）：3-43.

[22] 吴良镛 . 人居环境科学导论 [M]. 北京：中国建筑工业出版社，2001.

[23] 冷炳荣，杨永春，李英杰，等 . 中国城市经济网络结构空间特征及其复杂性分析 [J]. 地理学报，2011（2）：199-211.

[24] Meijers E. From Central Place to Network Model：Theory and Evidence of a Paradigm Change[J]. Tijdschrift voor Economische en Sociale Geografie，2007，98（2）：245-259.

[25] Batten D. F. Network Cities：Creative Urban Agglomerations for the 21st Century[J]. Urban Studies，1995，32（2）：313-327.

[26] Camagni R.，Diappi L.，Stabilini S. City Networks in the Lombardy Region：An Analysis in Terms of Communication Flows[J]. Flux，1994（15）：37-50.

[27] Camagni R.，Salone C. Network Urban Structures in Northern Italy：Elements for a Theoretical Framework[J]. Urban Studies，1993，30（6）：1053-1064.

[28] Hall P. Christaller for a Global Age：Redrawing the Urban Hierarchy[EB/OL]，2001-10-15 [2012-3-10]. http：//www.lboro.ac.uk/gawc/rb/rb59.html.

[29] 方锦清，汪小帆，郑志刚，等 . 一门崭新的交叉科学：网络科学（上）[J]. 物理学进展，2007（3）：239-343.

[30] Samaniego H.，Moses M. E. Cities as Organisms：Allometric Scaling of Urban Road Networks [J]. Transport Land Use，2008（1）：21-39.

[31] Bompard E.，Napoli R.，Xue F. Extended Topological Approach for the Assessment of Structural Vulnerability in Transmission Networks[J]. IET Generation，Transmission Distribution，2010，4（6）：716-724.

[32] Wellman Barry. Network Analysis：Some Basic Principles[J]. Sociological Theory，1983，1：155-200.

[33] Ronald S.，Burt，M. J. Minor，eds. Applied Network Analysis：A Methodological Introduction[M]. Beverly Hills：Sage，1983.

[34] Wasserman S.，Faust K. Social Networks Analysis ：Methods and Application[M]. Cambridge：Cambridge University Press，1994.

[35] 林聚任 . 社会网络分析：理论方法与应用 [M]. 北京：北京师范大学出版社，2009：41.

[36] M.Granovetter.The Strength of Weak Ties [J].America Journal of Sociology，1973，78（6）.

[37] Bronfenbrenner U.A Constant Frame of Reference for Sociometric Research [J]. Sociometry,1943,6(4)：

363-397.

[38] Moreno J. L., Jennings H. H. Statistics of Social Configurations [J]. Sociometry, 1938, 1（3/4）: 342-374.

[39] Pattison P .E.Algebraic Models for Social Networks[M]. Cambridge: Cambridge University Press, 1993.

[40] Scott J. Social Networks Analysis[M]. London: Sage Pub , 1991.

[41] White H. C., Breiger R. L. Social Structure from Multiple Networks I: Blockmodels of Roles and Positions[J]. American Journal of Sociology, 1976, 81（4）: 730-780.

[42] Frank O., Strauss D. Markov Graphs[J]. Journal of the American Statistical Association, 1986, 81（395）: 832-842.

[43] Strauss D., Ikeda M. Pseudo-Likelihood Estimation for Social Networks[J]. Journal of the American Statistical Association, 1990, 85（85）: 204-212.

[44] Wasserman S., Pattison P. Logit Models and Logistic Regressions for Social Networks I: An Introduction to Markov Graphs [J]. Psychometrika, 1996, 61（3）: 401-425.

[45] Pattison D. P., Wasserman S. Logit Models and Logistic Regression for Social Networks II: Multivariate Relations[J]. British Journal of Mathematical & Statistical Psychology, 1999, 52（Pt 2）（2）: 169-93.

[46] Robins G., Pattison P., Wasserman S. Logit Models and Logistic Regressions for Social Networks III: Valued Relations[J]. Psychometrika, 1999, 64（3）: 371-394.

[47] Skvoretz J., Faust K. Logit Models for Affiliation Networks[J]. Sociological Methodology, 2002, 29（1）: 253-280.

[48] Robins G., Elliott P., Pattison P. Network Models for Social Selection Processes[J]. Social Networks, 2001, 23（1）: 1-30.

[49] Robins G., Pattison P., Elliott P. Network Models for Social Influence Processes[J]. Psychometrika, 2001, 66（2）: 161-189.

[50] 闫海蓉 . 关系马尔可夫网及其在社会网络中的应用研究 [D]. 北京: 北京交通大学, 2010.

[51] Barry Wellman, S. D. Berkowitz. Social Structures: A Network Approach, Greenwich, Connecticut[M]. JAI Press Inc, 1997: 20.

[52] Peter Marsden, Nan Lin. Social Structure and Network Analysis[M]. Beverly Hills Sage Publications, 1982: 10.

[53] P.J. Carrington, J. Scott, S. Wasserman.Models and Methods in Social Network Analysis[M]. New York: Cambridge University Press, 2005: 270-316.

[54] 吴忠民，林聚任 . 城市居民的社会流动——来自山东省五城市的调查 [J]. 中国社会科学, 1998（2）: 71-81.

[55] 边燕杰 . 社会网络与求职过程 [J]. 国外社会学, 1999（4）.

[56] 李培林.流动民工的社会网络和社会地位 [J]. 社会学研究，1996（4）: 42-52.

[57] 任义科，李树苗，杜海峰，费尔德曼.农民工的社会网络结构分析 [J]. 西安交通大学学报（社会科学版），2008（5）: 44-51，62.

[58] 李志刚，刘晔.中国城市"新移民"社会网络与空间分异 [J]. 地理学报，2011（6）: 785-795.

[59] 蔡禾，贾文娟.路桥建设业中包工头工资发放的"逆差序格局""关系"降低了谁的市场风险 [J]. 社会，2009（5）: 1-20，223.

[60] 蔡禾，叶保强，邝子文，卓惠兴.城市居民和郊区农村居民寻求社会支援的社会关系意向比较 [J]. 社会学研究，1997（6）: 10-17.

[61] 冯世平.三西移民：走出贫困的特殊利益群体（上）[J]. 甘肃社会科学，2000（6）: 47-50.

[62] 冯世平.三西移民：走出贫困的特殊利益群体（下）[J]. 甘肃社会科学，2001（1）: 84-86.

[63] 叶瑞繁，张美兰，徐书雯.社会网络、社会支持对离退休老年病人生存质量的影响 [J]. 中国临床心理学杂志，2007（6）: 584-587.

[64] 黄谦，张晓丽.中国运动员社会网络及社会支持的理论探析 [J]. 西安体育学院学报，2012（1）: 1-5.

[65] 王卫东.中国社会文化背景下社会网络资本的测量 [J]. 社会，2009（3）: 146-158，227.

[66] 李海东.基于社会网络分析方法的产业集群创新网络结构特征研究——以广东佛山陶瓷产业集群为例 [J]. 中国经济问题，2010（6）: 25-33.

[67] 魏乐，张秋生，赵立彬.我国产业重组与转移：基于跨区域并购复杂网络的分析 [J]. 经济地理，2012（2）: 89-93.

[68] 蒋天颖，孙伟.网络位置、技术学习与集群企业创新绩效——基于对绍兴纺织产业集群的实证考察 [J]. 经济地理，2012（7）: 87-92，106.

[69] 侯赟慧，刘志彪，岳中刚.长三角区域经济一体化进程的社会网络分析 [J]. 中国软科学，2009（12）: 90-101.

[70] 韩会然，焦华富，郇恒飞，王荣荣.皖江城市带空间经济联系的网络特征及优化方向研究 [J]. 人文地理，2011（2）: 92-97.

[71] 王燕军，宗跃光，欧阳理，任崇强.关中—天水经济区协调发展进程的社会网络分析 [J]. 地域研究与开发，2011（6）: 18-21.

[72] 梁经伟，文淑惠，方俊智.中国—东盟自贸区城市群空间经济关联研究——基于社会网络分析法的视角 [J]. 地理科学，2015（5）: 521-528.

[73] 姚小涛，席酉民.管理研究与社会网络分析 [J]. 现代管理科学，2008（6）: 19-21.

[74] 李国武.组织的网络形式研究：综述与展望 [J]. 社会，2010，30（3）: 199-225.

[75] Burt R.The Network Structure of Social Capital[J].Research in Organizational Behavior，2000，22（11）: 345-423.

[76] Ingram P.，Roberts P. Friendships among Competitors in the Sydney Hotel Industry[J].American Journal

of Sociology，2000，106（2）：387-423.

[77] Gulati R. Alliance and Networks[J].Strategic Management Journal，1998，19（4）：397-120.

[78] Heider F. The Psychology of Interpersonal Relations [M].New York：Wiley，1958.

[79] Mehra A.，Kilduff M.，Brass D.At the Margins：A Distinctiveness Approach to the Social Identity and Social Networks of Under-Represented Groups[J].Academy of Management Journal，1988，41（4）：441-452.

[80] Adler P.，Kwon S.Social Capital：Prospects for a New Concept[J].Academy of Management Review，2002，27（1）：17-40.

[81] Uzzi B.Social Structure and Competition in Interfirm Networks：The Paradox of Embeddedness [J].Administrative Science Quarterly，1997，42（1）：35-67.

[82] Uzzi B，Lancaster T. Relational Embeddedness and Learning：The Case of Bank Loan Managers and Their Clients[J].Management Science，2003，49（4）：383-399.

[83] 邵云飞，欧阳青燕，孙雷.社会网络分析方法及其在创新研究中的运用 [J]. 管理学报，2009（9）：1188-1193，1203.

[84] 张合军，陈建国，贾广社，毛如麟.社会网络分析与建设工程绩效目标设置 [J]. 科技进步与对策，2009（21）：176-180.

[85] 胡岚曦，曹存根.SNA 技术在机构关系分析中的应用 [J]. 北京理工大学学报，2009（8）：690-693.

[86] 朱涛.员工社会网络结构对内部营销影响研究 [J]. 管理学报，2009（3）：354-360.

[87] 娜日.基于社会网络分析的网络营销策略研究——以人人网为例 [J]. 现代情报，2012（8）：49-54.

[88] 杨学成，张晓航.社会网络分析在市场营销学中的应用 [J]. 当代经济管理，2009（6）：25-29.

[89] Hsin-Yu Shih.Network Characteristics of Drive Tourism Destinations：An Application of Network Analysis in Tourism[J]. Tourism Management，2006（27）：1029-1039.

[90] Noel Scott，Chris Cooper，Rodolfo Baggio. Destination Networks—Four Australian Cases[J]. Annals of Tourism Research，2008，35（4）：169-188.

[91] 周蓓.四川省航空旅游网络空间特征及其结构优化研究 [J]. 地理与地理信息科学，2008，24（1）：100-104.

[92] Yeong-Hyeon Hwang，Ulrike Gretzel，Daniel R. Fesenmaier.Multicity Trip Patterns Tourists to the United States [J].Annals of Tourism Research，2006，33（4）：1057-1078.

[93] 杨兴柱，顾朝林，王群.南京市旅游流网络结构构建 [J]. 地理学报，2007，62（6）：609-620.

[94] 陈秀琼，黄福才.基于社会网络理论的旅游系统空间结构优化研究 [J]. 地理与地理信息科学，2006，22（5）：75-80.

[95] Kathryn Pavlovich. The Evolution and Transformation of a Tourism Destination Network：The Waitomo Caves，New Zealand [J]. Tourism Management，2003（24）：203-216.

[96] Unjan Saxena. Relationships，Networks and the Learning Regions：Case Evidence from the Peak District National Park [J]. Tourism Management，2005（26）：277-289.

[97] Jonas Larsen，John Urry，Kay W. Axhausen. Networks and Tourism—Mobile Social Life[J]. Annals of Tourism Research，2007，34（1）：244-262.

[98] 何正强 . 社会网络视角下办公型社区公共空间的有效性分析 [J]. 南方建筑，2014（4）：102-108.

[99] 何深静，于涛方，方澜 . 城市更新中社会网络的保存和发展 [J]. 人文地理，2001（6）：36-39.

[100] 赵万民，彭薇颖，黄勇 . 基于社会网络重建的历史街区保护与更新研究——以重庆市长寿区三倒拐历史街区为例 [J]. 规划师，2008（2）：9-13.

[101] 南颖，周瑞娜，李银河，倪晓娇 . 图们江地区城市社会网络空间结构研究——以家族关系为例 [J]. 地理与地理信息科学，2011（6）：61-64，110，2.

[102] Tischa A.，Munoz-Erickson. Co-production of Knowledge–Action Systems in Urban Sustainable Governance：The KASA Approach [J]. Environmental Science & Policy，2014（37）：182-191.

[103] Enqvist J.，et al. Citizen Networks in the Garden City：Protecting Urban Ecosystems in Rapid Urbanization[J]. Landscape and Urban Planning，2014，130：24-35.

[104] Ghose R.，Pettygrove M. Actors and Networks in Urban Community Garden Development[J]. Geoforum，2014，53，93-103.

[105] 李二玲，李小建 . 基于社会网络分析方法的产业集群研究——以河南省虞城县南庄村钢卷尺产业集群为例 [J]. 人文地理，2007（6）：10-15.

[106] 王茂军，杨雪春 . 四川省制造产业关联网络的结构特征分析 [J]. 地理学报，2011（2）：212-222.

[107] 吕康娟，付旻杰 . 我国区域间产业空间网络的构造与结构测度 [J]. 经济地理，2010（11）：1785-1791.

[108] 刘正兵，刘静玉，何孝沛，王发曾 . 中原经济区城市空间联系及其网络格局分析——基于城际客运流 [J]. 经济地理，2014（7）：58-66.

[109] 杨成凤，韩会然 . 皖江城市带区际公路交通空间组织研究 [J]. 经济地理，2013（3）：65-72.

[110] 朱桃杏，吴殿廷，马继刚，赵莉琴 . 京津冀区域铁路交通网络结构评价 [J]. 经济地理，2011（4）：561-565，572.

[111] 刘辉，申玉铭，孟丹，薛晋 . 基于交通可达性的京津冀城市网络集中性及空间结构研究 [J]. 经济地理，2013（8）：37-45.

[112] 葛丽霞，段汉明 . 基于 SNA 的北疆区域城镇空间结构研究 [J]. 陕西理工学院学报（自然科学版），2011，27（4）：43-48.

[113] 薛丽萍，欧向军，耿雪，杨宝宝 . 淮海城市群空间结构的演化特征分析 [J]. 江苏师范大学学报（自然科学版），2014（4）：7-12.

[114] 方大春，孙明月 . 高铁时代下长三角城市群空间结构重构——基于社会网络分析 [J]. 经济地理，

2015（10）：50-56.

[115] 侯赟慧，刘洪 . 基于社会网络的城市群结构定量化分析——以长江三角洲城市群资金往来关系为例 [J]. 复杂系统与复杂性科学，2006（2）：35-42.

[116] 李响 . 长三角城市群经济联系网络结构研究——基于社会网络视角的分析 [J]. 上海金融学院学报，2011（4）：105-115.

[117] 廉同辉，包先建 . 皖江城市带区域经济一体化进程的社会网络研究 [J]. 城市发展研究，2012（6）：39-45.

[118] 韩会然，焦华富，李俊峰，王荣荣 . 皖江城市带空间经济联系变化特征的网络分析及机理研究 [J]. 经济地理，2011，3：384-389.

[119] 李东泉，黄崑，蓝志勇 . 社会网络分析方法在规划管理研究中的应用前景 [J]. 国际城市规划，2011（3）：86-90.

[120] 肖湘雄，李倩 . 基于社会网络分析的城乡结合部社会管理中政府协同运行的关键要素识别——以湖南省湘潭市城乡结合部为例 [J]. 湘潭大学学报（哲学社会科学版），2013（5）：76-80.

[121] 刘军 . 整体网分析——Ucinet 软件使用指南 [M]. 第二版 . 上海：上海人民出版社，2014：8.

[122] 罗家德 . 社会网分析讲义 [M]. 第二版 . 北京：社会科学文献出版社，2010.

[123] Bonanich P. Power and Centrality：A Family of Measures[J]. American Jounrnal of Sociology，1987，92：1170-1182.

[124] 刘军 . 社会网络分析导论 [M]. 北京：社会科学文献出版社，2004.

[125] Everett M.G.，Shirey P.R. LS Sets，Lamda Sets ，and other Cohesive Subsets[J]. Social Networks，1990，12：337-358.Down from Borgatti's Personal Webpage.

[126] Krackhardt David，Robert N.Sterrn. Informal Networks and Organizational Crises：An Experimental Simulation[J]. Social Psychology Quarterly，1988，51：171-140.

[127] 罗家德 . 社会网络分析讲义 [M]. 北京：社会科学文献出版社，2005.

[128] Watts D. J.，Strogatz S. H. Collective Dynamics of "Small-World" Networks[J]. Nature，1998，393（6684）：440-442.

[129] Barabasi A. L.，Albert R. Emergence of Scaling in Random Networks[J]. Science，286（5439）：509-512.

[130] 吴良镛,赵万民 . 三峡库区人居环境的可持续发展 [M]// 1997 中国科学技术前沿(中国工程院版).上海：上海教育出版社，1998：569-601.

[131] 叶鹏，徐晓燕 . 北京垂杨柳中南街的改造更新 [J]. 建筑学报，2002（5）：52-54.

[132] T. N. Jones. Historic Preservation Facing Difficult Challenges[J]. The Alabama Trustee，2010.

[133] U.D.a.E.I. o.SSA.Annual Report on the Development of Chinanges[J]. The Alabama Trustee，Alabama，2010.

[134] H.Okana，D.Samson.Culturalurban Branding and Creative Cities—A Theoretical Framework for Promoting Creativity in the Publict Spaces[J]. Cities，2010：10-15.

[135] L.Zeng. Misunderstanging in Historic Preservation：Fake Antique Replaces Real Cultural Relics—The Loss of Historical Cultural District in Daowai District in Harbin[J]. Zhong Hua Jian She，2011（5）.

[136] 刘健.法国历史文化街区保护实践——以巴黎市为例 [J].北京规划建设，2013（4）：22-28.

[137] 丛蕾.美国历史住区的自我更新机制研究 [J].规划师，2012（11）：117-122.

[138] 李和平，王敏.美国历史文化街区保护的推动模式 [J].新建筑，2009（2）：31-35.

[139] 阮仪三,蔡晓丰,杨华文.修复肌理重塑风貌——南浔镇东大街"传统商业街区"风貌整治探析 [J].城市规划学刊，2005，4：53-55.

[140] 吴良镛.北京旧城与菊儿胡同［M］.北京：中国建筑工业出版社，1994.

[141] 黄勇，赵万民.哥本哈根人居环境变迁研究 [J].建筑科学与工程学报，2008（2）：120-126.

[142] 张锦东.国外历史文化街区保护利用研究回顾与启示 [J].中华建设，2013（10）：70-73.

[143] 刘佳燕.国外新城规划中的社会规划研究初探 [J].国外城市规划，2005（3）：69-72.

[144] Phillips D.R.，Yeh Ago，eds.New Towns in East and South-East Asia Planning and Development[M]. Oxford：Oxford University Press，1997.

[145] Paul Davidoff. Advocacy and Pluralism in Planning[J]. Journal of the American Planning Association，1965（4）.

[146] Sherry Aronstein. A Ladder of Citizen Participation [J]. Journal of the American Planning Association，1969（4）.

[147] 方国栋. Public Participation in Hong Kong-Case Studies in Community Urban Design[D]. 香港：香港中文大学博士论文，2001.

[148] 戴湘毅，王晓文，王晶.历史文化街区居民保护态度的影响因素分析——以福州"三坊七巷"历史文化街区为例 [J].亚热带资源与环境学报，2007（2）：74-78.

[149] 王岩，张顾.关注历史风貌街区的开发与保护——天津老城厢地区拆迁改造调查研究 [J].城市发展研究，2007，5：101-107.

[150] 郑利军，杨昌鸣.历史文化街区动态保护中的公众参与 [J].城市规划，2005（7）：63-65.

[151] 王景慧，阮仪三，王林.历史文化名城保护理论与规划 [M].上海：同济大学出版社，1999.

[152] Steven Tiesdell，Tim Heath，Taner Oc 著.城市历史文化街区的复兴 [M].张玫英，董卫译.北京：中国建筑工业出版社，2006.

[153] 马晓龙，吴必虎.历史文化街区持续发展的旅游业协同——以北京大栅栏为例 [J].城市规划，2005（9）.

[154] Isabelle Frochot,Howard Hughes. Histoqual:The Development of a Historic House Assessment Scale [J]. Tourism Man-Agement，2000（21）：157-167.

[155] Mousumi Dutta，Sarmila Banerjee，Zaker Husain. Untapped Demand for Heritage：A Contingent Valuation Study of Prinsep Ghat，Calcutta [J]. Tourism Management，2007（28）：83-95.

[156] 郭湘闽. 以旅游为动力的历史文化街区复兴 [J]. 新建筑，2006（3）.

[157] 谭佳音. 我国历史文化街区动态保护模式的比较研究 [J]. 安徽建筑工业学院学报（自然科学版），2007（4）.

[158] 阮仪三，顾晓伟. 对于我国历史文化街区保护实践模式的剖析 [J]. 同济大学学报（社会科学版），2004（4）.

[159] 张锦东. 国外历史文化街区保护利用研究回顾与启示 [J]. 中华建设，2013（10）.

[160] 许业和，董卫. 基于 GIS 的历史文化街区规划设计方法初探 [J]. 华中建筑，2005（2）：86-88.

[161] 陈仲光，徐建刚，蒋海兵. 基于空间句法的历史文化街区多尺度空间分析研究——以福州三坊七巷历史文化街区为例 [J]. 城市规划，2009（8）：92-96.

[162] 石若明，刘明增. 应用模糊综合评判模型评价历史文化街区保护的研究 [J]. 规划师，2008（5）：72-75.

[163] 郝瑞生. 重庆市文化遗产的保护规划理论与方法初探 [J]. 北京建筑工程学院学报，2013（4）：7-11，26.

[164] 李和平. 重庆历史建成环境保护研究 [D]. 重庆：重庆大学，2004.

[165] Shortell S. M. Continuity of Medical Care：Conceptualization and Measurement [J]. Med Care，1976，14（5）：377-391.

[166] Hennen B. K. Continuity of Care in Family Practice. Part 1：Dimensions of Continuity[J]. J Fam Pract，1975，2（5）：371-372.

[167] Wall E. M. Continuity of Care and Family Medicine：Definition，Determinants，and Relationship to Outcome[J].J Fam Pract，1981，13（5）：655-664.

[168] 吴志强，李德华. 城市规划原理 [M]. 第四版. 北京：中国建筑工业出版社，2010：29.

[169] 张京祥. 西方城市规划思想史纲 [M]. 南京：东南大学出版社，2005：135.

[170] Hakimi S. L. Optimum Locations of Switching Centers and the Absolute Centers and Medians of a Graph[J]. Operations Research，1964，12（3）：450-459.

[171] Bullen N.，Moon G.，Jones K. Defining Localities for Health Planning：A GIS Approach[J]. Social Science & Medicine，1996，42（6）：801-816.

[172] Parker E. B.，Campbell J. L. Measuring Access to Primary Medical Care：Some Examples of the Use of Geographical Information Systems[J]. Health & Place，1998，4（2）：183-193.

[173] Kumar N. Changing Geographic Access to Locational Efficiency of Health Services in Two Indian Districts between 1981 and 1996[J]. Social Science & Medicine，2004，58（10）：2045-2067.

[174] Shortt N. K.，Moore A.，Coombes M.，et al. Defining Regions for Locality Health Care Planning：A

Multidimensional Approach[J]. Social Science & Medicine，2005，60（12）：2715-2727.

[175] Murad A. A. Defining Health Catchment Areas in Jeddah City，Saudi Arabia：An Example Demonstrating the Utility of Geographical Information Systems [J]. Geospatial Health，2008，2（2）：151-60.

[176] Taylor D. M.，Menachemi N. Using GIS for Administrative Decision-Making in a Local Public Health Setting [J]. Public Health Reports，2012，127（3）：347-53.

[177] Lwasa S. Geospatial Analysis and Decision Support for Health Services Planning in Uganda [J]. Geospatial Health，2007，2（1）：29-40.

[178] Khan M.，Ali D.，Ferdousy Z.，et al. A Cost-Minimization Approach to Planning the Geographical Distribution of Health Facilities [J]. Filozofija I Drutvo，2001，16（3）：264-272.

[179] Munoz U. H.，Källestål C. Geographical Accessibility and Spatial Coverage Modeling of the Primary Health Care Network in the Western Province of Rwanda[J]. International Journal of Health Geographics，2012，11（1）：2386-2398.

[180] Abiiro G. A.，Mbera G. B.，Allegri M. D. Gaps in Universal Health Coverage in Malawi：A Qualitative Study in Rural Communities[J]. Bmc Health Services Research，2014，14（1）：1-10.

[181] Reynolds H. W.，Sutherland E. G. A Systematic Approach to the Planning，Implementation，Monitoring，and Evaluation of Integrated Health Services[J]. Bmc Health Services Research，2012，13（1）：168.

[182] Pichlhöfer O.，Maier M. Unregulated Access to Health-Care Services Is Associated with Overutilization-Lessons from Austria [J]. European Journal of Public Health，2014，25（3）：401-403.

[183] Verhagen I.，Steunenberg B.，Wit N. J. D，et al. Community Health Worker Interventions to Improve Access to Health Care Services for Older Adults from Ethnic Minorities：A Systematic Review[J]. Bmc Health Services Research，2014，14（1）：1-8.

[184] 陈阳，宋晶晶，林小虎. 南京市城乡医疗卫生设施规划研究 [J]. 规划师，2013（9）：83-88.

[185] 余珂，刘云亚，易晓峰，等. 城市医疗卫生设施布局规划编制研究——以广州市为例 [J]. 规划师，2010（6）：35-39.

[186] 范小勇. 从天津市医疗卫生设施布局规划谈转型期公共设施规划编制方法的转变 [M]. 昆明：云南科技出版社，2012.

[187] 林伟鹏，闫整. 医疗卫生体系改革与城市医疗卫生设施规划 [J]. 城市规划，2006（4）：47-50.

[188] 孙婧，董黎. 广州与高雄的医疗卫生设施配置分析及发展趋势 [J]. 南方建筑，2012（2）：62-65.

[189] 王雪涓. 医疗卫生设施布局规划初探——以金华市为例 [J]. 小城镇建设，2007（9）：23-27.

[190] 吴建军，孔云峰，李斌. 基于 GIS 的农村医疗设施空间可达性分析——以河南省兰考县为例 [J]. 人文地理，2008（5）：37-42.

[191] 周小平 . GIS 支持下的城市医院空间布局优化研究 [D]. 成都：西南交通大学，2007.

[192] 杨宜勇，刘永涛 . 我国省际公共卫生和基本医疗服务均等化问题研究 [J]. 经济与管理研究,2008(5)：11-17.

[193] 俞卫 . 医疗卫生服务均等化与地区经济发展 [J]. 中国卫生政策研究，2009（6）：1-7.

[194] 张文礼，侯蕊 . 甘青宁地区基本医疗卫生服务均等化的实证分析 [J]. 西北师大学报（社会科学版），2013（4）：111-116.

[195] 张义，张鹭鹭，扈长茂，等 . 区域卫生资源分布优化建模 [J]. 第二军医大学学报，2005（11）：22-23.

[196] 申一帆 . 广州市医疗资源配置研究 [D]. 上海：复旦大学，2004.

[197] 胡敏 . 湖南省卫生事业发展现状及趋势研究 [D]. 长沙：中南大学，2011.

[198] 车莲鸿 . 上海市医院规模和布局建设现状分析与评价研究 [D]. 上海：复旦大学，2012.

[199] 张文礼，谢芳 . 西北民族地区基本公共服务均等化研究——基于宁夏基本医疗卫生服务均等化的实证分析 [J]. 西北师大学报（社会科学版），2012（3）：121-127.

[200] 来有文 . 西藏卫生资源配置与利用分析及评价研究 [D]. 济南：山东大学，2014.

[201] 逄晓周 . 济南历下社区医疗设施配套研究 [D]. 天津：天津大学，2009.

[202] 崔旭川 . 社区医疗设施均等化探索——以北京市朝阳区为例 [M]. 北京：中国建筑工业出版社，2014.

[203] 严洁 . 我国城市社区医疗卫生发展及对策研究 [D]. 成都：电子科技大学，2009.

[204] 肖飞宇 . 上海市杨浦区单位公房社区配套公共服务设施整合策略研究 [D]. 上海：同济大学，2007.

[205] 甘行琼，赵继莹 . 我国城乡基本医疗卫生服务均等化的实证研究——以东中西三省区为例 [J]. 财经政法资讯，2013（4）：3-11.

[206] 刘安生，赵义华 . 乡村地区基本医疗卫生设施均等化布局规划探索——以常州市嘉泽镇为例 [J]. 江苏城市规划，2010（10）：20-24.

[207] 王远飞 . GIS 与 Voronoi 多边形在医疗服务设施地理可达性分析中的应用 [J]. 测绘与空间地理信息，2006（3）：77-80.

[208] 刘少坤，关欣，王彬武，等 . 基于 GIS 的城市医疗资源可达性与公平性评价研究 [J]. 中国卫生事业管理，2014（5）：332-334.

[209] 郑朝洪 . 基于 GIS 的县级市医疗机构空间可达性分析——以福建省石狮市为例 [J]. 热带地理，2011（6）：598-603.

[210] 王志美，陈传仁 . 遗传算法理论及其应用发展 [J]. 内蒙古石油化工，2006（9）：44-45.

[211] 葛继科，邱玉辉，吴春明，等 . 遗传算法研究综述 [J]. 计算机应用研究，2008（10）：2911-2916.

[212] 边霞，米良 . 遗传算法理论及其应用研究进展 [J]. 计算机应用研究，2010（7）：2425-2429，2434.

[213] 刘萌伟，黎夏 . 基于 Pareto 多目标遗传算法的公共服务设施优化选址研究——以深圳市医院选址

为例 [J]. 热带地理，2010（6）: 650-655.

[214] 佚名. 中国运筹学发展研究报告 [J]. 运筹学学报，2012（3）: 1-48.

[215] 胡晓东，袁亚湘，章祥荪. 运筹学发展的回顾与展望 [J]. 中国科学院院刊，2012（2）: 145-160.

[216] 张义，张鹭鹭，扈长茂，等. 区域卫生资源分布优化建模 [J]. 第二军医大学学报，2005（11）: 22-23.

[217] 秦春艳. 近代重庆医院时空分布研究 [J]. 三峡论坛（三峡文学·理论版），2014（3）: 39-44.

[218] 杜祥，尤建新，郝模. 公立医院的竞争策略 [J]. 中国医院管理，2003（6）: 24-25.

[219] 韩春雷. 三级医院竞争战略与供应链管理 [J]. 中国医疗设备，2008（8）: 143-147.

[220] 张素芬，李后卿，宋立新. 竞争情报与医院竞争 [J]. 中华医学图书情报杂志，2003（4）: 5-6, 8.

[221] 樊红，王泽文. 浅论竞争情报与医院竞争 [J]. 中国卫生事业管理，2009（10）: 655, 658.

[222] 何小菁. 医院竞争情报系统初探 [J]. 现代情报，2011（10）: 127-129.

[223] 徐崇勇. 医院竞争力研究 [D]. 杭州：浙江大学，2004.

[224] 费文君. 城市避震减灾绿地体系规划理论研究 [D]. 南京：南京林业大学，2010.

[225] 魏博，刘敏，张浩，王莉莉，秦社芳. 城市应急避难场所规划布局初探 [J]. 西北大学学报（自然科学版），2010（6）: 1069-1074.

[226] 张敏. 国外城市防灾减灾及我们的思考 [J]. 规划师，2000（2）: 101-104.

[227] 张翰卿，戴慎志. 美国的城市综合防灾规划及其启示 [J]. 国际城市规划，2007（4）: 58-64.

[228] 许浩. 国外城市绿地系统规划 [M]. 北京：中国建筑工业出版社，2003.

[229] 杨文斌，韩世文，张敬军，宋伟. 地震应急避难场所的规划建设与城市防灾 [J]. 自然灾害学报，2004（1）: 126-131.

[230] 宋友余，邹力. 国内外应急避难场所现状 [J]. 生命与灾害，2011（7）: 18-19.

[231] 黄典剑，吴宗之，蔡嗣经，蒋仲安. 城市应急避难所的应急适应能力——基于层次分析法的评价方法 [J]. 自然灾害学报，2006（1）: 52-58.

[232] 刘莉，谢礼立. 层次分析法在城市防震减灾能力评估中的应用 [J]. 自然灾害学报，2008（2）: 48-52.

[233] 张风华，谢礼立. 城市防震减灾能力评估研究 [J]. 自然灾害学报，2001（4）: 57-64.

[234] 林晨，许彦曦，佟庆. 城市应急避难场所规划研究——以深圳市龙岗区为例 [J]. 规划师，2007（2）: 58-60.

[235] 叶明武，王军，陈振楼，许世远. 城市防灾公园规划建设的综合决策分析 [J]. 地理与地理信息科学，2009（2）: 89-93, 98.

[236] 张风华，谢礼立. 城市防震减灾能力指标权数确定研究 [J]. 自然灾害学报，2002（4）: 23-29.

[237] 陈绮桦. 城市应急避难场所用地适宜性评价——以广州市为例 [J]. 国土与自然资源研究，2014（6）: 12-17.

[238] 俞孔坚，段铁武，李迪华，彭晋福．景观可达性作为衡量城市绿地系统功能指标的评价方法与案例 [J]. 城市规划，1999（8）：7-10，42，63.

[239] 钟茂华，刘铁民，刘功智．基于 Petri 网的城市突发事件应急联动救援系统性能分析 [J]. 中国安全科学学报，2003（11）：21-24.

[240] 李刚，马东辉，苏经宇，王玲．城市地震应急避难场所规划方法研究 [J]. 北京工业大学学报，2006（10）：901-906.

[241] 周晓猛，刘茂，王阳．紧急避难场所优化布局理论研究 [J]. 安全与环境学报，2006（S1）：118-121.

[242] 陈志芬，李强，王瑜，陈晋．基于有界数据包络分析（DEA）模型的应急避难场所效率评价 [J]. 中国安全科学学报，2009（11）：152-158，177.

[243] 蒋蓉，邱建，邓瑞．汶川地震灾前成都市避难场所应急能力评估 [J]. 中国安全科学学报，2011（10）：170-176.

[244] 刘少丽，陆玉麒，顾小平，裴友法，刘涛．城市应急避难场所空间布局合理性研究 [J]. 城市发展研究，2012（3）：113-117，120.

[245] 李云燕．山地城市绿地防灾减灾功能初探 [D]. 重庆：重庆大学，2007.

[246] Friedmann J. The World City Hypothesis [J]. Development and Change，1986（17）：69-83.

[247] Klaassen T. H.，Molle W. T. M.，Paelinck J. H. P. The Dynamics of Urban Development[M]. New York：St. Martin's Press，1981.

[248] 富田和晓．日本大城市圈结构变化研究现状及问题 [J]. 人文地理，1988（4）：23-27.

[249] 吴一洲，陈前虎，韩昊英，罗文斌．都市成长区城镇空间多元组织模式研究 [J]. 地理科学进展，2009（1）：103-110.

[250] 徐海贤，庄林德，肖烈柱．国外都市区空间结构及其规划研究进展 [J]. 现代城市研究，2002，17（6）：34-38.

[251] 胡序威．中国沿海城镇密集地区空间集聚与扩散研究 [M]. 北京：科学出版社，2000.

[252] 李仁贵．增长极理论的形成与演进评述 [J]. 经济思想史评论，2006（1）：209-234.

[253] Garrlag J. Edge City：Life on the New Frontier [M].New York：Doubleday，1991.

[254] McGee T. G. The Emergence of Desakota Regions in Asia：Expanding a Hypothesis［M］// Ginsburg N.，Koppel B.，McGee T. G. The Extended Metropolis：Settlement Transition in Asia. Honolulu：University of Hawaii Press，1991：3-25.

[255] 李国平，孙铁山．网络化大都市：城市空间发展新模式 [J]. 城市发展研究，2013（5）：83-89.

[256] 卢明华，孙铁山，李国平．网络城市研究回顾：概念、特征与发展经验 [J]. 世界地理研究，2010（4）：113-120.

[257] 关溪媛．网络城市浅析 [J]. 中国城市经济，2010（11）：319-320.

[258] 刘贤腾 . 东京的轨道交通发展与都市区空间结构的变迁 [J]. 城市轨道交通研究，2010（11）: 6-12.

[259] 张晓兰，朱秋 . 东京都市圈演化与发展机制研究 [J]. 现代日本经济，2013（2）: 66-72.

[260] 钱林波，顾文莉. 以快速轨道交通支撑和引导城市发展——日本东京都市圈的实践与启示 [J]. 现代城市研究，2001（6）.

[261] 卢多维克·阿尔贝，高璟 . 从未实现的多中心城市区域：巴黎聚集区、巴黎盆地和法国的空间规划战略 [J]. 国际城市规划，2008（1）: 52-57.

[262] 邹欢 . 巴黎大区总体规划 [J]. 国外城市规划，2003（4）.

[263] 吴传钧 . 国际地理学发展趋向述要 [J]. 地理研究，1990，9（3）: 1-13.

[264] 刘再兴 . 工业地理学 [M]. 北京：商务印书馆，1997.

[265] 曾菊新 . 空间经济：系统与结构 [M]. 武汉：武汉出版社，1996.

[266] 本报评论员 . 做大做强重庆大都市区 [N]. 重庆日报，2013-09-18（001）.

[267] 李小建 . 经济地理学中的企业网络研究 [J]. 经济地理，2002（5）:516-520.

[268] 李娜 . 长三角城市群空间演化与特征 [J]. 华东经济管理，2010（2）:33-36.

[269] 谢德禄 . 重庆市国有工业企业空间布局结构调整研究（上）[J]. 重庆商学院学报，2000(4):3-7.

后 记

　　《城乡规划的社会网络分析方法及应用》研究工作，源自 2004 年进入重庆大学，跟随赵万民教授进行博士论文学习和研究。彼时，三峡库区关键性的二期移民迁建工作结束不久，使三峡水利枢纽得以在 135m 水位线正式蓄水发电，保障了整个工程进度。但由于移民迁建的系统性和复杂性，库区也显现出一些此前未曾预料到的社会矛盾和问题。老师嘱我从这些社会现象入手，尝试在城乡规划学和社会学的交叉领域，对三峡库区的人居环境建设问题作博士论文的思考和推进。这项工作使我进一步理解，"人"在城镇化进程中的核心价值和意义，也初步感受到，城乡规划的既有研究工具和方法在与社会学等其他学科进行交叉研究时的薄弱和局限，由此开始城乡规划的社会网络分析与实践探索。

　　回顾研究工作，是研究小组以集体思维的方式，共同学习和探索，交叉运用人居环境科学、城乡规划学以及复杂网络等学科理论和思想，结合西南地区城乡规划建设实际需要而开展的。在这个过程中，大家的视野逐步得到提升，认识渐次清晰，问题慢慢聚焦。并获得国家自然科学基金青年基金、科技部"十一五"、"十二五"科技支撑计划课题任务，以及教育部博士点新教师基金的资助支持，使得研究工作得以持续展开。过去几年，我们选取城乡规划的社会网络分析方法为突破口，凝练科学问题和技术路线，结合研究生的培养，组织开展具体工作。其中，崔征同志承担西南地区乡村聚落的社会网络分析工作，肖亮同志承担区域尺度空间结构网络化的发展趋势分析，胡羽同志以医疗设施为切入点作城镇公共服务网络研究，石亚灵同志承担历史地区社会网络分析研究，刘杰同志承担以四川雅安芦山县城为案例的防灾避难网络研究。在整理出版工作中，石亚灵协助统筹串接全书文字及图片，石亚灵、王亚风、邓良凯和万丹参与协助第 1 章修改撰写，石亚灵参与协助第 2 章修改撰写，冯洁参与协助第 3 章修改撰写，张启瑞、刘杰参与协助第 4 章修改撰写，郭凯睿参与协助第 5 章修改撰写，宋洋洋、李林、邓良凯和张美乐等参与协助附录整理、各章图片及文字校对工作。

　　本书的成果是对所开展工作的阶段性总结，得益于各个方面的支持和关怀。研究工作受到国家自然科学基金委、科技部、教育部、住建部等相关部门的课题资助和支持。重庆、四川、云南和贵州等省市及各级地方政府和职能部门，长期支持研究人员深入实际工作，为发现问题、解决问题提供了宝贵的机会，为研究工作提供了丰富的基础资料、工作案例和实践平台。研究工作还得到重庆大学建筑城规学院、中国城市规划学会、重庆城市规划学会、中国建筑工业出版社、重庆大学建筑学部、山地城镇建设与新技术教育部重点实验室等学术单位和平台的支持和帮助。

　　本书的面世，得到了中国建筑工业出版社的大力支持，李东主任和陈海娇编辑亲自负责书稿的编辑和设计，保障顺利出版，一并致谢。

　　当前，中国城镇化发展进入新的历史时期。面对时代赋予的需求和任务，我们需要不断学习，拓展视野，凝练队伍，勇于创新。持续开拓城乡规划学科研究领域，争取为国家城乡规划与建设事业的理论发展不断作出新的贡献。

重庆大学"城乡复杂网络分析"研究小组

2016 年 3 月于重庆